普通高等教育教材

生物科学专业实验指导

刘宇博　李文利　主编

赵　静　贺雷雨　副主编

张嘉宁　主审

化学工业出版社

·北京·

内容简介

本实验教材共有 91 个实验，包含动物学、植物学、生理学、植物生理学、遗传学、生物化学、分子生物学、细胞生物学、微生物学、人体解剖学实验以及为培养学生科研思维而设置的生物科学综合实验。

本实验教材每一章设置了课程简介、课程目标和实验项目，引领学生通过预习主动衔接实验课程技术和理论课程知识，形成专业知识体系。同时为方便教学，实验项目基本上都按实验目的、实验原理、实验器材及试剂、实验步骤、注意事项和思考题这几部分来编写。设置的实验项目与高等院校生命科学相关专业本科教材内容配套的同时，还涵盖了多种生命科学前沿技术和方法，印证教材理论的同时可进一步拓宽学生的知识面，为其从事生物技术及其相关领域的科学研究工作打下基础。

本书内容全面，可操作性强，可作为理工型高校生物相关专业本科生实验教材，也可为相关科研人员提供实验技术参考。

图书在版编目（CIP）数据

生物科学专业实验指导 / 刘宇博，李文利主编. —北京：化学工业出版社，2023.8
  ISBN 978-7-122-43495-1

  Ⅰ．①生… Ⅱ．①刘… ②李… Ⅲ．①生物学–实验–高等学校–教材 Ⅳ．①Q-33

中国国家版本馆 CIP 数据核字（2023）第 087523 号

责任编辑：王　芳　　　　　　文字编辑：李　瑾
责任校对：宋　玮　　　　　　装帧设计：关　飞

出版发行：化学工业出版社
　　　　　（北京市东城区青年湖南街 13 号　邮政编码 100011）
印　　装：北京科印技术咨询服务有限公司数码印刷分部
787mm×1092mm　1/16　印张 15　字数 371 千字
2023 年 11 月北京第 1 版第 1 次印刷

购书咨询：010-64518888　　售后服务：010-64518899
网　　址：http：//www.cip.com.cn
凡购买本书，如有缺损质量问题，本社销售中心负责调换。

定　　价：45.00 元

前　言

生物学是一门以实验为手段研究生命活动规律的学科，因此实验教学在生物学人才培养中占有重要地位。高校生物学实验教材既需要与理论教学相衔接，又需要与时俱进。本实验教材结合理工型高校生物学科定位、人才培养目标和办学特色，涵盖动物学、植物学、生理学、植物生理学、遗传学、生物化学、分子生物学、细胞生物学、微生物学和人体解剖学在内的 10 门生物学科实验教学内容。本教材系统考虑生物专业的必要实验并合理分布到有关理论课程的对应部分，避免了各门课程对应实验的简单重复或相互脱节。同时，本实验教材增设了培养学生实践创新能力的生物科学综合实验部分，以期提高生物学科的实验教学水平，并对理工型高校生物学科的实验教学起到一定的示范和参考作用。

全书由大连理工大学生命科学与药学学院教师编写。具体分工如下：第一章由王黎编写；第二、四章由徐品三编写；第三章由史美云编写；第五章由张郑瑶编写；第六、七章由刘宇博、李文利、黄煌共同编写；第八章由薛宏宇编写；第九章由贺雷雨编写；第十章由韩彦槊编写；第十一章由赵静编写。全书由刘宇博和李文利拟订提纲，黄煌统稿，赵静审定并组织实施。

由于时间仓促、编写水平有限，书中疏漏之处在所难免，诚恳希望读者批评指正。

编者
2023 年 1 月

目 录

第四章　植物生理学实验　　　　　　　　　　　　　066

第五章　遗传学实验　　　　　　　　　　　　　　　081

第六章　生物化学实验　　　　　　　　111

第七章　分子生物学实验　　　　　　　143

第十一章　生物科学综合实验　　217

参考文献　　232

第一章

动物学实验

【课程简介】 ▶▶▶

　　动物学是高等院校生物科学专业及相关专业的一门专业基础课。学习动物学课程的目的是使学生掌握动物学基础理论、基本知识和基本技能，为学好后续课程打下良好的基础；具有胜任中学动物学教学工作的能力；了解动物在自然界的地位及其与人的关系，培养保护动物的意识，并获得动物科学研究的初步训练，为以后开展动物学及相关学科的学习和研究打下基础。

【课程目标】 ▶▶▶

　　了解动物科学研究的基本知识和方法；培养初步从事动物科学研究的能力；通过实验，掌握显微镜的使用和显微辨识能力，加强对基本知识的理解；掌握动物学基本实验技术与技能；通过实验和实习，掌握重点科和当地常见动物类群的识别特征要点，能使用工具书鉴别出常见动物的科、属、种；认识和记录本地常见和中学课程所涉及的动物种类，熟悉它们的生态和分布，并通过学会采集和制作动物标本的方法等具备野外调查研究能力。

实验一 学习使用显微镜

一、实验目的

初步掌握显微镜的使用，学习临时装片的制作和染色，验证细胞的形态、基本结构和细胞分裂。

二、实验原理

观察显微镜的各部分结构，理解其基本性能，学习使用显微镜的方法。制作口腔上皮细胞装片并进行染色观察。观察细胞的基本结构和细胞分裂。

三、实验器材及试剂

普通光学显微镜、实体显微镜（示范）、擦镜纸、载玻片、盖玻片、吸水纸、牙签、二甲苯、香柏油、甲基蓝染色剂、生理盐水、人血涂片、马蛔虫子宫切片等。

四、实验步骤

1. 显微镜的基本构造与使用方法

利用显微镜对生物体的结构进行观察和研究，标志着对生命的研究从宏观领域进入到微观领域。随着人类对生物体结构和生命现象认识的不断深入，人们对生命本质的微观世界进行探索的动力也越来越强。伴随这一进程，作为生命科学研究重要工具之一的显微镜也不断发展。目前广泛使用的光学显微镜也从当初单筒式、外光源的简单结构形式发展成具有双目镜、内置光源和有许多功能的较高级的光学显微镜。对显微镜的了解和熟练使用，是生命科学研究者应具备的基本技能之一。

（1）显微镜的构造 普通光学显微镜由机械系统、光学系统及光源系统 3 部分组成。此处以介绍双目显微镜为主。标准光学显微镜构造图见图 1-1。

① 机械系统 机械系统主要对光学系统和光源系统起支持和调节作用。它包括：

a. 镜座与镜柱 镜座是显微镜底部的承重部分，可降低显微镜重心，使之不易倾倒。其后方有一直立的短柱称为镜柱，起支撑镜台的作用。

b. 镜臂与镜筒 镜臂是镜柱以上的 1 个斜柄，便于使用者把握。镜臂的顶端安装有镜筒和镜头转换器。镜筒是安装在镜臂顶端的 2 个圆筒，其内安装有目镜镜头。由物镜到目镜的光线由此通过。调节左右镜筒之间的水平距离（左右镜筒之间距离的调节一般采用拉板式或铰链式两种形式），以适应观察者两眼的瞳距，使左右目镜的视野完全重合。

c. 镜台与标本移动器 镜台亦称载物台，是放置玻片标本的平台。镜台中央有 1 个圆孔，称镜台孔，来自下方聚光器的光线可由此通过进入物镜，观察玻片标本之前，应将欲观察的目标移至镜台孔处聚光器透镜的中央。镜台上装有标本移动器（或称推进尺），标本移动器上的压片夹用以固定载玻片，镜台右下方有标本移动器调节螺旋，转动螺旋可前后左右移动玻片标本。标本移动器上还带有标尺，可利用标尺上的刻度寻找和记录所观察标本的位置。

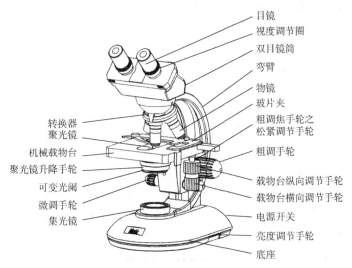

图1-1　标准光学显微镜构造图

d. 镜头转换器　镜头转换器是镜筒下端 1 个可旋转的圆盘，其上装有数个不同放大倍数的物镜镜头，转动转换器可换用不同倍数的物镜。

e. 焦距调节器　位于镜柱的左右两侧，有粗、细两个螺旋调节器，旋转它们能使镜台升降，以调节物镜和镜台上所观察标本之间的距离，获得清晰的图像。粗、细调节器组合在一起，外周直径大的螺旋为粗调节器，旋转它时镜台升降距离较大，主要用于寻找目的物。用低倍镜观察标本时，用粗调节器调焦距。粗调节器螺旋中央直径较小的螺旋是细调节器，旋转它时镜台升降距离较小，能精确地对焦，获得更清晰的物像，主要用于在高倍镜观察时调节焦距。

② 光学系统　光学系统即成像系统，由目镜和物镜构成。

a. 物镜　物镜是显微镜取得物像的主要部件，其作用为聚集来自光源的光线和利用入射光对被观察的物体做第 1 次放大。物镜由数组透镜组成，透镜的直径越小，放大的倍数越大。每台显微镜均备有几个倍数不同的物镜，放大 40× 以下的为低倍镜，一般有 4×、10×；放大 40× 及以上的为高倍镜，放大 100× 的一般为油镜。

b. 目镜　安装在镜筒上端，为一圆筒状结构，其圆筒上端装有 1 块较小的透镜、下端内侧装有 1 块较大的透镜。目镜的作用是将物镜所放大的物像进行再放大。一般有几种倍数不同的目镜可供选配，分别标有 5×、10×、12.5× 等放大倍数。（请思考：如何计算显微镜的放大倍数？）

③ 光源系统　光源系统由光源、聚光器和虹彩光圈构成。

a. 内置光源或反光镜　在镜台孔正下方的镜座上有 1 个内置式电光源，镜座的后侧（或镜座其他部位）有电源开关，左侧（或其他部位）有光量调节器，用以调节内光源光线的强弱，以获得适宜的光亮度。旧式显微镜采用外光源，在镜台孔正下方的镜座上有 1 个反光镜，它为一圆形的平、凹双面镜，接受外来光线并将光线反射到聚光器。平面镜反光较弱，用于光线较强的情况；凹面镜反光较强，用于光线较弱的情况。反光镜的方向可以任意转动调节，以选择适合的角度收集来自不同方向的光线。

b. 聚光器　聚光器在镜台孔下方，由 2～3 块凸透镜组成。其作用是聚集来自下方内置光源的光线，使光线集合成束，通过镜台孔射至标本上，并使整个物镜的视野均匀受光，以提高物镜的分辨力。上下移动聚光器侧面的调节杆（或旋转旋钮），可升高或降低聚光器的高度，调节聚光效果。

c. 虹彩光圈　虹彩光圈也称可变光阑。位于聚光器下面，由许多金属片组成。移动虹彩光圈的调节杆，可调节光圈的大小，使上行的光线强弱适宜，便于观察。

（2）显微镜的使用方法

① 安放显微镜　打开镜箱（或镜柜），右手紧握镜臂，左手平托镜座，将显微镜轻放桌上距离桌子边缘几厘米处，让目镜对着观察者。

② 检查　检查显微镜各部件状况，擦拭镜身、镜头后方可开始操作。

③ 调光　旋转镜头转换器，使低倍镜头对准镜台孔。升高聚光器，再打开光圈。配置内置式电光源的显微镜可直接打开电源开关，并调节光量，使视野内的亮度达到明暗适宜。使用旧式显微镜应首先将虹彩光圈的孔径调至最大，将聚光器升至最高点，再将低倍镜对准镜台孔，镜头离载物台约 1cm。这时，把反光镜转向光源，直到视野中的光线既明亮又均匀时为止。在镜检全过程中，注意随时通过扩大或缩小光圈、升降聚光器以及旋转光量调节器旋钮，调节所需光线的强弱。

④ 调焦　光线调好后，将玻片标本放在镜台上标本移动器的卡槽内，并用标本移动器上的压片夹卡紧，有盖玻片的一面朝上，旋转标本移动器调节螺旋将被检材料移至镜台孔下的聚光器透镜中央，然后调焦。转动粗调节器调节镜台与物镜间的距离，从侧面注视，以二者间距离约 5mm 为度。然后从目镜观察，慢慢转动粗调节器，同时移动标本移动器，直到基本看清标本物像。

⑤ 低倍镜观察　用粗调节器调焦后，再轻轻转动细调节器，以便得到清晰的物像。如果观察的目标不在视野中央，可调节标本移动器，使之恰好位于视野中央。（请思考：玻片移动方向与物像移动方向的关系如何？若光线不适，可拨动虹彩光圈的调节杆，调节光线至适宜。）

⑥ 高倍镜观察　在低倍镜下将欲仔细观察的目标移至视野中央后，再转动镜头转换器，顺次将高倍镜转至工作位置。适当增强亮度后，只需微微转动细调节器，就可看到更清晰的物像。由于显微镜下观察的被检物有一定厚度，故在观察过程中必须随时转动细调节器，以了解被检物不同聚焦平面的情况。

在高倍镜下，将玻片中的被检物按从前到后、从左到右的顺序移动、观察，再由低倍镜转高倍镜反复观察几次，以熟练高倍镜的使用。

用高倍镜观察后，若有必要，可再换用油镜观察。

⑦ 油镜观察　转动粗调节器，降低镜台，使物镜与镜台保持一定距离。滴 1 滴香柏油于玻片标本待观察的区域上，将油镜头转至工作位置，眼睛从侧面注视，转动粗调节器，升高镜台，直至油镜头浸没于香柏油内，几乎与载玻片相接触，但不能相碰（注意使用非油镜头时切勿进行此操作）。然后从目镜中观察，用粗调节器极其缓慢地向下调节至出现物像为止（注意切勿反向转动粗调节器，以免油镜头与载玻片相碰而损坏了镜头及玻片），再用细调节器调至物像清晰，此时还应适当增加光亮度。如果镜头已提出香柏油而尚未见到物像，应按上述过程重复操作。使用完毕，将油镜头从香柏油中脱出，取下玻片，用擦镜纸擦去油镜头和玻片上的香柏油，再用擦镜纸蘸少许二甲苯擦拭镜头上的油迹，然后用干净擦镜纸擦去镜

头上残留的二甲苯。二甲苯用量不宜过多，擦拭时间应短（切忌用手或其他纸擦拭镜头，以免损坏透镜）。

⑧ 复原显微镜　显微镜使用完毕，降下镜台至原处，转动镜头转换器，使物镜镜头转离镜台孔，取下已观察的玻片标本。关闭光圈，降下聚光器至原位，关闭电源。用擦镜纸或绸布擦净镜头透镜和内置光源滤光片，用棉纱布擦净镜身各处。将显微镜放回原处（注意转换镜头转换器使4×的物镜镜头正对镜台孔）。

2. 口腔上皮细胞装片的制作和观察

取一张清洁的载玻片，用吸管滴一小滴生理盐水在载玻片中央；取消毒牙签在自己口腔颊部内壁刮取少许黏膜（白色碎片），涂在载玻片上的生理盐水中，并使其均匀分布；加上盖玻片（一侧接触标本倾斜盖上）。在低倍镜下观察口腔上皮细胞的排列方式、细胞的形状和结构，口腔上皮细胞无色透明，因此光线不宜强。如仍看不清，可在盖玻片一侧滴一滴甲基蓝液，在另一侧用吸水纸将染料吸入盖玻片中，标本着色后可选较完整而且不重叠的细胞，转用高倍镜观察。

（1）细胞形状　口腔上皮细胞呈不规则的鳞片状。

（2）细胞膜　细胞最外面的薄膜。

（3）细胞核　在细胞的中央，呈圆形。结构较周围的细胞质稠厚，反光较强，染色后颜色较深更容易识别。核内有核仁。

（4）细胞质　细胞膜内和细胞核外的全部物质，色浅，其中能看到细颗粒分布，多是细胞器。

3. 观察细胞有丝分裂各期

取马蛔虫子宫切片观察细胞的有丝分裂各期（请注意马蛔虫卵呈圆形，外周无色透明很厚的部分是卵壳，中央颜色很深的部分才是卵细胞）。

（1）初期　细胞核内的染色质，先形成细长的迂曲纽线（染色丝），然后缩短变粗为染色体。中心体一分为二，各个中心体的周围均出现许多星线，四面放射，呈星芒状，称星状体。二星状体逐渐相分离，移到细胞核相对的两极，二星状体之间有细线相连，形成纺锤体，中间的细线称纺锤丝，染色体逐渐向赤道部位集中，这时核膜核仁消失。

（2）中期　染色体聚集在纺锤体的中央，排成一平面与纺锤丝的纵轴垂直，称赤道板。每个染色体的着丝点借纺锤丝与纺锤体相连接，着丝点开始分裂。

（3）后期　着丝点一分为二，每个染色单体都有了自己的着丝点，两个子染色体就完全独立了。它们的着丝点分别和本侧的纺锤丝相连，由于纺锤丝缩短，子染色体被拉到了两极。

（4）末期　染色体到达两极后，先形成螺旋状的染色质丝，然后变为颗粒状，最后恢复到原来的状态，同时，两新细胞核渐次形成，核仁核膜出现。细胞膜在细胞中央"赤道板"处产生一个横缢，最后把细胞分割为两个细胞。

五、注意事项

必须按实验指导了解显微镜的各部分结构、性能及使用方法。切不可脱离实验指导，擅自扭动各部件，以免损坏仪器。使用显微镜做一般观察主要是学会调光线、调焦点。做显微照相时，还必须调中心（即调聚光器中心）。使用高倍镜时，一定要从低倍镜开始。用油镜时要从 40× 的物镜开始。将要观察的标本某部分移至视野正中央。在高倍镜下只能用细调焦器，不能用粗调焦器。要开大光阑。

六、思考题

绘出三个以上口腔上皮细胞图，并注明各部分名称。

实验二 原生动物的形态与结构

一、实验目的

观察草履虫的形态结构和生理活动，了解单细胞动物的主要生活机能和多种胞器。

二、实验原理

原生动物门代表动物草履虫的形态结构及生态观察。

三、实验器材及试剂

草履虫横分裂和接合生殖装片，显微镜等。

四、实验步骤

1. 草履虫的形态结构

制片时先用玻璃棒沾一滴 5%的甲基纤维素溶液（或鸡卵白溶液）在载玻片中央，用大头针摊开，再用吸管在草履虫培养液的浮面取一滴加于甲基纤维素溶液正中，用大头针搅动，使二者充分混匀，动作要轻，勿产生气泡，最后剪自己的头发两段，放在标本液滴两旁（头发长度应短于载玻片宽度），然后放上盖玻片，草履虫在当中活动缓慢，便于观察。用低倍镜观察其外形，草履虫的体形宛如一只倒转的草鞋，前端较细圆，后端较粗尖，借体表的纤毛摆动旋转前进。

用高倍镜观察其构造：

（1）表膜　是体表一层具有弹性的薄膜。

（2）纤毛　是密生在体表的短毛，纤毛是纤毛纲动物的运动细胞器，草履虫除身体前后端的纤毛较长外，其他部分的纤毛差不多等长，若纤毛不易看到，可把光线调暗些观察。

（3）细胞质　细胞质能区分外质和内质，外质在表膜内方，比较透明的一层；内质在外质下方，颜色比较暗，富有颗粒，稍能流动。

（4）口沟　为自虫体前端侧面斜向后行的纵沟。口沟内具有较长较密的纤毛。

（5）胞口　在口沟底部，形成一个椭圆形的小孔，是食物进入体内的孔道。

（6）胞咽　紧接在胞口后面，略为弯曲的管道，向后斜入内质。在胞咽背侧有纤毛黏合而成的波动膜，经常不停地波动着。

（7）食物泡　是虫体内大小不一、位置不定的泡状体。在盖玻片侧边加一滴墨汁，观察食物泡的形成和消化过程。由于口沟纤毛和胞咽波动膜的波动，使水中的墨汁和有机物经过胞口入胞咽，在胞咽底部内质中形成食物泡，食物泡在虫体内由后端到前端循环移动，在移动中食物泡由大到小，食物在食物泡内消化，由于食物内有墨汁作标记，上述过程比较容易观察到。

（8）伸缩泡　在虫体前后端各有一个伸缩泡，它周围有6～11条作辐射状排列的收集管，收集管又与内质网相通，将体内多余的水分和代谢废物收集起来，注入伸缩泡，再借伸缩泡的收缩，通过固定的孔道排出体外，请注意观察前后两个伸缩泡是否交替进行伸缩运动。

（9）大核和小核　大核肾形，约位于身体中部，小核圆球形，靠近大核的凹陷处，用甲基蓝染色观察。

（10）刺丝泡　分布在外质中呈栅栏状排列，当动物受刺激时将会放出长的刺丝，因此可滴以碘液观察射出的刺丝。

2. 草履虫的生殖观察玻片标本

① 草履虫的横裂生殖，在虫体中部用简单的横缢方法分开。

② 草履虫的接合生殖，在环境条件发生变化时，两个草履虫以口沟相对，表膜互相黏合、溶解，细胞质相互沟通，互相交换核物质后分开，各自进行横裂繁殖。

五、思考题

绘制草履虫形态结构图，并注明各部分的名称。

实验三　腔肠动物的外形与结构

一、实验目的

观察水螅的外形和内部构造，了解腔肠动物的一般特征。学会几种普通的腔肠动物和多孔动物标本示范观察。

二、实验原理

水螅形态结构特征观察，腔肠动物各纲重要代表动物及多孔动物示范。

三、实验器材及试剂

水螅的整体装片、水螅的纵切片、桃花水母、海蜇浸制标本、海葵浸制标本，显微镜、放大镜或双筒解剖镜。

四、实验步骤

1. 水螅的观察

水螅生活在淡水池沼中，常固着在水草或水面落叶上。用吸管在培养缸中把水螅吸到表面皿内，加水少许，在放大镜或双筒解剖镜下进行观察。

体形：为圆筒状，长 200mm，当受到刺激时身体立即缩成一团，刺激终止后，经过一定时间后会重新伸展恢复原状。

（1）口　位于身体的前端，口周围的隆起部分，称为垂唇。

（2）触手　其围在口的周围，有 5～10 条，能自由收缩。用吸管将数只水蚤小心放在靠近水螅的水中，可以看到水螅捕获水蚤的过程。

（3）刺细胞　注意观察水螅身体上特别是触手上（又多又明显）的小突起，这就是刺细胞，能放出刺丝用以捕获食物或御敌。活体上看不清，可用整体装片在显微镜下观察。

（4）基盘　水螅身体下端膨大的部分，富含腺细胞用以附着在水草及其他物体上。

（5）芽体　为无性生殖方式，由体壁突出形成，芽体长大后脱离母体营独立生活。

（6）雌雄生殖器官　到秋天水螅开始进行有性生殖，性细胞由外胚层的间细胞产生，该处的体壁形成突起，一般精巢在身体上部呈锥形，卵巢在身体下部略呈卵圆形。

2. 水螅纵切面的观察

取水螅纵切玻片标本，先在低倍镜下观察，注意水螅体内外胚层的位置和结构，然后换高倍镜观察。

（1）外胚层　为体壁外面的一层细胞，细胞排列整齐，比较薄，主要是外皮肌细胞，呈立方形。其次是细胞有刺丝囊的刺细胞，以及在外皮肌细胞基部成群排列的间细胞等。

（2）内胚层　是体壁内的一层细胞，比较厚，细胞呈柱状。其中主要是内皮肌细胞，前端有鞭毛，能激动水流，有的前端变成伪足摄取食物颗粒，在细胞质内形成食物泡；其次是腺细胞，较短小，细胞染色深，顶端常聚集许多细小分泌颗粒。

（3）中胚层　在内胚层和外胚层之间，是一层极薄的胶状物质。

（4）腔肠　是内胚层围绕着的腔肠，这个腔只有口通出，兼有消化和循环的作用，故又称为消化循环腔。

3. 示范

（1）桃花水母　属水螅纲，为淡水水母（水螅型世代退化），体积小、呈伞形、体壁薄、颜色浅。伞缘有多肌纤维的缘膜，触手很多。其中四条很长，触手依其长度可分为三级，有感觉作用。

（2）海蜇　属钵水母纲，伞呈半球形，中胶质层很厚，口腕发达，下部纵裂成数个小腕，并多皱褶和附属物，均可食用。加工后伞部叫蜇皮，口腕称蜇头，营养价值极高。

（3）海葵　体形似水螅，但较粗短，口的周围有很多触手。

五、思考题

1. 绘制水螅外形图，并注明各部分的名称。
2. 绘制水螅纵切面部分体壁放大图，并注明各部分的名称。

实验四　扁形动物的形态与结构

一、实验目的

通过华支睾吸虫以及涡虫、绦虫的观察，掌握扁形动物门主要特征和各纲的区别，并了解寄生虫对寄生生活的适应。

二、实验原理

扁形动物门华支睾吸虫形态结构观察，扁形动物各纲重要代表动物外形观察。

三、实验器材及试剂

真涡虫装片、华支睾吸虫整体装片、羊肝蛭整体装片、日本血吸虫整体装片，猪绦虫的头节、成节和孕节玻片标本，猪囊尾蚴虫的浸制标本。

四、实验步骤

1. 真涡虫的观察

真涡虫生活在清水中的落叶或石块下面，身体柔软呈叶片状，灰褐色。前端两侧各有一耳状突，耳突背侧内方有一对黑色眼点。体后端稍尖，口在腹面中部、咽囊的前端，囊内是肌肉的咽，能伸出体外形成长吻取食，然后缩回囊内。咽与肠相通，肠管分三支主干，一条在体中部向前伸至前端，另两条沿身体左右两侧至后端。每条主干又分出许多小分支的盲管，无肛门。在口的后面有一生殖孔，用双筒解剖镜观察，注意真涡虫的运动是游泳状爬行。

2. 华支睾吸虫的观察

取华支睾吸虫整体装片，用手执放大镜观察。

（1）外形　虫体扁平，狭长如叶，前端略小，后端较钝，前端有口吸盘，在体长约 1/5 的腹面有一腹吸盘。口吸盘略大于腹吸盘。大多数虫体呈浅灰色半透明。了解外形后，换用低倍显微镜观察内部构造。

（2）消化系统　口在口吸盘中央，由口通入富有肌肉的咽，咽后为短的食道，接着分为两支盲管状的肠，并沿身体两侧通至后部。

（3）排泄系统　在虫体后半部，有一"S"形透明的排泄囊，到虫体后端排泄囊以排泄孔通体外。排泄囊前端两侧各连一条排泄管，每条排泄管是由许多排泄小管和它们上面的焰细胞汇合形成，但不易看见。

（4）生殖系统

① 雄性生殖系统　精巢两个有复杂分支，在虫体后半部，作一前一后排列。输出管是由精巢向前发出的细管子。输精管是两条输出管在虫体前部会合为一短的一段管道。储精囊是输精管向前逐渐膨大，延伸至腹吸盘的长管道。雄性生殖孔位于储精囊，最后开口于腹吸盘前。

② 雌性生殖系统　卵巢有一个，在精巢前面，边缘呈分叶状。输卵管是卵巢发出的一段细管，先后与受精囊、卵黄总管等相通。卵膜为输卵管后端、周围被梅氏腺围成的部分，卵在该处形成一定的大小和形状。子宫由卵膜后面开始，逐渐膨大迂回向前至腹吸盘的部分即为子宫，子宫内装满虫卵。雌性生殖孔位于子宫末端，开口于腹吸盘前。受精囊在卵巢后面，大而呈椭圆形的囊即为受精囊，受精囊附近还有一弯曲小管，称劳氏管，劳氏管开口于虫体背面。受精囊和劳氏管共同通入输卵管前端。卵黄腺是散布在虫体中部两侧的小泡状体。卵黄管在虫体 1/2 稍后的地方，由两侧的卵黄腺各发出一条细管汇合形成卵黄管。两条卵黄管在中间会合成卵黄总管，与输卵管相通。

3. 日本血吸虫的观察

虫体呈圆线形雌雄异体，异形。雄虫粗短，腹面有抱雌沟，雌虫细长，它们的腹吸盘突出呈杯状。卵巢一个，呈椭圆形，精巢七个，作前后单行排列。消化管无咽，两肠支在体后部会合成一条。此虫寄生在人或哺乳动物的肝门静脉或肠系膜脉管中。

4. 羊肝蛭的观察

取羊肝蛭整体装片，用放大镜观察。虫体呈叶片状，前端呈锥状突起叫头锥，口吸盘距腹吸盘较远且小，左右肠支上有许多分支，精巢和卵巢也有复杂的分支。具阴茎囊，但没有受精囊，寄生在牛羊的肝管内。

5. 猪绦虫的观察

观察猪绦虫浸制标本和玻片标本。虫体扁平细长如带，由若干节片组成，节片包括头节、颈节和体节。体节又分为幼节、成节和孕节三种。

（1）头节　在虫体最前端，十分细小，头节略呈球形，其顶端突出的部分叫顶突。环绕顶突，有两圈小沟。在球状部分的外面有四个吸盘，头节后变细的部分为颈节。

（2）幼节　紧接在颈节后面，生殖器官未发育成熟，但可看到两侧的排泄管和神经索。

（3）成节　由幼节逐渐发育形成，生殖器官已发育成熟，每个节片内有雌雄生殖器官各一套，生殖孔均开口于一边的生殖腔，子宫位于中央，不与外界相通。

（4）孕节　在节片中只有发达分支的子宫，内面塞满虫卵，生殖系统的其他器官均退化，排泄管和神经索仍然存在。

（5）囊尾蚴虫　猪绦虫的囊尾蚴虫呈黄豆状，寄生在猪的肌肉中。

五、思考题

绘制华支睾吸虫的雌性生殖器系统图（显示卵巢、输卵管、卵膜、卵黄管、卵黄总管、受精囊和劳氏管等的关系）。

实验五　原腔动物的形态与构造

一、实验目的

通过对猪蛔虫形态与结构的观察，了解一般寄生线虫的特征，观察铁线虫、棘头虫等标本，区别其他各门假体腔动物。

二、实验原理

猪蛔虫的外形和解剖以及切片观察，其他各类原腔动物重要代表示范。

三、实验器材及试剂

猪蛔虫浸制标本，猪蛔虫横切面玻片标本，钩虫、蛲虫和轮虫的浸制标本。显微镜、放大镜、小解剖镜、小镊子、泡沫板（或 KT 板，或蜡盘）、大头针、解剖针、擦镜纸、载玻片、盖玻片等。

四、实验步骤

1. 猪蛔虫的观察

将浸制的猪蛔虫放入有水的泡沫板（或 KT 板，或蜡盘）中，观察其外部形态和内部构造。

（1）外部形态　用放大镜观察。

① 外形　虫体呈线形，两端较尖细，雌雄异体，异形，雌虫较大、尾端直，雄虫较小、尾端向腹部卷曲。

② 前端　蛔虫前端具有三个唇瓣，即一个背唇和两个腹唇，作"品"字形排列，唇瓣上具有小乳突。口在三个唇瓣中央。

③ 体线　虫体上有四条由前到后的体线，即背线、腹线和左右侧线，侧线宽厚明显易见。

④ 肛门　肛门在近尾端的腹面呈横裂状（雄虫无肛门，直肠开口于泄殖腔，由泄殖腔孔通体外）。

⑤ 生殖孔　雌虫生殖孔位于虫体前 1/3 处汇合成管状的阴道口处。雄虫没有单独的生殖孔，射精管开口于泄殖腔。

⑥ 排泄孔　约离前端 2mm 的腹线上有一细小的排泄孔（因孔很小，不易看见）。

（2）内部构造　确定虫体的腹面后，使其背面朝上，用大头针将虫体两端固定在泡沫板（或 KT 板，或蜡盘）上，用解剖剪由后向前一边将体壁剪开，一边用大头针将体壁向两边展开并固定在泡沫板（或 KT 板，或蜡盘）上，大头针应向外倾斜 45°，以便于操作和观察。小心地将内部器官游离开，然后观察下列构造：

① 消化系统　消化管是一条直行的管道。口的后方是肌肉的咽，咽略呈圆筒形，即前肠。咽后是扁平的中肠，肠的末端直径变小为直肠。直肠即后肠，开口于肛门或泄殖腔。

② 生殖系统　假体腔内塞满发达的线状生殖系统。

a. 雌性生殖系统　是两条细长的管子，每管的游离端弯曲盘绕。末端最细的部分是卵巢，卵巢后面管径逐渐增粗的部分为输卵管，输卵管后面的膨大部分是子宫，两子宫自虫体后面前行，在体前 1/3 处汇合成一条短的阴道，由生殖孔通体外，用解剖针弄破子宫，取少许内容物放在载玻片上的水滴中，搅散后加上盖玻片，在显微镜下观察蛔虫卵的形态构造。

b. 雄性生殖系统　是一条细长的管子，游离端弯曲盘绕，末端最细的部分是精巢。精巢后面较粗的部分是输精管，输精管后面的膨大部分是储精囊，储精囊从前向后行，末端富肌肉质的一段是射精管。射精管开口于泄殖腔，它的背壁有一交接刺囊，囊中有一对交接刺，交尾时能伸出体外，有助于雌雄交配受精（被药液处理后交接刺也可伸出体外，呈毛状，注意观察）。

（3）蛔虫的横切面观察　将猪蛔虫横切面玻片放在低倍镜下观察：

体壁　蛔虫的体壁由角质膜、下皮层和肌肉层组成，角质膜在外层、很厚，并且半透明，角质膜内是一层没有细胞界线的下皮层，很薄，称共质体。内层是一层纵肌，肌细胞靠近下皮层的基部处，有许多纵向排列的肌原纤维叫收缩部，端部向体腔突出呈囊状，里面含有核和大量细胞质叫原生质部，还可看到肌细胞有突起与背、腹神经索相连接。

注意观察体壁背面和腹面的下皮层，向体腔内突出形成背线和腹线，背线内有神经索，腹线内有腹神经索。体壁左侧和右侧的下皮层突出加厚形成侧线，在左右侧线中分别纵贯一条排泄管。纵肌层被体线分隔为三部分。

① 消化管　一般靠近背侧，肠管扁平形，肠壁由一层柱状细胞组成，无肌肉层，细胞内壁（围绕肠腔的一端）具有微绒毛形成刷状缘，增大吸收面积。

② 假体腔　体壁与消化管之间的大空腔就是假体腔，里面有生殖系统。

③ 生殖系统　雌虫的切片中有卵巢、输卵管和子宫的横切面（注意：卵巢内有作辐射状排列的卵原细胞，输卵管由一层细胞围成，子宫很大，内里充满了虫卵）。雄虫的切片中有精巢、输精管和储精囊的横切面。

2. 示范

（1）十二指肠钩虫　观察浸制标本，虫体细小，长约 10 mm，乳白色或微红色，口囊腹侧有两对钩齿，寄生在人的小肠内。

（2）蛲虫　取蛲虫浸制标本观察，雌虫长 8~13mm，雄虫长 2~5mm，虫体前端两侧有由角质膜形成的明显的颈翼，寄生在人体大肠下段。

（3）轮虫　属轮虫动物门，取轮虫浸制标本，或活体，自己制片观察。轮虫是自由生活种类，虫体成圆筒形、壶形等不同形态，分为头、躯干和尾三部分；头前端有一轮盘，上面有 1~2 圈纤毛，生活时纤毛不停地转动，用以运动和取食；口下方是一个膨大的咽囊，只有一套构造复杂的咀嚼器，生活时不停地咀嚼研磨食物；躯干外有角质形成的兜甲包裹；尾部末端常有一对叉状附着器（或称趾），用于水底爬行或附着。轮虫是鱼苗的开口饵料之一。

五、思考题

绘制蛔虫的横切面图，并注明各部位的名称。

实验六　节肢动物的外形和内部构造

一、实验目的

通过对沼虾和其他甲壳动物的观察，了解沼虾的结构及其形态与功能的关系，进一步掌握其他重要种类的特征和区别。

二、实验原理

沼虾的外形、附肢和内部解剖观察，其他甲壳动物示范。

三、实验器材及试剂

放大镜、显微镜、大小镊子、小剪刀、解剖盘、解剖针。沼虾浸制标本。

四、实验步骤

1. 沼虾的观察

沼虾属于节肢动物门、甲壳亚门、软甲纲、十足目、长尾亚目动物，生活在淡水江河、池沼内。

（1）外部形态观察（见图 1-2）　将沼虾浸制标本放在解剖盘内加水少许进行观察。

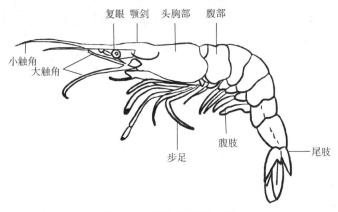

图 1-2　沼虾外部形态图

沼虾身体呈长圆筒形，全身共 21 节，分头胸部和腹部，生活时身体带青绿色，夹有棕色斑纹，但体色常随栖息环境不同而变化。

① 头胸部　由头部（6 节）和胸部（8 节）愈合而成，头胸部覆罩着一块甲壳，叫头胸甲。头胸甲前端伸出一锐利的额剑，其上下缘有锯齿，头胸甲两侧覆盖着鳃，叫鳃盖。额剑基部有一对具柄的复眼，能自由转动。

② 腹部　由 7 节组成，各节间有柔软的薄膜相连，腹部能自由弯曲运动，腹部最后一节

呈锥形，称尾节。

③ 附肢　将附肢从标本上取下观察，取附肢时，左手持标本，使其腹部朝向自己，右手持镊子从左侧腹部最后开始，向前依次把附肢一一拨下来，拨下的附肢按次序排列在解剖盘内，用放大镜观察结构。沼虾全身共 21 节，除第一节和尾节外，每节都有一对附肢，共 19 对附肢。每个二肢型附肢由原肢、内肢和外肢三部分组成；单肢型附肢外肢退化，只有原肢和内肢两部分。身体不同部位的附肢，功能往往不同，因而形态上亦有较大的变化。见图 1-3。

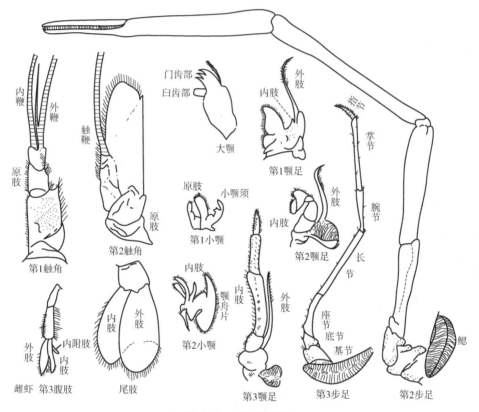

图 1-3　沼虾的附肢

（2）内部构造观察　从头胸甲后缘开始，将一侧的鳃盖剪掉。

① 呼吸系统（见图 1-4）　头胸部两侧各有一个鳃盖罩着鳃室，每鳃室内有 7 片羽状鳃，由小到大分别着生在第 2 颚足到第 5 步足基部。每片鳃中央有轴，轴左右生出许多鳃丝，鳃丝上布满微血管，由于鳃室前方颚舟片的扇动，外界含氧的水不断从鳃盖后缘进入流经鳃室，鳃上的血管从水中获得氧气，并排出二氧化碳。将全部头胸甲及头胸部一边的体壁（外骨骼）剪去，并将大颚肌除掉，可观察到心脏、血管、生殖器官、肝脏等，再将腹部的背板及背中线的肌肉除去（注意不要损伤所见到的管状构造）。然后把同一边的肝脏也去掉，可观察到循环系统、生殖系统和消化系统等。所要观察的器官与要除去的部分，形色往往很相似，同时，器官组织相当脆弱，解剖时必须十分仔细。

② 循环系统（见图 1-5）　沼虾的血液无色（血管透明），含有血清素可以携氧，是开管式循环。心脏呈三角形，在头胸部的围心腔中，心脏向前发出一条胸上动脉，很快分为三

支，正中一支到眼叫眼动脉，侧边两支到触角叫触角动脉；心脏前两侧各发出一条肝动脉入肝脏；心脏后面发出一条腹上动脉，沿后肠上方到身体后端，腹上动脉出心脏不远分出一条胸脏，在胸腹交界处斜向胸部腹方，到达腹神经链下面后，分为两支，一支向前行为胸下动脉，另一支向后行为腹下动脉。

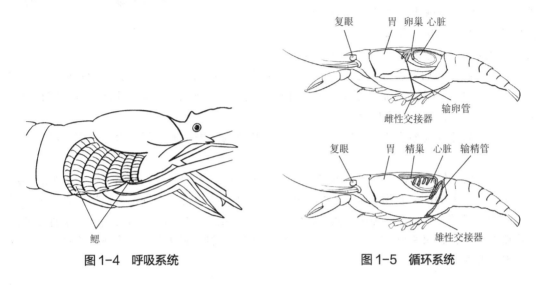

图1-4 呼吸系统　　　　　　　　　　　图1-5 循环系统

③ 生殖系统（见图1-6）　雌雄异体，雄虾比雌虾个体大。

雄虾有精巢一对，靠近心脏的前下方，透明无色，沿体两侧向下，开口在第5对步足基部内侧的雄性生殖孔。

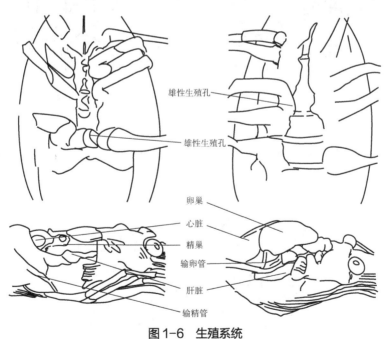

图1-6 生殖系统

④ 消化系统（见图1-7）　消化管包括口、食道、胃、肠和肛门，口在头部腹面两个大颚之间，食道很短，后接膨大的胃，胃分为前面的贲门胃和后面的幽门胃，贲门胃大，呈囊状，胃壁薄，内有胃磨，能将食物磨碎；幽门胃小，呈管状，内有一滤器，主要将食物过滤后入中肠。中肠很

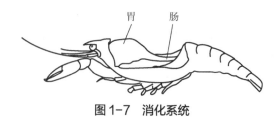

图1-7　消化系统

短，呈细管状，与后肠没有明显的界线。在胃及中肠的两侧，有一对很大的消化腺——肝胰脏（中肠盲囊），生活时呈暗红色。由许多小管组成，可分泌消化酶进入中肠。肝胰脏有消化食物、贮藏营养以及排泄废物等作用。

上述器官系统观察完毕后，将头胸部的内脏和肌肉除去，但须保留食道，便可观察神经系统。

⑤ 神经系统（见图1-8）　中枢神经系统由脑、围食道神经环、食道下神经节和腹神经链组成，脑在复眼间、食道上面，脑由两条围食道神经环与食道下神经节连接，食道下神经节后接腹神经链，腹神经链是由两条神经索和上面的神经节愈合形成。链上有11个神经节，其中胸部5个、腹部6个，在第3、第4神经节之间，二神经索未愈合，留下一个神经孔，胸直动脉因此穿过。

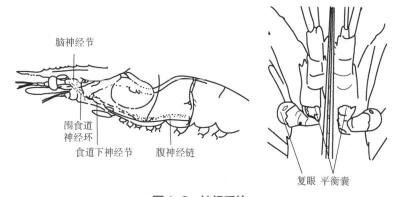

图1-8　神经系统

⑥ 排泄系统（见图1-9）　虾的主要排泄器官是触角腺，在第二对触角基部原肢节内，排泄孔在第二对触角基部腹面的乳状突起上，挑破原肢节即看到圆形的腺体部位（生活时呈绿色）。

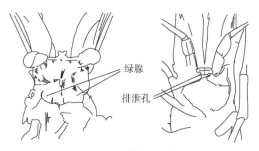

图1-9　排泄系统

2. 示范

（1）对虾 市场上常成对出售，故得名。产自黄海或渤海的浅海域，体形大，一般长20cm以上，雌虾较雄虾大，生活时半透明。头胸部较短，第一对触角短小，第二对触角很发达，触鞭为体长的2.5倍，步足较弱小，前三对步足呈螯状。

（2）河蟹 又称毛蟹，外骨骼内含有多钙质。与其他蟹类一样，头胸部呈圆形，前缘正中是额部，额具有四个齿突，左右前侧缘上各有四个锐齿。腹部退化附在头胸部腹面和头胸部十三对附肢中。第一、第二对触角细小在柄眼内侧，大颚、小颚和颚足（共6对）组成口器，五对步足发达，第一对步足具有强大的螯，上面有绒毛，故得名。

五、思考题

绘制沼虾的附肢形态，并说明其与生活机能有何联系。

实验七 鲫鱼的外形和内部解剖

一、实验目的

1. 通过对鲫鱼外部形态和内部构造的观察，了解鱼类适应水生的一般特征。
2. 了解低等脊索动物的特点，以及鱼纲各目的主要区别。

二、实验原理

鲫鱼的外部形态和内部解剖观察，鱼纲各目代表动物、半索、尾索、头索动物等示范观察。

三、实验器械及试剂

活鲫鱼或经药剂处理的鲫鱼若干，大剪刀、大小镊子、鱼剖针、低倍显微镜（示范用）、放大镜。

四、实验步骤

进行鲫鱼外部形态和内部解剖观察，鲫鱼的外部形态与各部分长度的测量见图1-10。

1. 外部形态

鲫鱼是游泳能力较强，比较活跃的淡水鱼类。身体侧扁呈纺锤形。分为头、躯干和尾三部分，头和躯干以鳃盖后缘为界，躯干和尾以肛门为界。

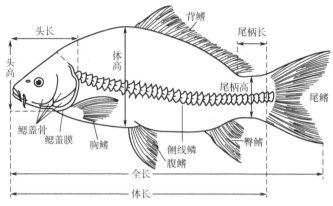

图 1-10　鲫鱼的外部形态与各部分长度的测量

（1）头部　前端是口，上方有鼻孔一对，鼻孔只与外界相通，不与口腔相通，鼻只有嗅觉功能，而与呼吸无关，鼻后有眼一对，没有瞬膜。眼后有宽扁的鳃盖，内有鳃。

（2）鳍　鲫鱼游泳的各种动作，都是靠鳍的活动来完成的。鳍分奇鳍和偶鳍两种，偶鳍包括胸鳍和腹鳍，胸鳍在鳃盖后方胸部两侧，腹鳍在肛门前方腹侧，它们能使身体变换方向和保持平衡，奇鳍有背鳍、臀鳍和尾鳍。背鳍一个，纵列在背上，臀鳍在肛门后方的腹中线上，它们能保持身体平衡。尾鳍在尾部后缘，尾鳍与整个尾部是推动身体前进或转向运动的器官，尾属正尾型。

（3）鳞片　躯干和尾部都盖有鳞片，鳞片为骨质圆鳞，前端生在皮肤内，后端游离呈复瓦状排列。将鳞片置显微镜下观察，可见上面具有同心圆的环纹，与鱼的生长和年龄有关，称为年轮。鳞片上富有黏液，具有保护皮肤不受感染、不透水，以及减少与水的摩擦等作用。背部的鳞片颜色较深，腹部色浅，这也是适应水生的特征。

（4）侧线　在身体两侧各有一列鳞片，其上有小黑点组成的线条称为侧线。小黑点是皮肤内侧线器官向外的开口，侧线器官是鱼类感觉水压变化的感觉器官。

2. **内部解剖**（见图 1-11）

用解剖剪自肛门前方伸入，沿腹面中央向前剪开，直至鳃盖再向上剪，然后沿侧线上缘又向后剪，斜向臀鳍前方（注意不要损伤内脏），将身体一侧的体壁除去，使内脏器官全部露出，依次观察下列构造。

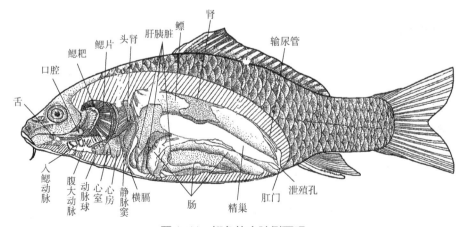

图 1-11　鲫鱼的内脏侧面观

（1）体腔　分两个腔，一个围心腔，在鳃盖下缘，内面藏有能看到搏动的心脏；另一个腔是腹腔，腹腔中藏有其他各种腔器。

（2）消化系统　消化管细长，包括口腔、咽、食道、胃、肠等部。口腔内无牙齿，底部有不活动的舌，咽部有数对咽喉齿，有磨碎食物的作用，食道很短，胃不是十分明显，比肠稍微膨大，肠迂曲细长，直接肛门，肛门在泄殖孔前方。消化腺是肝胰脏，是肠迂曲间不规则腺体，呈浅褐色，并有一个绿色胆囊。

（3）鳔　其在消化管上方，白色，内有空气。中央缢缩成前后两囊，自后囊近缢缩处发出一条鳔管通食道，鳔内空气的增减，能使身体密度产生变化，是鱼体密度调节器。

（4）呼吸系统　剪去鳃盖可见内有四对鳃，排在咽的两侧，每个鳃（或叫鳃瓣）侧扁半圆形，由鳃弓、鳃丝和鳃耙组成，鳃弓坚硬，外缘两侧为栉状排列的鳃丝，鳃丝红色富血管，鳃耙在鳃弓内缘两侧。水从口到咽，经鳃瓣，至鳃丝之间进行气体交换，然后再由鳃盖后缘到体外。随水进入口内的渣杂或食物，由鳃耙过滤不使入鳃内，以免影响呼吸。

（5）循环系统　心脏由一心耳和一心室组成。心耳壁薄，其后面接静脉窦；心室壁厚，其前面接动脉球。身体前后回来的静脉血先在静脉窦汇集，经心耳、心室、动脉球然后再入鳃，出鳃的多氧血入背大动脉分布到全身。血液循环的途径只有一条，心脏内全是少氧血（注意这是鱼类单循环的特征）。红细胞椭圆形，有核。另外，在胃的背面有一深褐色脾脏。

（6）排泄系统　肾脏一对，鳔的上方，体腔的背壁，呈红褐色，后方各通过一条输尿管，一起汇入膀胱，与生殖导管共同开口于泄殖窦，再以泄殖孔通体外。

（7）生殖系统　在鳔的腹面、消化管两侧，雄性一对精巢，呈乳白色长囊状体，后方以短小的输精管通入泄殖窦；雌性一对卵巢，位置与精巢相同，呈淡黄色，后端为短的输卵管，亦开口于泄殖窦。

（8）神经系统　仔细剪去头部骨骼。除去脑腔中的脂肪，观察脑的构造。脑分大脑、间脑、中脑、小脑和延脑五部分。大脑不发达，向前发出一对嗅神经，其末端为椭圆形的嗅球。间脑在大脑后，被大脑和中脑遮盖，中脑发达，是一对椭圆形球体，又称视叶。小脑呈球形位于中脑后，小脑后面另有一对构造叫小脑后叶，最后是延脑，延脑与脊髓相接，鲫鱼的脑有十对脑神经。

（9）骨骼系统　观察鲫鱼的骨骼标本。骨骼分为主轴骨和附肢骨两部分。主轴骨包括头骨、脊柱、肋骨等部分。头骨多为硬骨，骨片很多，但结构疏松。脊柱由一串双凹型脊椎骨组成，分为躯椎和尾椎两部分，前者两侧连有长肋骨，后者无肋骨。附肢骨包括肩带与腰带以及鳍骨，肩带与头骨相连，腰带游离。

五、思考题

1. 鲫鱼的结构显示了脊索动物哪些重要特征？
2. 观察鲫鱼的生活方式，指出它们有哪些适应性结构？

实验八　小鼠的外形和内部解剖

一、实验目的

通过实际操作，掌握小鼠的一般操作方法，包括小鼠的抓拿、标记、给药、取血（眶后静脉丛、摘眼球）、脊椎脱臼法处死、大体解剖。

二、实验原理

通过小鼠的外部形态和内部解剖观察加深对哺乳动物的形态和内部结构的了解。

三、实验器械及试剂

昆明小鼠 2 只（1 雌 1 雄），解剖器，解剖盘，骨剪，棉花和 0.5%氯胺酮等。

四、实验步骤

1. 抓取和固定标记

（1）抓取　抓小鼠的尾根部（见图 1-12）。

（2）固定　抓住小鼠的尾根部，让小鼠在粗糙平面上爬行，后拉尾跟部，右手的拇指和食指抓住小鼠两耳及其间的颈部皮肤，小指和无名指将尾巴固定在手掌面。

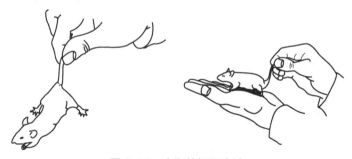

图 1-12　小鼠的抓取方法

2. 采血

从眼角内侧处进针或者眼球摘除法采血：左手抓取并固定小鼠，右手持弯头镊在眼球根部将眼球摘除，头朝下，眼眶内血迅速流出。

3. 麻醉

0.5%氯胺酮腹腔麻醉：小鼠重 22g，按 100mg/kg 的药量给药，2min 麻醉成功。

4. 处死

脊椎脱臼法：按住头部，将尾根部向后上方以短促的力量拉即可致死。

5. 解剖

（1）外生殖器　雄性的阴茎末端为尿道开口，在尾基部为肛门，此 2 孔与外界相通。肛门前缘有松弛折叠的阴囊，在生殖季节一对睾丸会下降到阴囊。雌性在后腹部有 3 个孔与外界相通，从前向后为：尿道口，在尿乳头的末端；阴道口，围在尿乳头后方呈半圆形；最后为肛门。雌性成熟个体腹部有 5 对乳头，前 3 对在胸部两侧，最前的 1 对与前肢在同一水平；后 2 对较大，在尿乳头前方两侧。有的个体乳头可延伸到颈部。

（2）暴露内脏　剪开腹部皮肤并将其与下方肌肉分离，然后剪开腹部肌肉，沿腹中线剪开腹壁至胸骨后方，并沿胸骨两侧剪断肋骨，将胸骨剪去，露出胸腔和腹腔器官。

6. 重点观察以下系统

（1）消化系统（见图 1-13）

① 口腔　沿口角剪开颊部及下颌骨与头骨的关节，打开口腔。口腔底有肌肉质舌，上下颌各有 2 个门齿和 6 个白齿，无犬齿和前白齿。其齿式为 2×（1003/1003）=16。门齿发达，能终身不断地生长。

② 食管和胃　将肝脏掀至右边，可以观察到胃，胃可分为半透明状的贲门部和不透明的幽门部。而扁管状的食管位于气管背面，后行穿过横膈与胃相接。

③ 肠　分为小肠和大肠。小肠长约 50cm，分为十二指、空肠和回肠，十二指肠紧接胃，其后为空肠和回肠，回肠末端与大肠和盲肠连接，盲肠末端为蚓突；大肠分为结肠和直肠，直肠进入盆腔，开口于肛门。

④ 消化腺　在横膈下可见 4 叶肝脏；在十二指肠附近有粉红色的胰脏。

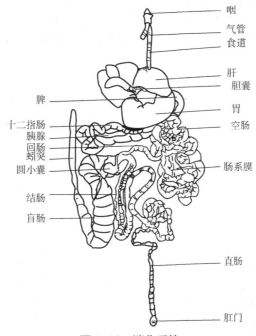

图 1-13　消化系统

（2）呼吸系统（见图 1-14）

气管由 15 个软骨和软骨间膜构成，气管后行进入胸腔后分为两支分别通入两肺。左右肺分别位于胸腔两侧，海绵状，其中左肺仅为 1 叶，而右肺分为 4 叶。

（3）循环系统（见图1-15）　　在胸腔中可以见到略呈倒圆锥形的心脏位于两肺之间的围心内，心尖偏左，幼鼠心脏上半部被淡肉色的胸腺覆盖。将胃拨到右侧，在其左侧可以见到红褐色长椭圆形的脾脏。

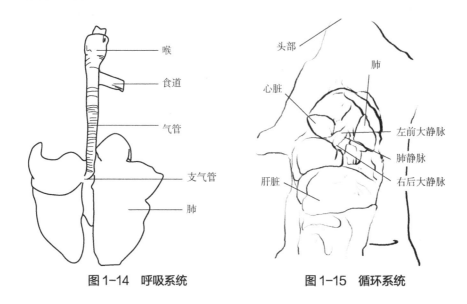

图1-14　呼吸系统　　　　　　　　　　　图1-15　循环系统

（4）泄殖系统（见图1-16、图1-17）

① 排泄器官　　将肠拨到一侧，再行观察。可见在腹腔背壁左右两侧各有一豆形的肾脏，右肾比左肾的位置略高，肾脏上方有淡红色的肾上腺。由各肾内缘凹陷处（即肾门）发出一输尿管，通入膀胱，膀胱开口于尿道。雌性尿道开口于阴道前庭，雄性尿道通入阴茎开口于体外，兼有输精功能。

② 雄性生殖器官　　睾丸（精巢）一对，椭圆形，成熟后坠入阴囊。附睾一对，附睾可分为附睾头、附睾体和附睾尾，头部紧附于睾丸上部，体部沿睾丸的一侧下行，尾部与输精管相接。输精管一对，开口于尿道。还有精囊和精囊腺、凝固腺、前列腺等副性腺。阴茎，为交配器官。

③ 雌性生殖器官　　在腹腔背壁两侧肾脏后方各有一个卵巢，近似蚕豆形。输卵管一对，盘绕紧密，包围着卵巢腔。输卵管后端膨大部分为子宫角，子宫角和子宫体呈"Y"字形。阴道前部与子宫相连，后部开口于体外。在阴道口的腹面稍前方有一隆起，为阴蒂。

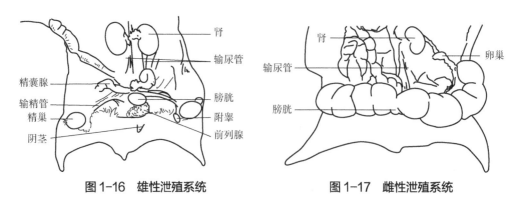

图1-16　雄性泄殖系统　　　　　　　　　图1-17　雌性泄殖系统

五、注意事项

小鼠性情较温顺，一般不会咬人，比较容易抓取固定。通常用右手提起小鼠尾巴将其放在鼠笼盖或其他粗糙表面上，在小鼠向前挣扎爬行时，用左手拇指和食指捏住其双耳及颈部皮肤，将小鼠置于左手掌心，用左手无名指和小指夹其背部皮肤和尾部，即可将小鼠完全固定。

小鼠牙齿和爪子锐利，抓取时要小心，不要被其抓伤或咬伤。初学者为确保安全，可佩戴棉纱手套。提尾部时应靠近尾根部提取，以防小鼠身体摇晃，或扭过头咬人。一只手不容易固定时，可请另一人协助操作。健康雄性小鼠的体重明显超过同龄雌性小鼠。如进针不顺，须暂停操作，以免激惹小鼠，妨碍实验顺利进行。

注射：①腹腔注射。注意妥善固定，最好一人固定头部和上肢，另请一人固定双下肢和尾部，以免进针时小鼠挣扎妨碍操作。②肌内注射。要选择肌肉丰满且无大血管通过的大腿外侧进针。③尾静脉注射。尾静脉鳞片厚，虽然肉眼可见血管，但成功率低，一般少用。

第二章

植物学实验

【课程简介】 ▶▶▶

　　植物学实验是生物科学专业必修课。本实验主要让学生掌握植物学基本的徒手切片技术和永久制片观察方法；掌握光学显微镜的结构、使用方法及常用的操作技术；通过显微镜观察植物细胞、各种组织器官的形态结构，引导学生理论联系实际，树立科学研究意识，锻炼科研实践能力。通过实验真正理解和掌握理论知识，培养学生多动手、多观察能力，验证已有知识的同时善于发现新问题。

【课程目标】 ▶▶▶

　　通过本实验课程的教学，训练学生掌握植物学最基本的操作技能；了解植物学的基本知识；印证和加深理解课堂讲授的基本理论；使学生学会显微镜的使用与维护，掌握植物的解剖、制片、观察、绘图、描述、鉴定等基本技能；要求学生正确掌握分类学上对各个类群特征的分析和比较的方法；培养学生利用参考书和文献独立解决问题的能力。通过实验培养学生实事求是、严肃认真的科学态度以及勤俭节约、爱护公共财物的良好作风。

实验一　植物细胞的观察

一、实验目的

1. 认识植物细胞在光学显微镜下的基本结构及特征。
2. 掌握临时徒手装片技术。

二、实验原理

通过在显微镜下观察临时徒手装片，验证临时徒手装片观察到的细胞结构。

三、实验器材及试剂

（1）器材　显微镜、载玻片、盖玻片、镊子、滴管、培养皿、刀片、剪刀、解剖针、吸水纸、洋葱、菠菜、番茄、红辣椒、鸭跖草、柿胚乳细胞永久制片等。

（2）试剂　蒸馏水、I_2-KI 染液。

四、实验步骤

1. 表皮细胞结构的观察

（1）洋葱表皮细胞徒手装片的制作　取洋葱肉质鳞片叶一块，用镊子从其内表面（凹的一面）撕下一块薄膜状的内表皮，再用剪刀剪取 4～5mm² 的一小块，迅速将其置于载玻片上已预备好的水滴中，如果发生卷曲，应细心地用解剖针将其展开，并盖上盖玻片。覆盖盖玻片时，用镊子夹起盖玻片，使其一边先接触到水，然后再轻轻放平，如果有气泡，可用镊子轻压盖玻片，将气泡赶出（或重新做几次）。如果水分过多，可用吸水纸吸除，至此临时装片制成。这种临时装片的制作，是生物科学实验中最基本的操作技术。

（2）洋葱表皮细胞结构的观察　将装好的临时装片，置显微镜下，先用低倍镜观察洋葱表皮细胞的形态和排列情况：细胞呈长方形，排列整齐、紧密。然后把盖玻片取下，用吸水纸把材料周围的水分吸除，然后滴上一滴 I_2-KI 染料，经 2～3min，盖上盖玻片观察。细胞染色后，在低倍镜下，选择一个比较清楚的区域，把它移至视野中央，再转换高倍镜仔细观察植物细胞的构造，可以识别下列各部分：

① 细胞壁　洋葱表皮每个细胞周围被 I_2-KI 染液染成淡黄色，即为细胞壁。细胞壁由于是无色透明的结构，所以观察时细胞上下壁看不见，而只能看到侧壁。

② 细胞核　在细胞质中可看到，有一个圆形或卵圆形的球状体，被 I_2-KI 染液染成黄褐色，即为细胞核。细胞核内有染色较淡且明亮的多个小球体，即为核仁。幼嫩细胞，核居中央；成熟细胞，核偏于细胞的侧壁，多呈半球形或纺锤形。

③ 细胞质　细胞核以外，紧贴细胞壁内侧的无色透明的胶状物，即为细胞质，I_2-KI 染色后，呈淡黄色，比细胞壁要浅一些。在较老的细胞中细胞质是一薄层，紧贴细胞壁，中间是

液泡。在细胞质中还可以看到许多小颗粒，如线粒体、白色体等。

④ 液泡　为细胞内充满细胞液的腔穴，在成熟细胞里，可见1个或几个透明的大液泡，位于细胞中央。在细胞角隅处观察，旋转细调节器把光线适当调暗，能区分出细胞质与液泡间的界面。

在观察过程中，有的表皮细胞中看不到细胞核，这是因为在撕表皮时把细胞撕破，有些结构已从细胞中流出。

2. 果肉离散细胞的观察

用解剖针挑取少许成熟的番茄果肉，制成临时装片，置低倍镜下观察，可以看到圆形或卵圆形的离散细胞，与洋葱表皮细胞形状和排列形式皆不相同。然后在高倍镜下观察一个离散细胞，可清楚地看到细胞壁、细胞核、细胞质和液泡。

3. 质体的观察

（1）叶绿体　用镊子撕取新鲜菠菜叶片或藓类叶片，制成临时装片，置显微镜下观察，可见薄壁细胞中有大量椭圆形的绿色颗粒状结构，即为叶绿体。

（2）有色体　用镊子撕取一小块红辣椒皮，用刀片轻轻地刮去果肉，制成临时装片，置显微镜下观察，可清楚地看到细胞的细胞质中有许多红色的小颗粒，即为有色体。

（3）白色体　用镊子撕取一小块鸭跖草或白菜的幼叶、叶柄的表皮细胞，制成临时装片，置显微镜下观察，在气孔器附近的表皮细胞的细胞核周围可以看到许多微小、透明的白色小颗粒，即为白色体。

4. 胞间连丝的观察

取柿胚乳细胞永久制片，置低倍镜下观察，可见到许多多角形的细胞，细胞壁特别厚，细胞腔很小。选择相邻两个细胞的细胞壁部分，转换高倍镜，调暗光线，可见相邻的两个细胞加厚的细胞壁上有许多暗黑色的细胞质形成的细丝，即胞间连丝。

五、注意事项

1. 保持制作的徒手制片整洁、清晰。
2. 经常调换视野和重复观察。

六、思考题

1. 绘制洋葱表皮细胞详图，并注明各部分结构名称。
2. 要想获得理想的质体徒手临时制片，关键步骤是什么？

实验二　植物各种组织的观察

一、实验目的

1. 了解植物分生组织和成熟组织（保护组织、基本组织、机械组织、输导组织和分泌组织）的形态结构特征。

2. 初步掌握植物组织离析技术。

二、实验原理

1. 分生组织与成熟组织的细胞排列和结构有差异。

2. 通过离析装片和染色可以分辨各种组织。

三、实验器材及试剂

（1）器材　显微镜、载玻片、盖玻片、镊子、刀片、培养皿、蒸馏水、滴管、平底烧瓶、毛笔、玉米根尖纵切和椴树茎横切永久制片、蚕豆叶片、小麦或玉米胚乳、甘薯块根、夹竹桃叶片、睡莲茎、马铃薯块茎、蚕豆幼茎、大麻茎、梨果实、松树枝条、天竺葵、南瓜茎纵切和横切永久制片、新鲜柑橘果皮、松针叶横切永久制片、棉叶横切永久制片等。

（2）试剂　浓盐酸、间苯三酚溶液、铬酸-硝酸离析液、70%乙醇等。

四、实验步骤

（一）分生组织的观察

取玉米根尖纵切永久制片，置低倍镜下观察整个根尖的大体结构。玉米根尖顶端有一帽状根冠组织，沿着根冠向上与其接触的区域，即为生长点，生长点的细胞排列紧密无胞间隙，细胞个体小，为等径多面体，壁薄、质浓、核大而明显，即为原生分生组织。然后观察生长锥后一部分，即为初生分生组织区，它是由原生分生组织的细胞衍生而来的。细胞已有初步的分化，中央染色较深的柱状部分为原形成层，细胞为细长的棱柱状。

（二）成熟组织的观察

1. 保护组织

（1）表皮　撕取双子叶植物蚕豆叶下表皮一小片，制成临时装片，置显微镜下观察，可以看到细胞排列很紧密，无胞间隙，细胞壁薄，互相嵌合。细胞核一般位于细胞壁边缘，细胞质无色透明，不含叶绿体的细胞，即为表皮细胞。在表皮细胞之间，还可以看到一些由两个肾形保卫细胞组成的气孔，保卫细胞有明显的叶绿体，也有细胞核。

（2）周皮　取椴树茎横切永久制片，置显微镜下观察，可见在椴树茎横切面的外围有数层呈短矩形的死细胞，呈径向排列，紧密而整齐，细胞壁栓质化，即为木栓层。木栓层有些部位破裂向外突起，裂口中有薄壁细胞填充，即为皮孔。木栓层内有1~2层具明显细胞核、细胞质浓厚、壁薄的扁平细胞，即为次生分生组织——木栓形成层。木栓形成层内，有1~2层径向排列的薄壁细胞，即为栓内层。

2. 基本组织（薄壁组织）

（1）同化组织　取夹竹桃叶片永久制片，在显微镜下观察，可见叶片上、下表皮之间有大量薄壁细胞，细胞中含有丰富的叶绿体，即为同化组织。

（2）贮藏组织　甘薯块根制成临时装片。在显微镜下观察，可见很多大型薄壁细胞，细胞内充满淀粉粒，即为贮藏组织。注意其淀粉粒形态与马铃薯块茎淀粉粒形态是否相同。小麦、玉米种子的胚乳部分，豆类的子叶，都是典型的贮藏器官，都可以用来做此观察。

（3）通气组织　取睡莲茎徒手横切，制成临时装片（或水稻叶、凤眼兰叶的横切永久制片），置显微镜下观察，可见薄壁细胞之间有很大的间隙形成大的空腔，即为通气组织。

3. 机械组织

（1）厚角组织　取蚕豆幼茎，徒手横切后，制成临时装片，置显微镜下观察，可见紧接表皮内的几层皮层细胞无胞间隙，细胞壁在角隅处增厚，这些角隅加厚的细胞群，即为厚角组织。注意在厚角细胞中是否有细胞核和叶绿体。

（2）厚壁组织　纤维：取大麻茎一小部分，用铬酸-硝酸离析法（见本章附录）事先制成离析材料，贮存备用。观察时用镊子夹取离析后的大麻纤维少许，制成临时装片，在显微镜下观察，可见细长、两头锐尖的纤维细胞。注意细胞腔有何变化，壁加厚程度如何。

（3）石细胞　从梨的果肉中，挑取少许硬的颗粒，置载玻片上用镊子柄部轻轻压散，滴一滴浓盐酸，3～5min后，再滴加间苯三酚溶液染色，制成临时装片，置显微镜下观察，可见许多圆形或椭圆形、成群存在的石细胞。石细胞中原生质解体，细胞腔很小，壁异常加厚，经染色后，在桃红色厚壁上有很多未着红色的分支的纹孔道。

4. 输导组织的观察

（1）管胞　取松树枝条木质部一小段，按组织离析法制成离析材料，然后用镊子选取少许离析材料，制成临时装片，置低倍镜下观察，可见许多两头斜尖的长形细胞，即为管胞。再转换为高倍镜，仔细观察壁上的具缘纹孔。注意端壁上有无穿孔，次生壁加厚情况如何。

（2）导管　取天竺葵茎一小段，徒手纵切，挑选透明的薄片置载玻片上，先滴一滴浓盐酸，过3～5min后再滴间苯三酚溶液染色，制成临时装片，置低倍镜下找到材料中被染成红色的部分，再转换高倍镜，仔细观察被染成红色、增厚的次生壁。注意端壁穿孔情况，并根据花纹不同，判断你所看到的材料中，有几种不同类型的导管。

（3）筛管和伴胞　取南瓜茎纵切永久制片，置低倍镜下观察，找出被染成红色的木质部导管，在导管的内外两侧均有被染成绿色的韧皮部（南瓜茎为双韧维管束）。把韧皮部移至视野中央，可见筛管是由许多管状细胞所组成。然后换高倍镜观察，两个筛管细胞连接的端部稍有膨大并染色较深处，是筛管所在位置，其细胞质常收缩成一束离开细胞的侧壁，两端较宽、中间较窄，通过筛板上的筛孔，有较粗的原生质丝称为联络索。在筛管侧面紧贴着一列染色较深的具有明显细胞核的细长薄壁细胞，即为伴胞。

取南瓜茎横切永久制片，置低倍镜下移动玻片标本，在韧皮部中寻找多边形口径较大、被固绿染成蓝绿色的薄壁细胞，即为筛管。它旁边往往贴生着横切面呈三角形或半月形、具细胞核、着色较深的小型细胞，即为伴胞。然后再找出正好切在筛板处的筛管，转高倍镜观察筛板，注意筛板结构有什么特点。

5. 分泌组织

取棉叶主脉横切永久制片，观察其分泌细胞、分泌腔和主脉处蜜腺。取柑橘果皮横切制片，观察其溶生细胞（分泌腔）。取松树叶或茎横切永久制片，观察其树脂道（分泌道）。

五、注意事项

1. 尽量选择有代表性的植物材料进行观察。

2. 使用显微镜不同放大倍数观察。

六、思考题

1. 分析厚角组织和厚壁组织有何差异。
2. 绘制筛管及伴胞横切面和纵切面结构图，并注明各部分结构名称。
3. 叙述各种成熟组织的细胞形态特征、存在部位和生理功能。

实验三　种子和幼苗的观察

一、实验目的

1. 掌握不同类型种子的形态和结构；观察了解种子的萌发过程。
2. 学会用简单的显微化学方法鉴定植物细胞的贮藏物质。

二、实验原理

1. 不同植物种子的结构、组成成分和贮藏物质有差异。
2. 种子是形成幼苗的基础。

三、实验器材及试剂

（1）器材　显微镜、放大镜、载玻片、盖玻片、镊子、刀片、培养皿、培养缸、滴管、菜豆种子、大豆种子、蚕豆种子、玉米和小麦籽粒、花生种子等。

（2）试剂　蒸馏水、I_2-KI 溶液，苏丹Ⅲ溶液等。

四、实验步骤

1. 种子结构的观察

（1）双子叶植物无胚乳种子　取一粒浸泡的菜豆（或大豆、蚕豆）种子，观察其外形，菜豆种子呈肾形，包在外面的革质部分是种皮，在种子凹侧有一长棱形瘢痕，即为种脐。种脐处的小孔为种孔。剥去种皮，种皮里面的整个结构为胚，首先看到的是两片肥厚的子叶，掰开相对扣合的子叶，可见夹在子叶间有明显的胚芽，胚芽下面的一段是胚轴，为两片子叶着生的地方，胚轴下端即为胚根。

（2）单子叶植物有胚乳种子　取浸泡过的玉米籽粒，用镊子将果柄和种皮从果柄处剥掉，在果柄下可见一块黑色组织，即为种脐。籽粒的顶端可看到花柱的遗迹。

用刀片从垂直玉米籽粒的宽面正中作纵剖，用放大镜观察其纵剖面，种皮以内大部分是胚乳，在剖面基部呈乳白色的部分是胚，加一滴碘液在纵剖面上，胚乳变成蓝紫色，胚变成黄色，界线很明显，胚紧贴胚乳处，有一形如盾状的子叶，也称盾片。与子叶相连的部分是较短的胚轴，胚轴上端连接着胚芽，包围在胚芽外方的鞘状结构，即为胚芽鞘；胚轴下端连接胚根，包围在胚根外方的鞘状结构，即为胚根鞘。

2. 种子中贮藏物质的显微化学鉴定

显微化学鉴定方法是用化学药剂处理植物的组织细胞，使其中某些微量物质产生特殊的染色反应，鉴定这些物质的性质及其分布状态的方法。下面介绍细胞中淀粉、蛋白质、脂肪等三种主要贮藏物质的显微化学鉴定。

（1）淀粉的鉴定　取已浸泡过的小麦（或玉米、水稻）籽粒徒手切取胚乳部分细胞，选取最薄的一片，置于载玻片上，加稀释的 I_2-KI 溶液数滴，制成装片，置低倍镜下观察，可见到细胞中有许多被染成蓝色的颗粒，即为淀粉粒，因为 I_2-KI 溶液与淀粉作用时，形成碘化淀粉，呈蓝色的特殊反应，转换高倍镜仔细观察淀粉的脐点和轮纹。

（2）糊粉粒（蛋白质）的鉴定　取豆类种子，剥去外面坚硬的外种皮，徒手切取部分胚乳细胞，置于载玻片上，先滴一滴 95%乙醇，将材料中的脂肪溶解掉，再加一滴浓度较大的 I_2-KI 溶液，制成临时装片后置低倍镜下观察，可见在薄壁细胞中有许多被染成黄色的椭圆形颗粒，即为糊粉粒，因为碘液与细胞中的蛋白质作用时，呈黄色反应。然后转换高倍镜观察一个糊粉粒的结构，可看到糊粉粒内含有几个呈暗黄色的多边形的拟晶体，有些糊粉粒内还有一个无色的球晶体。

（3）脂肪的鉴定　取一粒花生（或向日葵）种子，剥去红色的种皮，用一片叶子做徒手切片，挑选最薄的一片，置载玻片上，滴加苏丹Ⅲ溶液，移至酒精灯上加热，促进着色，制成临时装片，置显微镜下观察，可见到花生子叶细胞内含有橘红色的圆球形的颗粒，即为脂肪（油滴），因为苏丹Ⅲ溶液与脂肪作用呈橘红色反应。注意观察细胞内脂肪（油滴）的含量和分布情况。

3. 种子萌发过程和幼苗形态的观察

① 选取成熟健全的菜豆、大豆、玉米、小麦等植物种子若干，准备好三个培养容器（烧杯或培养皿），装入河沙（或锯末、蛭石等），浇水使其保持湿润，置于 25℃左右条件下，将经浸泡吸胀的上述种子分别播下，两天后每天观察种子萌发情况。

② 观察具有两片真叶的大豆幼苗和具有两片真叶伸出胚芽鞘的玉米幼苗，分析其组成部分和发生部位。

五、注意事项

1. 贮藏物质显微鉴定要按照操作步骤进行。
2. 实验前两周要进行种子萌发。

六、思考题

1. 绘出菜豆外形结构图，并注明各部分结构名称。

2. 绘制玉米籽粒纵切面图，并注明各部分结构名称。

3. 比较双子叶植物和单子叶植物种子在形态结构上的异同。

实验四　根的形态结构

一、实验目的

1. 了解植物根的基本形态和类型；识别根各分区所在部位及细胞构造特点。

2. 掌握根的初生结构和次生结构。

3. 观察认识几种变态根的形态和结构。

二、实验原理

1. 根的生长和加粗取决于根的类型。

2. 根的变态是三生生长产生三生结构。

三、实验器材及试剂

（1）器材　显微镜、放大镜、解剖刀、镊子、载玻片、盖玻片、刀片、滴管、培养皿、吸水纸等。小麦、蚕豆幼根横切永久制片，棉花、玉米老根横切永久制片，蚕豆根横切（示侧根发生）永久制片，大豆根系标本，大豆（或花生）根横切（示根瘤）永久制片，萝卜和胡萝卜肉质根，甘薯和大丽菊块根，常春藤气生根，菟丝子与寄主标本等。

（2）试剂　蒸馏水、番红染液、间苯三酚溶液。

四、实验步骤

1. 根尖的观察

在实验前约一周，将小麦和蚕豆置于垫有潮湿滤纸的培养皿内并加盖，放 15～20℃恒温培养箱中，待幼根长到 2cm 左右时，即可作为实验观察的材料。

实验时，截下根尖 1～2cm 放在载玻片上，用肉眼或放大镜观察幼根的外部形态。根尖最尖端有一透明的帽状结构，即为根冠；根冠之上有一略带黄色的部位，即为分生区；往上透明发亮的一段，即为伸长区；幼根上有一区域密布白色绒毛，即为根毛区（成熟区）。

2. 根初生结构的观察

（1）双子叶植物根的初生结构　取蚕豆幼根，从根毛区做徒手横切，加番红染色，制成临时装片，或取其永久制片，在显微镜下观察，从外到内辨认以下各部分。

① 表皮　表皮是幼根的最外层细胞，排列整齐紧密，细胞壁薄，在切片上可观察到有些表皮细胞向外突出形成根毛。

② 皮层　位于表皮之内，由多层薄壁细胞组成，紧接表皮的1～2层排列整齐紧密的细胞为外皮层；皮层最内一层细胞，排列整齐紧密为内皮层。内皮层和外皮层之间的数层薄壁细胞，为皮层薄壁细胞，细胞大，排列疏松，具有发达的细胞间隙，内皮层细胞有凯氏带结构，在蚕豆横切面上仅见此径向壁上的凯氏点，往往被番红染成了红色。

③ 维管束　内皮层以内部分为维管束，位于根的中央，由中柱鞘、初生木质部和初生韧皮部三部分组成。

④ 中柱鞘　紧接内皮层里面的一层薄壁细胞，排列整齐而紧密，即为中柱鞘。中柱鞘细胞可转变成具有分裂能力的分生细胞，侧根、不定根、不定芽、木栓形成层和维管形成层的一部分能发生于中柱鞘。

⑤ 初生木质部　蚕豆多为四原型根，初生木质部呈辐射状排列，具四个辐射角，在切片中有些细胞被染成红色，明显可见，角尖端是最先发育的初生木质部，细胞管腔小，由一些螺纹和环纹导管组成。角的后方是分化较晚的后生木质部，细胞管腔大。

⑥ 初生韧皮部　位于初生木质部两个辐射角之间，与初生木质部相间排列，该处细胞较小、壁薄、排列紧密，其中呈多角形的是筛管或薄壁细胞，呈三角形或方形的小细胞为伴胞。初生韧皮部外侧为原生韧皮部，内侧为后生韧皮部。在蚕豆根的初生韧皮部中，有时可见一束厚壁细胞即韧皮纤维。

⑦ 薄壁细胞　介于初生木质部和初生韧皮部之间的细胞，当根加粗生长时，其中一层细胞与中柱鞘的细胞联合起来发育为形成层。

（2）单子叶植物根的初生结构　取玉米根永久制片，先在低倍镜下区分出表皮、皮层和维管束三部分，再转高倍镜由外向内逐层观察。

单子叶植物——玉米根与双子叶植物根的结构基本相同，但在皮层中，玉米根（稍老）内皮层细胞多为五面加厚，并栓质化，在横切面上呈马蹄形，仅外向壁是薄壁，正对初生木质部处的内皮层细胞常不加厚，保持薄壁状态，即为通道细胞。维管束中央是薄壁细胞组成的髓，占据根的中心，为单子叶植物根的典型特征之一。

3. 根次生结构的观察

取棉花（或向日葵）老根横切永久制片，先在低倍镜下观察周皮、次生维管组织和中央的初生木质部的位置，然后在高倍镜下观察次生结构的各个部分。

（1）周皮　位于老根最外方，在横切面上呈扁方形，径向壁排列整齐，常被染成棕红色，几层无核木栓细胞，即为木栓层。在木栓层内侧，有一层被固绿染成蓝绿色的扁方形的薄壁活细胞，细胞质较浓，有的细胞能见到细胞核，即为木栓形成层。接木栓形成层的内侧，有1～2层较大的薄壁细胞，即为栓内层。

（2）初生韧皮部　在栓内层以内，大部分被挤压而呈破损状态，一般分辨不清。

（3）次生韧皮部　位于初生韧皮部内侧，被固绿染成蓝绿色的部分，为次生韧皮部，它由筛管、伴胞、韧皮薄壁细胞和韧皮纤维组成。其中细胞口径较大，呈多角形的为筛管；细胞口径较小，位于筛管侧壁呈三角形或长方形的为伴胞；韧皮薄壁细胞较大，在横切面上与筛管形态相似，常不易区分；细胞壁薄，被染成淡红色的为韧皮纤维。此外，还有许多薄壁细胞在径向方向上排列成行，呈放射状的倒三角形，为韧皮射线。

（4）维管形成层　位于次生韧皮部和次生木质部之间，是由一层扁长形的薄壁细胞组成的圆环，染成浅绿色，有时可观察到细胞核。

（5）次生木质部　位于形成层以内，在次生根横切面上占较大比例。被番红染成红色的部分，是次生木质部，它由导管、管胞、木薄壁细胞和木纤维细胞组成。其中口径较大，呈圆形或近圆形，增厚的木质化次生壁被染成红色的死细胞为导管，管胞和木纤维细胞在横切面上口径较小，可与导管区分，一般也被染成红色，其中木纤维细胞壁较管胞壁更厚。此外，还有许多被染成绿色的木薄壁细胞夹在其中。呈放射状、排列整齐的薄壁细胞，为木射线。木射线与韧皮射线是相通的，可合称为维管射线。

（6）初生木质部　在次生木质部之内，位于根的中心，呈星芒状。

观察根的次生结构，还可用南瓜老根、椴树和洋槐根作为实验材料，徒手横切、染色，制成临时装片，进行观察。

4. 侧根形成的观察

取蚕豆根横切（示侧根发生）永久制片，置显微镜下观察，可见侧根由中柱鞘发生，侧根的尖端冲破皮层、表皮而伸出。注意侧根发生的部位与初生木质部的关系。

5. 根瘤的观察

取大豆植株的根系标本观察，可见根部着生的一些瘤状突起，即为根瘤。它是根的皮层细胞受根瘤细菌的刺激，畸形分裂而形成的。

取大豆（或花生）根横切（示根瘤）永久制片，先在低倍镜下观察，找出根瘤部分，然后转高倍镜观察根瘤的结构，根瘤表面为栓质化细胞，其内为根的皮层薄壁细胞。中央染色较深的部分为含菌组织，根瘤菌充满在细胞内，呈颗粒状。请思考根瘤的形成对农业生产有何意义。

6. 变态根的观察

（1）肉质直根　观察萝卜和胡萝卜肉质根横切面，辨认其木质部和韧皮部结构。

（2）块根　观察新鲜甘薯或大丽菊标本，注意块根形态与肉质直根的区别。

（3）气生根　观察玉米支柱根或常春藤气生根标本，注意其形态特点和作用。

（4）寄生根　观察菟丝子与寄主的标本，注意寄生根的形态特征，分析它与寄主之间的关系。

五、注意事项

1. 仔细观察根尖各部分分区。
2. 明确区分变态根的形态学特征。

六、思考题

1. 绘玉米幼根尖，并注明各区名称。
2. 绘玉米根横切面图，并注明各部分结构名称。
3. 绘棉花老根横切面结构图，并注明各部分结构名称。
4. 植物根是怎样由初生结构发育出次生结构的？

实验五 茎的形态和结构

一、实验目的

1. 识别枝和芽的外部形态结构和类型。
2. 掌握茎尖的结构和单、双子叶植物茎初生结构以及次生结构的解剖特点。
3. 观察了解各种变态茎的形态和结构。

二、实验原理

1. 植物的茎、枝和芽是不同时期的表现。
2. 茎的结构特征有别于植物的根。

三、实验器材及试剂

（1）器材 显微镜、解剖镜、放大镜、刀片、培养皿、载玻片、盖玻片、镊子、吸水纸、滴管，杨树或胡桃枝条，苹果或梨树枝条，向日葵幼茎横切永久制片，玉米茎横切永久制片等；姜、马铃薯、山楂和皂荚枝刺、蔷薇茎、葡萄茎卷须、黄瓜茎卷须、竹节蓼、文竹等。

（2）试剂 间苯三酚染色液、蒸馏水等。

四、实验步骤

1. 枝条外部形态的观察

取二三年生的杨树或胡桃枝条观察，辨认节与节之间，顶芽与侧芽（腋芽），叶痕与束痕，芽鳞痕，皮孔。

取苹果和梨的枝条，辨认长枝与短枝（果枝）。

2. 双子叶植物茎初生结构的观察

取向日葵幼茎的横切永久制片，置显微镜下自外向内依次观察各部分结构。

（1）表皮 位于茎的最外一层细胞，排列紧密，形状规则，细胞外侧壁较厚，有角质层，有的表皮细胞转化成单细胞或多细胞的表皮毛。注意有无气孔分布？

（2）皮层 位于表皮之内，维管束之外部分，紧接表皮的几层比较小的细胞，为厚角组织。厚角细胞的内侧是数层薄壁细胞，细胞之间有明显的细胞间隙，在薄壁细胞层中还可以观察到由分泌细胞所围成的分泌道的横切面。

（3）维管束 皮层以内的部分为维管束，在低倍镜下观察时，茎的维管组织明显分为维管束、髓、髓射线三部分。

3. 单子叶植物茎初生结构的观察

取玉米茎横切永久制片，置显微镜下自外向内依次观察各部分结构。

（1）表皮 茎的最外一层细胞为表皮，在横切面上，细胞呈扁方形，排列整齐、紧密、外壁增厚。注意表皮上有无气孔？

（2）基本组织　表皮之内，被染成红色，呈多角形紧密相连的1~3层厚壁细胞，构成机械组织环，在机械组织以内，为薄壁的基本组织细胞，占茎的绝大部分，其细胞较大，排列疏松，具明显胞间隙，越靠近茎的中央，细胞直径越大。

（3）维管束　在基本组织中，有许多散生的维管束，维管束在茎的边缘分布多，较小；在茎的中央部分分布少，较大。

在低倍镜下选择一个典型维管束移至视野中央，然后转高倍镜仔细观察维管束结构。

4. 变态茎的观察

（1）地下茎

① 根状茎　取姜标本，观察其根状茎结构，辨认节、节间、腋芽和鳞片叶。

② 块茎　取马铃薯的块茎，观察此块茎的结构，注意马铃薯块茎上的顶芽痕迹、芽眼及其排列情况。

③ 鳞茎　取百合或洋葱观察辨认鳞片叶、腋芽、鳞茎盘。

（2）地上茎

① 枝刺　取山楂或皂荚枝刺标本，观察枝刺着生部位；取蔷薇茎一段，观察其皮刺，比较枝刺和皮刺的区别。

② 茎卷曲　取葡萄和黄瓜茎卷须标本，观察其茎卷须着生部位。

③ 叶状枝　取竹节蓼、文竹等标本，观察其叶状枝形态特征，辨认叶状枝上着生的芽和叶。

五、注意事项

1. 注意分辨植物各时期芽的类型。
2. 观察变态茎刺要小心。

六、思考题

1. 绘向日葵幼茎横切面，并注明各部分结构名称。
2. 绘玉米茎横切面结构图，并注明各部分结构名称。
3. 比较双子叶植物茎与根的初生结构区别。

实验六　藻类和苔藓的观察

一、实验目的

1. 掌握藻类各门的主要特征；了解藻类由简单到复杂、从低级到高级的演化趋势。

2. 掌握苔藓植物的主要特征；比较它们同藻类植物的主要异同。

二、实验原理

1. 藻类的分布位置决定了之间的进化关系。
2. 苔藓植物是植物进化陆生植物的开拓者。

三、实验器材及试剂

（1）器材　显微镜、放大镜、载玻片、盖玻片、小镊子、滴管、培养皿、解剖针，颤藻、念珠藻、衣藻、水绵、紫菜，海带新鲜材料或装片。地钱、葫芦藓浸制标本，地钱雄器托和雌器托纵切片；葫芦藓精子器、颈卵器纵切片等。

（2）试剂　I_2-KI 溶液，0.1%亚甲基蓝，吸水纸。

四、实验步骤

1. 藻类植物（蓝藻门、绿藻门、红藻门、褐藻门）观察

（1）颤藻属　颤藻属属蓝藻门。温暖季节采标本，置盛有清水的小烧杯中，放在实验室的向阳处，藻丝可向四周蔓延。实验时，用镊子取少量藻丝，制成装片，在低倍镜下观察。可见颤藻呈蓝绿色，是由一列细胞所组成的不分枝的丝状体，藻丝顶端细胞呈半圆球形。加一滴 0.1%亚甲基蓝水溶液，染色 1～2min，可见中央细胞质染成深蓝色，可与色素质分开。

（2）念珠藻属　念珠藻属属蓝藻门。将采到的胶质球或胶质片，用镊子撕下一小块，置于载玻片中央，加一滴清水，用镊子将胶质轻轻地压碎，制成装片，放在显微镜下观察，可以见到许多圆珠状细胞连成丝状，共同埋在胶质中，包括异形细胞、厚壁孢子和营养细胞。

（3）衣藻属　衣藻属属绿藻门。在晴天用广口瓶从水面上层采绿色水即可。实验时可在水的上层用吸管取一滴含有衣藻的新鲜材料，制成带水装片在显微镜下观察可见：卵形单细胞，前端有两根鞭毛，能运动。

（4）水绵属　水绵属属于绿藻门。采集时用手指触摸有黏滑感，用镊子采集于广口瓶中，加水。实验时用镊子挑取少许丝状体，制片低倍镜观察，单列细胞组成不分枝丝状体即水绵。

（5）紫菜属　紫菜属属红藻门。4～5 月间北方采集，藻体为紫色叶状体，多为一层细胞，基部特化为固着器。

（6）海带　海带属于褐藻门，北方寒温性海藻。取海带孢子体观察，有带片、带柄和固着器三部分。成熟带片的两侧，具深褐色的斑块即孢子囊群，用镊子或解剖针挑取少许孢子囊制成装片或永久装片，放在显微镜下观察，带片表皮外侧棒状单室孢子囊，侧丝即胶质冠。

取带片做徒手切片，选择薄而均匀的制成水装片，置显微镜下观察，可区分表皮、皮层和髓三部分。

2. 苔藓植物

（1）地钱　属于苔纲，阴湿地带、水沟旁边采集。

① 配子体　取地钱永久制片或新鲜标本，用放大镜观察。地钱为绿色扁平的二叉分枝的叶状体，许多精子器埋于托盘生殖器腔内；雌器托的柄较长。分别取地钱雄器托、雌器托纵

切片观察。雄器托的托盘上有许多精子器腔。雌器托的纵切片中，可见托柄顶端芒线间倒悬着一列颈卵器，像一长颈瓶子。膨大的腹部在上，内有一卵细胞和一个腹沟细胞。颈部细长中央有一列颈沟细胞。

② 孢子体　孢子体分基足、蒴柄、孢蒴三部分。基足为球形，埋于颈卵器基部组织中，是固着器官，并有从配子体吸收养料的功能。蒴柄较短，一端与基足相连，另一端与孢蒴相连。孢蒴顶端膨大部分为孢子囊，球形或卵形。

（2）葫芦藓　葫芦藓属于藓纲。多分布于阴湿的林下、墙角等处。

① 配子体　植株高 1～3cm，分茎、叶、假根三部分。茎多分枝，叶丛生于茎的上部，卵形或蛇形，在基部生有许多毛状假根。雌雄同株，雄性生殖器生于顶端，其中生有数个颈卵器。分别取雄枝和雌枝顶端纵切片或雄枝和雌枝标本，在解剖镜下用解剖针剥掉雄枝和雌枝顶端的苞片，即可看到棒状的精子器和颈卵器。

② 孢子体　孢子体生于雄配子枝的顶端，外形分三部分：a.基足，插入雄配子枝顶端组织内。b.蒴柄，细长的蒴柄开始很短，蒴柄成熟后伸长。c.孢蒴，即蒴柄顶端的囊状物。取孢蒴纵切片，置显微镜下观察，首先区分蒴盖、蒴壶、蒴台三部分，上部隆起处即蒴盖，中部为蒴壶，下部为蒴台。

五、注意事项

1. 仔细观察藻类和苔藓植物的生殖器官差异。
2. 注意比较与被子植物的异同。

六、思考题

1. 绘衣藻的细胞结构图，注明各部名称。
2. 绘地钱配子体横切面图和葫芦藓纵切面图，注明各部分构造名称。
3. 分析藻类植物和苔藓植物的进化特征。

本章附录

一、徒手切片制片方法

徒手切片是从事植物学教学、科研工作中常用的最简便的观察植物内部结构的方法。具体做法：

1. 选择软硬适度的材料，先截成适当的段块，一般以面积大小 3～5mm^2、长度 2～3cm

为宜。若切较软的材料时，可用马铃薯块茎或胡萝卜根将材料夹住，一起进行切片。

2. 切片时用左手的三个指头夹住材料，使其稍突出在手指之上，以免刀口损伤手指。右手拇指和食指横向平握双面刀片（或剃刀），刀片要与材料的纵轴相垂直，并将选好的材料和刀口上蘸些水使其润滑。切时先切去材料上端一段，使截面平整，然后以均匀的动作，自外侧左前方，向内侧右后方滑行斜切，动作要敏捷，材料要一次切下，切勿中途停顿或"拉锯"式切割。切片时两手不要紧靠身体或压在桌子上，用臂力而不要用腕力。每切2～3片后就把所切的薄片用湿毛笔移入盛有清水的培养皿中备用，如发现切面出现倾斜应立即修正切平，然后再继续切片。

二、组织离析法

用某些化学药品配成离析液，使植物细胞的胞间层溶解，细胞彼此分离，这种化学处理方法叫作离析法。根据植物材料不同，处理方法也不同。一般最常用的是铬酸-硝酸离析法，适用于木质化的组织如导管、管胞、纤维、石细胞等。具体方法如下：

1. 配制铬酸-硝酸离析液：取 10%铬酸和 10%硝酸液等量混合，配制成铬酸-硝酸离析液。

2. 离析前将材料洗净，切成小片或切成火柴秆粗细、长约1cm 的小条，放入平底小烧瓶中，加入为材料 10～20 倍的铬酸-硝酸离析液，盖紧瓶塞，置于 30～40℃温箱中，约经 1～2天取少许置载玻片上，滴水加盖玻片后，用滴管橡胶头轻轻敲压盖玻片，若材料离散，表明浸渍可停止。如果材料仍未离析好，则可换新的离析液，继续浸渍1～2天。

3. 材料离析好了以后，倒去离析液，用清水反复多次清洗，直到没有任何黄色为止。

三、试剂的配制

1. 铬酸-硝酸离析液：将 10%铬酸 1 份，加 10%硝酸 1 份，等量混合备用。此离析液适于对导管、管胞、纤维等木质化的组织进行解离时使用。

2. 碘-碘化钾（I_2-KI）溶液：将3g 碘化钾溶于 100mL 蒸馏水中，再加入 1g 碘，溶解后装入棕色试剂瓶中备用。也可将医用碘酒稀释2～3 倍后代用。此溶液若用于淀粉的鉴定，还需稀释3～5 倍；若用于观察淀粉粒上的轮纹，则需稀释 100 倍以上。

3. 番红水溶液：将 0.1g、0.5g 或 1g 番红分别溶于 100mL 蒸馏水中，配成三种不同浓度的番红水溶液，过滤后备用。

4. 间苯三酚溶液：将 5g 间苯三酚的白色粉末溶解于 95%乙醇 100mL 中即可使用。注意，溶液呈黄褐色即失效。间苯三酚溶液是鉴定导管、管胞、纤维等木质化细胞壁最常用的染色剂。此试剂作用于木质素时呈桃红色反应。在染色时，需先在材料上加 1 滴浓盐酸（因间苯三酚对木质素的反应在酸性环境下才起作用）。过 3～5min 后再滴一滴间苯三酚乙醇溶液。

5. 苏丹Ⅲ溶液：将苏丹Ⅲ（或苏丹Ⅳ）的干粉0.1g 溶于 10mL 95%乙醇中，过滤后加10mL 甘油即可。此溶液可将细胞中脂肪、栓质、角质染成橘红色，显示出它们在细胞中的分布和位置。

第三章

生理学实验

【课程简介】 ▶▶▶

　　本课程是与生理学相配套的实验课程。生理学实验是一门以人和实验动物为对象（尤其是以实验动物为主要对象），以实验室基本操作技术（包括动物的捉拿、固定、麻醉、插管手术等）为基础，以现代电子科学技术，特别是计算机生物信号采集处理技术（包括刺激、换能、放大、显示、记录结果及处理等）为主要手段，在经典实验的基础上，增加了综合性试验和设计性试验，加强了实验教学体系的理论教学内容。由浅入深，循序渐进，逐步形成了独特的生理学实验教学体系。

【课程目标】 ▶▶▶

　　学习和研究生理学的目的在于阐明生命活动的机制，并与其他学科配合，来揭示生命活动的本质和规律。本课程的目标包括：第一，通过实验课使学生能够正确使用生理学实验的基本仪器设备，初步掌握生理学实验的基本操作技术；第二，使学生了解获得生理学知识的基本方法，培养学生初步整理、分析实验所得结果的能力，验证和巩固生理学理论课中的基本知识和基本理论；第三，通过生理学实验课逐步培养学生能够客观地对事物进行观察、比较、分析和综合的能力及独立思考、解决问题的能力；第四，为药理学、病理生理学等相关学科实验课的学习及今后的科学研究工作提供必要的基本技能，有利于循序渐进顺利完成生命科学专业学生基本技能的培训任务。

实验一 红细胞渗透脆性实验

一、实验目的

1. 本实验学习测定红细胞渗透脆性的方法。
2. 加深对细胞外液渗透张力在维持红细胞正常形态与功能重要性方面的理解。

二、实验原理

在临床或生理实验使用的各种溶液中，与血浆渗透压相等的称为等渗溶液（如 0.9%NaCl 溶液），高于或低于血浆渗透压的则相应地称为高渗或低渗溶液。将正常红细胞悬浮于不同浓度的 NaCl 溶液中即可看到：在等渗溶液中的红细胞保持正常大小和双凹圆碟形；在渗透压递减的一系列溶液中，红细胞逐步胀大并双侧凸起，当体积增加 30%时成为球形；体积增加 45%～60%则细胞膜损伤而发生溶血，这时血红蛋白逸出细胞外，称为溶血。

将红细胞悬浮于等渗 NaCl 液中，其形态不变。若置于低渗 NaCl 溶液中则发生膨胀破裂，此现象称为红细胞渗透脆性。但红细胞对低渗盐溶液具有一定抵抗力，其大小可用 NaCl 溶液浓度的高低来表示。将血液滴入不同浓度的低渗 NaCl 溶液中，开始出现溶血现象的 NaCl 溶液浓度为该血液红细胞的最小抵抗力，出现完全溶血现象时的 NaCl 溶液浓度为该红细胞的最大抵抗力。前者代表红细胞的最大脆性（最小抵抗力），后者代表红细胞最小脆性（最大抵抗力）。

不同物质的等渗溶液不一定都能使红细胞的体积和形态保持正常，能使悬浮于其中的红细胞保持正常体积和形状的盐溶液，称为等张溶液。所谓张力实际是指溶液中不能透过细胞膜的颗粒所造成的渗透压。例如 NaCl 不能自由透过细胞膜，所以 0.9%NaCl 既是等渗溶液，也是等张溶液；但如尿素，因为它可以自由通过细胞膜，使胞外成为低渗溶液从而发生溶血。1.9%尿素溶液虽然与血浆等渗，但红细胞置入其中后立即溶血，所以不是等张溶液。

三、实验器材及试剂

（1）器材 试管架，小试管，滴管，移液管。
（2）试剂 新鲜血液，0.9% NaCl 溶液，171mmol/L NaCl 溶液，蒸馏水，1.9%尿素溶液，1%肝素。

四、实验步骤

（1）配制不同浓度的低渗 NaCl 溶液 取口径相同的干燥洁净小试管 10 支，分别编号排列在试管架上，配制出 10 种不同浓度的 NaCl 低渗溶液（0.25%，0.3%，0.35%，0.4%，

0.45%，0.5%，0.55%，0.6%，0.65%，0.9%）。每个试管总量均为2.5mL（见表3-1）。

表3-1 不同浓度NaCl溶液的配制方法

试管号	1	2	3	4	5	6	7	8	9	10
171mmol/L NaCl溶液/mL	2.25	1.625	1.5	1.375	1.25	1.125	1.0	0.875	0.75	0.625
H_2O/mL	0.25	0.875	1.0	1.125	1.25	1.375	1.5	1.625	1.75	1.875
NaCl溶液浓度/%	0.9	0.65	0.6	0.55	0.5	0.45	0.4	0.35	0.3	0.25

另取 3 支小试管，在三支试管上分别编号 11～13，分别加入 0.9%NaCl 溶液、1.9%尿素和蒸馏水 2.5mL，与前面 10 支试管量一致。

（2）制备抗凝血　不同动物采血方法各异，但多采用末梢血。把血液放入含有肝素的烧杯内，混匀。1%肝素 1mL 可抗 10mL 血。

（3）加抗凝血　用滴管吸取抗凝血，依次向 13 支试管内各加 1 滴，轻轻混匀，切忌用力振荡。先观察 11 号、12 号、13 号管的变化，其他 10 支试管在室温下放置 1h。

（4）观察结果　血液溶血情况，其现象可分为以下几种：

① 试管内液体完全变成透明红色，说明红细胞完全破裂，称为完全溶血。

② 试管内液体下层为混浊红色，上层透明红色，表示部分红细胞没有破坏，称为不完全溶血。

③ 试管内液体下层为混浊红色，上层无色透明，说明红细胞完全没有破坏。

五、实验结果

1. 观察不同浓度低渗 NaCl 混合液的颜色和透明度。

2. 比较 11 号、12 号、13 号管的溶血情况并分析其原因。

室温下静置 2h，观察结果，从高浓度管开始观察，上层溶液开始出现透明红色且管底有红细胞者为开始溶血管；溶液变成透明红色，管底完全无红细胞者为完全溶血管。

六、注意事项

1. 每支试管内血液滴入量应准确无误（只加一滴）。

2. 确保每支试管 NaCl 溶液浓度准确、容量相等。

3. 试管必须清洁、干燥。

4. 混匀时，动作要轻，减少机械振动，避免人为溶血。

5. 观察结果时应以白色为背景。

七、思考题

1. 比较 11 号、12 号、13 号管的溶血情况并分析其原因。

2. 判断红细胞最大脆性和最小脆性，并结合实验现象说明根据。

实验二　家兔的解剖观察

一、实验目的

通过对家兔的解剖观察，掌握哺乳类动物消化系统、呼吸系统、循环系统、泌尿系统和生殖系统的结构特点。

二、实验原理

家兔（*Oryctolagus curiculus demestica*）哺乳纲、兔形目、兔科、兔属，由原产欧洲西南、非洲北部的野生穴兔经人工驯化而来，既是重要的经济动物，也是常用的实验动物。身体分头、颈、躯干、尾和四肢五部分，观察肛门、泄殖孔的位置。

（1）头部和颈部　口、眼、外耳郭。头后是颈部，颈很短。

（2）躯干　躯干较长，可分胸、腹和背部。背部有明显的腰弯曲，胸、腹部的界限是最后 1 对肋骨及胸骨剑突软骨的后缘。腹部腹面近尾根处有泄殖孔和肛门，肛门在后。肛门两侧各有一个无毛区称为鼠蹊部，鼠蹊腺开口于此。雌兔的泄殖孔称为阴门，阴门两侧隆起形成阴唇；雄兔的泄殖孔位于阴茎顶端，成年雄兔肛门两侧有 1 对明显的阴囊。幼兔很难从外形上区分雌、雄性别。

（3）四肢　在身体腹面，出现了肘和膝。前肢短小，肘向后弯曲，具 5 指；后肢较长，膝部向前弯曲，具 4 趾。

（4）尾　短小，位于躯干末端。

三、实验动物和器材

（1）动物　活家兔。

（2）器材　一次性注射器及针头、常规解剖器械、骨剪、脱脂棉。

四、实验步骤

1. 处死方法

家兔的处死方法包括：耳静脉注射空气法、麻醉法、用水淹死、棒击延脑。本实验采用耳静脉注射空气法：取 10mL 注射器，装好针头，抽入空气待用。取活兔，用少许棉花蘸水将其一侧耳外侧毛擦湿，然后用手指揉兔外耳沿，以使静脉血管暴露。左手持兔耳，右手持注射器，将针头插入静脉血管。空气注射后 1～2min，兔即挣扎而死。

注射后及时冲洗针筒和针头，防止堵塞。

2. 解剖观察家兔的消化、呼吸、循环、泌尿和生殖系统

兔子处死后，将其腹部朝上置于解剖盘内解剖观察。

注意：润湿腹中线的毛，小心用手指和解剖刀柄使皮肤和肌肉分离，将剥下的皮肤向左

右尽可能拉开。

下面解剖胸腹腔，观察内脏各器官系统。

将兔子的腹部向上，用剪刀从泄殖孔稍前方剖一横口，沿腹中线剪到胸骨的剑突处，此处即胸腔下缘，转向左右割开腹壁，又从泄殖孔的切口处同样左右割开腹壁，暴露腹腔。先观察器官的自然位置，辨认肝、胃、小肠、大肠和直肠各部分。

（1）消化系统

① 唾液腺　兔子具有 4 对唾液腺（一般哺乳动物只有 3 对），即耳下腺（腮腺）、颌下腺、舌下腺、眶下腺。耳下腺位于耳郭基部腹面前方的皮肤下面，淡红色；颌下腺是一种卵圆形腺体，位于下颌的后部两侧内表面；舌下腺位于近下颌骨联合处，舌的下面，颌下腺的前内侧处；眶下腺是一对粉红色的腺体，位于眼窝的底部。

② 口腔和咽部　用刀沿口角割开，把咬肌切断，用力将上下颌掰开，观察口腔和咽部。兔上唇中央有一裂缝，牙齿为异型齿，口腔顶部为硬腭，后部是软腭，软腭之后为咽部，咽部是食物和气体的共同通道。

③ 胃　囊状，横卧于膈肌后面，入口称贲门，出口称幽门。

④ 小肠　肠管长而细，分为十二指肠、空肠和回肠三段。十二指肠呈“U”形，空肠和回肠界限不易区分。

⑤ 大肠　分为盲肠、结肠和直肠三段。盲肠为大肠的起始段，肠管最粗大，相当于一个发酵罐，其末端有蚓突，结肠表面有横褶，直肠细长。

在十二指肠系膜上有分散不规则的胰脏，肝脏位于腹腔的前部，分成 5～6 叶，借胆总管开口于十二指肠。

（2）呼吸系统　打开胸腔。用左手轻轻掀起胸骨，右手持骨剪在胸骨左右侧剪断肋骨，暴露胸腔。注意观察胸腔中心脏和肺的位置。轻轻拨开心脏和相邻的部分血管，可以看见气管及其背部的食管。

呼吸系统从外鼻孔开始，空气通过外鼻孔进入鼻腔再经内鼻孔入咽，再由咽进入喉门。喉门由几种软骨组成，喉与气管相接。气管以“C”字形软骨支撑。肺呈海绵状，分左右两叶，位于胸腔内，左肺二叶，右肺四叶。

（3）循环系统

① 心脏　具独立的四室，能进行完全的双循环。心室壁较心房厚，尤其是左心室最厚。左右房室口有瓣膜，左边为二尖瓣，右边为三尖瓣，能防止血液倒流。

② 动脉　从左心室发出一条粗大的左体动脉弓，是全身的动脉主干。动脉弓发出到头颈部去的左右颈总动脉和到前肢去的左右锁骨下动脉。动脉弓向后弯曲，在胸腔的一段称为胸主动脉；穿过膈肌进入腹腔后，称为腹主动脉。从右心室发出的肺动脉分为左右肺动脉入肺。在动脉弓和肺动脉基部有防止血液倒流的动脉瓣。

③ 静脉　全身回流的静脉血通过一对前大静脉和一支后大静脉注入右心房。

（4）泌尿系统　肾脏位于腹腔后面脊柱的两侧，肾脏内侧前缘有一肾上腺。输尿管从肾脏内侧的肾门通出，向后开口于梨形的膀胱。

（5）生殖系统

① 雄性生殖器官　有睾丸 1 对，位于腹腔内，性成熟后下降到阴囊内。睾丸通附睾，附睾移行为输精管，然后通入尿道。

② 雌性生殖器官　由一对卵巢、输卵管和子宫构成。卵巢很小，椭圆形；输卵管是一

对弯曲的细管，向下移行为较宽大的子宫，如果有孕，子宫就膨大。左右子宫在下端会合成阴道。

五、注意事项

1. 在用剪刀剖开胸腹腔时，剪刀头不要下得太深，以免伤及内脏。
2. 为了进一步观察心脏和喉头的内部结构，最好将它们从原位离体下来，然后进行解剖。

实验三　家兔呼吸运动的调节

一、实验目的

1. 学习掌握计算机生物信号系统的使用。
2. 掌握记录呼吸及膈肌放电的方法，同时加深对呼吸运动调节的认识。
3. 掌握气管插管术等手术操作。

二、实验原理

机体通过规律的呼吸运动来满足并能适应机体代谢的需要，而这种有规律的呼吸运动的稳定有赖于呼吸中枢的调节。体内、外各种刺激可以作用于呼吸中枢或通过不同的感受器反射性地影响呼吸运动。

（1）CO_2对呼吸运动的影响　CO_2是调节呼吸运动最主要的体液因素。当外周血液中CO_2浓度适度增多时，呼吸表现为加深加快。CO_2是脂溶性小分子，能迅速透过血脑屏障进入脑脊液，与其中的水结合成碳酸，碳酸迅速解离出H^+，从而以H^+的形式刺激中枢化学感受器（分布在延髓呼吸中枢附近），兴奋呼吸。其次，一小部分CO_2也能直接刺激外周化学感受器（颈动脉体和主动脉体），兴奋呼吸。

（2）缺氧对呼吸运动的影响　轻度缺氧时，呼吸表现为加深加快。轻度缺氧时，对外周化学感受器的兴奋作用强于对呼吸中枢的直接抑制作用，故表现为呼吸兴奋。

（3）增大无效腔对呼吸运动的影响　肺泡通气量=（潮气量−无效腔气量）×呼吸频率。增大无效腔时，肺泡通气量减少，故气体交换效率降低，致血液缺氧和CO_2增多，从而兴奋呼吸。

（4）剪断迷走神经对呼吸运动的影响　迷走神经是肺牵张反射（黑-伯氏反射）的传入神经，该反射的主要生理作用是配合脑桥呼吸调整中枢，及时切断吸气，防止吸气过长过深，从而调整呼吸运动的深度和频率。当迷走神经被破坏时，该反射作用即消失，表现为呼吸加深变慢。

三、实验动物、器材和试剂

（1）动物　体重 1.5kg 家兔，雌雄不限。

（2）药品试剂　20%乌来糖（氨基甲酸乙酯）、盐酸、碳酸钙。

（3）器材　生物信号采集处理系统、张力换能器、引导电极、兔用手术器械一套、兔固定台、气管插管、注射器（20mL、1mL 各一个）、棉线等。

四、实验步骤

（1）家兔的捉拿　以右手抓住兔颈部的毛皮提起，左手托其臀部或腹部，让其体重大部分集中在左手上，不能抓双耳或抓提腹部。

（2）麻醉固定　家兔称重，按 5mL/kg 体重耳缘静脉 20%乌来糖（或 1mL/kg 3%戊巴比妥钠）麻醉家兔，家兔麻醉后将其仰卧，固定四肢和头。麻醉效果判断标准：呼吸平稳，角膜反射不明显，肌肉较松弛。

（3）颈部手术　用弯剪剪去家兔颈部手术野被毛，用手术刀在颈正中切口 5～7 cm 左右皮肤。用血管钳钝性分离出气管穿线备用。

（4）气管插管　用手术剪在甲状软骨下 1 cm 处剪一"⊥"切口，插入气管插管，结扎固定。必要时，可用棉球清理气管中的分泌物和血液。

（5）分离迷走神经　翻开气管旁深部组织，辨认颈动脉鞘内的三根神经，呈品字形排列，迷走神经最粗，交感神经次之，减压神经最细。用玻璃分针仔细分离出颈动脉鞘内的神经，将棉线从迷走神经下穿过备用。

（6）剑突软骨分离术　切开胸骨下端剑突部位的皮肤，并沿腹白线再切开长约 2 cm 的切口。细心分离剑突表面的组织，并暴露剑突软骨与骨柄。用金冠剪剪断剑突骨柄。注意：不能剪得过深，以免伤及其下附着的膈肌。此时剑突软骨与胸骨完全分离。提起剑突，可见剑突随膈肌的收缩而自由运动。

（7）仪器连接　在张力换能器的悬梁上缚一根细线并连一挂钩，把它勾在胸骨剑突呼吸运动幅度最大的地方，换能器与生物信号采集系统的 1 通道相连，打开计算机，启动生物信号采集系统，选择菜单栏→呼吸运动调节实验。

五、实验结果

1. 记录家兔正常的呼吸频率和通气量（向上为吸气，向下为呼气）。

2. 记录增加解剖无效腔对呼吸运动的影响：在气管插管的一端连上 50 cm 的橡胶管，另一端用手堵住，观察呼吸运动包括呼吸幅度和频率的变化。待呼吸出现明显变化后，去除橡胶管，使呼吸恢复正常。

3. 观察 CO_2 对呼吸运动的影响：将气囊置于距气管插管 5cm 的位置打开气囊的夹子，使家兔吸入 CO_2，观察呼吸运动包括呼吸幅度和频率的变化。待呼吸出现明显变化后，移开气囊，使呼吸恢复正常。

4. 先切断一侧迷走神经，观察呼吸运动包括呼吸幅度和频率的变化；再切断另一侧迷走神经，对比观察呼吸运动包括呼吸幅度和频率的变化。

5. 待呼吸运动恢复正常后，以较弱强度的连续脉冲刺激颈部一侧迷走神经中枢端，观察呼吸运动包括呼吸幅度和频率的变化。

六、注意事项

1. 作气管插管时，插管前应注意对气管剪口处进行止血，并将气管内清理干净，再行插管。
2. 分离剑突软骨时，不要刺破膈肌，以免形成气胸或出血过多。
3. 形成气胸后，可迅速封闭漏气的创口，并用注射器抽出胸膜腔内空气，此时胸膜腔内压可重新呈现负压。
4. 气流不宜过急，以免直接影响呼吸运动，干扰实验结果。
5. 当增大无效腔出现明显变化后，应立即打开橡胶管的夹子，以恢复正常通气。
6. 每一项前后均应有正常呼吸运动曲线作为比较。
7. 乌来糖注射剂量不要过多（3~4mL）。
8. 记录电极不可短接！除尖端外，其余部分应做绝缘处理，仪器和动物都要接地。

七、思考题

1. 分析增加呼吸无效腔，呼吸运动改变的原因。
2. 双侧切断迷走神经后，呼吸运动的变化说明什么问题？
3. 分析增大 CO_2 浓度后呼吸运动变化的原因。

实验四 蟾蜍坐骨神经腓肠肌标本制备及不同强度和频率刺激对肌肉收缩的影响

一、实验目的

1. 掌握制备具有正常收缩功能的蛙类坐骨神经腓肠肌标本的基本操作技术，掌握蛙类手术器械的使用方法。
2. 通过增加和减少对蟾蜍坐骨神经的刺激强度和频率，观察记录腓肠肌收缩张力，分析探讨刺激强度和频率与骨骼肌收缩张力的关系。
3. 学习微机生物信号采集处理系统的使用。

二、实验原理

蛙类的某些基本生命活动和生理功能与哺乳类动物有相似之处，而且其离体组织的生活条件比较简单，易于控制和掌握。若将蛙的神经-肌肉标本放在任氏液中，其兴奋性在几个小时内可保持不变。因此，蛙或蟾蜍的坐骨神经腓肠肌标本常被用来观察神经肌肉的兴奋性刺激与反应的规律及肌肉收缩特点等。

肌肉、神经和腺体组织称为可兴奋组织，它们有较大的兴奋性。不同组织、细胞的兴奋表现各不相同，神经组织的兴奋性表现为动作电位，肌肉组织的兴奋表现为收缩活动。因此观察肌肉是否收缩可以判断它是否产生了兴奋。蛙的坐骨神经肌肉标本单收缩的总时程约为0.11s，其中潜伏期、缩短期共占 0.05s，舒张期占 0.06s。一个刺激是否能使组织发生兴奋，不仅与刺激形式有关，还与刺激时间、刺激强度、强度-时间变化率三要素有关。

刺激神经使神经细胞产生兴奋，兴奋沿神经纤维传导，通过神经肌接头的化学传递，使肌肉终板膜上产生终板电位，终板电位可使肌肉产生兴奋，即动作电位，传遍整个肌纤维，再通过兴奋-收缩偶联使肌纤维中粗、细肌丝产生相对滑动，宏观上表现为肌肉收缩。

不同组织的兴奋性高低不一，同一组织中不同细胞的兴奋性高低也不相等。就一根骨骼肌纤维来说，只要刺激强度达到一定的阈值，就可引起肌纤维收缩。低于阈值的刺激不引起反应，超过阈值的刺激，并不能增加反应，它对刺激的反应是"全或无"式的。但是，对于整块肌肉来说就不一样了。如腓肠肌是由许多肌纤维组成的，各条肌纤维的兴奋性并不相同，因此，用单个刺激直接（或通过神经间接）刺激腓肠肌时，如刺激强度太弱，则不能引起肌肉收缩，只有当刺激强度达到一定数值时，才能引起肌肉收缩。这种刚能引起最小反应的最小刺激强度称阈强度，而刚达到阈值强度的刺激叫作阈刺激。阈刺激引起的肌肉收缩称为阈收缩。以后，随着刺激强度的增加，肌肉的收缩也相应地逐步增大，这种高于阈值的刺激称为阈上刺激。当刺激增大到某一强度时，肌肉将出现最大的收缩反应。此时，如再继续增大刺激强度，肌肉的收缩却不再增大，这种能使肌肉发生最大收缩反应的最小刺激强度称为最大强度，这种强度的刺激称为最大刺激，最大刺激引起的肌肉收缩称为最大收缩。可见，在一定范围内，骨骼肌收缩的大小与刺激强度呈正变关系。这是刺激与组织反应之间的一个普遍规律。

三、实验动物、试剂和器材

（1）动物　蟾蜍。

（2）试剂　任氏液、食盐、1% H_2SO_4 滤纸。

任氏液由无机盐和蒸馏水配置而成，每升溶液含 NaCl 6.5g、KCl 0.14g、$CaCl_2$ 0.12g、$NaHCO_3$ 0.20g、NaH_2PO_4 0.01g。任氏液的理化特性与蛙的组织液近似。可用于蛙的组织、器官润湿和营养。

（3）器材　计算机生物信号采集处理系统、神经标本盒、蛙板、剪刀、探针、玻璃分针、镊子、张力换能器。

四、实验步骤

1. 制备标本

（1）破坏脑、脊髓　取蟾蜍一只，用自来水冲洗干净（勿用手搓）。左手握住蟾蜍，使其背部向上，用大拇指或食指使头前俯（以头颅后缘稍稍拱起为宜）。右手持探针由头颅后缘的枕骨大孔处垂直刺入椎管（图 3-1）。然后将探针改向前刺入颅腔内，左右搅动探针 2～3 次，捣毁脑组织。如果探针在颅腔内，应有碰及颅底骨的感觉。

再将探针退回至枕骨大孔，使针尖转向尾端，捻动探针使其刺入椎管，捣毁脊髓。此时应注意将脊柱保持平直。针进入椎管的感觉是，进针时有一定的阻力，而且随着进针蟾蜍出现下肢僵直或尿失禁现象。若脑和脊髓破坏完全，蟾蜍下颌呼吸运动消失，四肢完全松软，失去一切反射活动。此时可将探针反向捻动，退出椎管。若蟾蜍仍有反射活动，表示脑和脊髓破坏不彻底，应重新破坏。

（2）剪除躯干上部及内脏　用左手捏住蟾蜍的脊柱，右手持粗剪刀在前肢腋窝处连同皮肤、腹肌、脊柱一并剪断（图 3-2），然后左手握住蟾蜍的后肢，紧靠脊柱两侧将腹壁及内脏剪去（注意避开坐骨神经），并剪去肛门周围的皮肤，留下脊柱和后肢（图 3-3）。

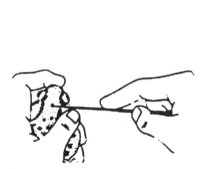

图 3-1　捣毁蟾蜍脊髓

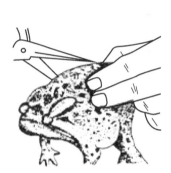

图 3-2　横断脊柱

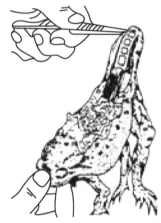

图 3-3　剪除躯干上部及内脏

（3）剥皮　一只手捏住脊柱的断端（注意不要捏住脊柱两侧的神经），另一只手捏住其皮肤的边缘，向下剥去全部后肢的皮肤（图 3-4）。将标本放在干净的任氏液中。将手及使用过的探针、剪刀全部冲洗干净。

（4）分离两腿　用镊子取出标本，左手捏住脊柱断端，使标本背面朝上，右手用粗剪刀剪去突出的骶骨（也可不进行此步）。然后将脊柱腹侧向上，左手的两个手指捏住脊柱断端的横突，另一手指将两后肢抬起，形成一个平面。此时用粗剪刀沿正中线将脊柱盆骨分为两半（注意勿伤坐骨神经）。将其中一半后肢标本置于盛有任氏液的培养皿中备用，另一半放在蛙板上进行下列操作。

（5）辨认蛙后肢的主要肌肉　蛙类的坐骨神经是由第 7～9 对脊神经从相对应的椎间孔穿出汇合而成，行走于脊柱的两侧，到尾端（肛门处）绕过坐骨联合，到达后肢背侧，行走于梨状肌下的股二头肌和半膜肌之间的坐骨神经沟内，到达膝关节腘窝处有分支进入腓肠肌。

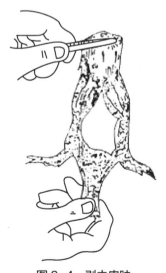

图 3-4　剥去皮肤

（6）游离坐骨神经和腓肠肌　用蛙钉或左手的两个手指将标本绷直、固定。先在腹腔面用玻璃分针沿脊柱游离坐骨神经，然后在标本的背侧于股二头肌与半膜肌的肌肉缝内将坐骨神经与周边的结缔组织分离直到腘窝，但不要伤及神经，其分支待以后用手术剪剪断。同样用玻璃分针将腓肠肌与其下的结缔组织分离并在其跟腱处穿线、结扎。

（7）剪去其他不用的组织　操作应从脊柱向小腿方向进行。

① 剪去多余的脊柱和肌肉　将后肢标本腹面向上，将坐骨神经连同2～3节脊椎用粗剪刀从脊柱上剪下来。再将标本背面向上，用镊子轻轻提起脊椎，自上而下剪去支配腓肠肌以外的神经分支，直至腘窝 [图3-5（a）]，并搭放在腓肠肌上。沿膝关节剪去股骨周围的肌肉，并将股骨刮净，用粗剪刀剪去股骨上端的1/3（保留2/3），制成坐骨神经-小腿的标本。

② 完成坐骨神经腓肠肌标本　将脊椎和坐骨神经从腓肠肌上取下，提起腓肠肌的结扎线剪断跟腱。用粗剪剪去膝关节以下部位，便制成了坐骨神经腓肠肌标本 [图3-5（b）]。

（8）检验标本　用沾有任氏液的锌铜弓触及一下（或电刺激刺激）坐骨神经或用镊子夹持坐骨神经中枢端，如腓肠肌发生迅速而明显的收缩，说明标本的兴奋性良好。标本浸入盛有任氏液的培养皿中备用。然后再依次用热玻棒、食盐（或 1% H_2SO_4 滤纸）刺激坐骨神经中枢端（或肌肉），观察肌肉收缩有何变化。如果放上食盐肌肉无动静，用任氏液将盐冲洗掉，再观察冲洗过程中肌肉收缩有何变化。

2. 仪器及标本的连接（图 3-6）

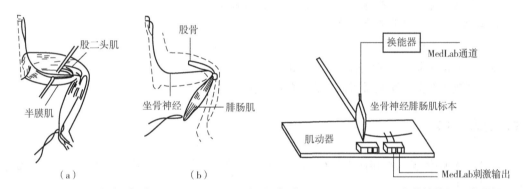

图 3-5　分离坐骨神经（a）和坐骨神经腓肠肌标本（b）　　图 3-6　肌肉收缩的记录装置图

将肌槽、张力换能器均用双凹夹固定于支架上；标本的股骨残端插入肌槽的小孔内并固定之；腓肠肌跟腱上的连线连于张力换能器的应变片上（暂时不要将线拉紧）。夹住脊椎骨碎片将坐骨神经轻轻平搭在肌槽的刺激电极上。

3. 使用计算机生物信号采集处理系统进行实验

将张力换能器的输出插头插入该系统的一个信号输入通道插座；电极的插头插入该系统的刺激输出插孔。打开计算机，启动生物信号采集处理系统，进入"刺激强度对骨骼肌收缩的影响" 实验菜单。

① 使用单脉冲刺激方式，波宽调至并固定在1ms，刺激强度从零开始逐渐增大；首先找到能引起肌肉收缩的最小强度，该强度即是阈强度。描记速度要求每刺激一次神经，都应在记录纸或屏幕上记录一次收缩曲线。

② 将刺激强度逐渐增大，观察肌肉收缩幅度是否随着增加，记下的收缩曲线幅度是否也随之升高。

③ 继续增大刺激强度，直至连续 3～4 个肌肉收缩曲线的幅度不再随刺激增高为止，读

出刚刚引起最大收缩的刺激强度，即为最适刺激强度。

4. 进入"刺激频率对骨骼肌收缩的影响"模拟实验菜单

① 以波宽为1ms，从最小刺激强度开始逐渐增加刺激强度对肌肉进行刺激，找到刚刚引起肌肉最大收缩的刺激强度，即为该标本的最适刺激强度，整个实验过程均固定在此刺激强度上（一般为5～7.5V）。用单刺激作用于坐骨神经，可记录到肌肉的单收缩曲线。

② 用双刺激作用于坐骨神经，使两次刺激间隔时间为0.06～0.08s，记录复合收缩曲线（纸速25～50mm/s）。

③ 将刺激方式置于"连续"，其余参数固定不变，用频率为1Hz、6Hz、10Hz、15Hz、20Hz、30Hz的连续刺激作用于坐骨神经，可记录到单收缩、不完全强直收缩和完全强直收缩曲线（纸速2～10mm/s）。

五、实验结果

1. 刺激强度对肌肉收缩的影响

（1）刺激强度小于兴奋性最高的运动单位的阈值时；

（2）中等刺激强度时；

（3）刺激强度大于兴奋性最低的运动单位的阈值时。

2. 刺激频率对肌肉收缩的影响

（1）刺激落在前一次刺激引起的收缩的舒张期之后；

（2）刺激落在前一次刺激引起的收缩的舒张期上；

（3）刺激落在前一次刺激引起的收缩的收缩期上。

六、注意事项

1. 避免蟾蜍体表毒液和血液污染标本，不可压挤、损伤和用力牵拉标本，不可用金属器械触碰神经干。

2. 在操作过程中，应给神经和肌肉滴加任氏液，防止表面干燥，以免影响标本的兴奋性。

3. 标本制成后须放在任氏液中浸泡数分钟，使标本兴奋性稳定，再开始实验效果会较好。

4. 热玻棒的温度应防止过高，以免烫伤标本。

5. 刺激之后必须让标本休息一段时间，0.5～1min。实验过程中标本的兴奋性会发生改变，因此还要抓紧时间进行实验。

6. 连续刺激时，每次刺激持续时间要保持一致，不得超过3～4s，每次刺激后要休息30s以免标本疲劳。

7. 若刺激神经引起的肌肉收缩不稳定时，可直接刺激肌肉。可根据实际需要调整刺激频率。

8. 未能找出最大刺激。虽已调至刺激器的最大刺激强度，但经液体介质短路后输出，强度有所降低，对刺激的神经仍不能达到最大刺激强度，此时可增大刺激波宽。

9. 单收缩曲线忽高忽低。标本在任氏液中浸泡的时间不够，兴奋性不稳定；肌槽上液体堆积过多，造成短路使刺激强度不稳。

10. 标本发生不规则收缩或痉挛。肌槽不干净，留有刺激物（如盐渍）；周围环境有干扰；仪器接地不良或人体感应带电，接触潮湿台面或支架等。

实验五　反射弧分析、期前收缩与代偿间歇

一、实验目的

1. 通过制备脊蟾蜍的方法，引导出单纯的脊髓反射，观察这些反射，证实反射弧的完整性与反射活动的关系。

2. 通过观察在心脏活动的不同时期给予刺激后心脏所作的反应，来验证心肌兴奋性阶段性变化的特征。

二、实验原理

反射是指在中枢神经系统参与下，机体对内外环境变化所作出的规律性应答，是心肌的机能特征。

骨骼肌、心肌、平滑肌均为肌肉组织——可兴奋组织。心肌每发生一次兴奋后，其兴奋性会发生一系列周期性变化，与其他可兴奋组织相比，其特点是有效不应期特别长，约相当于整个收缩期，甚至可延续到舒张早期。在此期间，任何强大的刺激均不能使之产生动作电位。此后为相对不应期，仅对强刺激产生兴奋（动作电位）。最后为超常期。

窦房结——自律性高，正常起搏点。期前收缩：在舒张期内（有时不包括舒张早期），给予心室一次阈上刺激，便可在正常节律到达心室之前，引起一次兴奋和收缩，也称为早搏。代偿间歇：当窦房结（两栖类为静脉窦）的正常节律传到心室时，正好落在这个有效不应期内，不能引起心室肌的兴奋和收缩，心室停留于舒张状态，直至下一次正常节律性兴奋到达时才发生兴奋。这个在期前收缩后出现的持续时间较长的间歇期称为代偿间歇。

三、实验动物、试剂和器材

（1）动物　蟾蜍或蛙。

（2）试剂　任氏液、0.5%H_2SO_4、1%H_2SO_4。

（3）器材　常用手术器械、蛙板、蛙心夹、单电极或双电极、生物机能实验系统及通用杠杆或记录仪及张力换能器、刺激器或多用仪、橡皮泥或电极支架、滴管等。

四、实验步骤

1. 反射弧分析

① 去头。

② 分离右侧大腿坐骨神经干，并穿线备用。

③ 悬挂。

观察：

① 左右趾尖浸泡 H_2SO_4 纸片（0.5%，1%）（屈肌反射）。

② 剥去左趾尖的皮肤后浸酸，说明该反射的感受器在皮肤。

③ 浸有 H_2SO_4 的滤纸片贴于下腹部（搔扒反射）。

④ 剪断右侧坐骨神经，浸酸（传出神经）。

⑤ 浸有 H_2SO_4 的滤纸片贴在左后肢（屈肌反射）。

⑥ 捣毁脊髓，重复步骤③和⑤。

2. 期前收缩与代偿间歇

① 双毁髓法处理蟾蜍后，暴露心脏，背位固定于蛙板上。用系线的蛙心夹夹住少许心尖肌肉。蛙心夹上的系线与张力换能器相连。

② 打开生物机能实验系统，记录正常心搏曲线作为对照。

③ 选择刚能引起心室发生期外收缩的刺激强度（于心室舒张期调试），分别在心室收缩的收缩期和舒张期给予单个刺激，观察心搏曲线有无变化。

④ 以同等刺激强度，分别在心室舒张的早期、中期和晚期给予单个刺激，观察心搏曲线的变化。刺激如能引起期前收缩，观察其后是否出现代偿间歇。

五、实验结果

1. 反射弧分析（见表3-2）

表3-2　反射弧实验反射情况记录表

实验组	效应器（脚趾皮肤）		传出神经	中枢神经
	不去除	去除	去除	去除
屈肌反射				
屈肌反射时间				
搔扒反射				
搔扒反射时间				

2. 期前收缩与代偿间歇

① 描记正常蛙心的搏动曲线。

② 分别在心室收缩期和舒张早期刺激心室，观察能否引起期前收缩。

③ 用同等强度的刺激在心室舒张早期之后刺激心室，观察有无期前收缩出现。

④ 刺激如能引起期前收缩，观察其后是否出现代偿间歇。

六、注意事项

1. 反射弧分析

毁脑时不可伤及脊髓，以免破坏脊髓反射中枢。分离坐骨神经应尽量向上，并尽量剪断与其相连的分支。每次酸刺激后应立即用清水洗净脚趾，并用纱布揩干。剥脱脚趾皮肤要完全，若剩留少量皮肤会影响实验结果。测定反射时的硫酸浓度应由低到高。

2. 期前收缩与代偿间歇

（1）破坏蟾蜍的脑和脊髓要完全。

（2）应该在心室舒张期用蛙心夹夹住心尖。

（3）蛙心夹与张力换能器之间的连线应有一定张力。

（4）注意滴加任氏液，以保持蛙心适宜的环境。

实验六　人体心音听诊

一、实验目的

学习心音听诊的方法，识别第一心音与第二心音。

二、实验原理

心音是由心脏瓣膜关闭和心肌收缩引起的振动所产生的声音。用听诊器在胸壁前听诊，在每一心动周期内可以听到两个心音。第一心音：音调较低（音频为 25～40 次/s）而历时较长（0.12s），声音较响，是由房室瓣关闭和心室肌收缩振动所产生的。由于房室瓣的关闭与心室收缩开始几乎同时发生，因此第一心音是心室收缩的标志，其响度和性质变化，常可反映心室肌收缩强、弱和房室瓣膜的机能状态。第二心音：音调较高（音频为 50 次/s）而历时较短（0.08s），较清脆，主要是由半月瓣关闭产生振动造成的。由于半月瓣关闭与心室舒张开始几乎同时发生，因此第二心音是心室舒张的标志，其响度常可反映动脉压的高低。

三、实验仪器

听诊器或心音放大器。

四、实验步骤

（1）受试者安静端坐，胸部裸露。

（2）检查者戴好听诊器，注意听诊器的耳具应与外耳道开口方向一致（向前）。以右手的食指、拇指和中指轻持听诊器胸端紧贴于受试者胸部皮肤上，依次由左房室瓣听诊区→主动脉瓣听诊区→肺动脉瓣听诊区→右房室瓣听诊区，仔细听取心音，注意区分两个心音。

（3）如难以区分两个心音，可同时用手指触诊心尖搏动或颈动脉脉搏，此时出现的心音即为第一心音。然后再从心音音调高低、历时长短认真鉴别两个心音的不同，直至准确识别为止。

五、注意事项

1. 实验室内必须保持安静，以利听诊。
2. 听诊器耳具应与外耳道方向一致。橡胶管不得交叉、扭结，橡胶管切勿与他物摩擦，以免发生摩擦音影响听诊。
3. 如呼吸音影响听诊，可令受试者暂停呼吸片刻。

六、思考题

第一心音和第二心音是怎样形成的？它们有何临床意义？

实验七　人体血压测量

一、实验目的

学习袖带法测定动脉血压的原理和方法，测定人体肱动脉的收缩压与舒张压及观察体位对人体血压的影响。

二、实验原理

动脉血压是指流动的血液对血管壁所施加的侧压力。人体动脉血压测定的最常用方法是袖带间接测压法，它是利用袖带压迫动脉使动脉血流发生湍流并产生血管音（Korotkoff音），通过听诊器听取血管音来测量血压。测量部位一般多在肱动脉。血液在血管内顺畅地流动时通常并没有声音，但当血管受压变狭窄或时断时通，血液发生湍流时，则可发生所谓的血管音。

将充气袖带缚于上臂、加压，使动脉被压迫而关闭，然后放气，逐步降低袖带内的压力，当袖带内压力超过动脉收缩压时，血管受压，血流阻断。此时，听不到血管音，也触不到远端的桡动脉搏动。当袖带内压力等于或略低于动脉内最高压力时，有少量血液通过压闭区，在其远侧血管内引起湍流，于此时用听诊器可听到血管壁震颤音，并能触及脉搏，此时袖带内的压力即为收缩压，其数值可由压力表或水银柱读出。

在血液间歇地通过压闭区的过程中一直能听到声音。当袖带内压力等于或稍低于舒张压时，血管处于通畅状态，失去了造成湍流的因素，声音突然由强变弱或消失，此时袖带内压力为舒张压，数值亦可由压力表或水银柱读出。

在运动和体位变化时，可通过神经和体液调节，使循环机能发生一系列适应性变化而改变收缩压和舒张压。

三、实验仪器

血压计、听诊器、手表。

四、实验步骤

使用血压计测定动脉血压。

（1）血压计有两种，即水银式及表式。两种血压计都包括三部分：袖带、橡皮球和测压计（图3-7）。水银式检压计在使用时先驱净袖带内的空气，打开水银柱根部的开关。

（2）受试者端坐位，脱去一侧衣袖，静坐5min。

（3）受试者前臂伸平，置于桌上，令上臂中段与心脏处于同一水平。将袖带卷缠在距离肘窝上方2cm处，松紧度适宜，以能插入两指为宜。

（4）于肘窝处靠近内侧触及动脉脉搏，将听诊器胸件放在上面。

（5）一手轻压听诊器胸件，一手紧握橡皮球向袖带内充气，使水银柱上升到听不到血管音时，继续打气使水银柱继续上升，一般达24kPa（180mmHg），随即松开放气螺帽，徐徐放气，以降低袖带内压，在水银柱缓慢下降的同时仔细听诊。当突然出现"嘣嘣"样的血管音时，血压计上所示水银柱刻度即代表收缩压。

（6）继续缓慢放气，这时声音发生一系列的变化，先由低而高，而后由高突然变低钝，最后则完全消失。在声音由强突然变弱这一瞬间，血压表上所示水银柱刻度即代表舒张压。

五、注意事项

1. 室内须保持安静，以利于听诊。袖带不宜绕得太松或太紧。

2. 动脉血压通常连续测2～3次，每次间隔2～3min。重复测定时袖带内的压力须降到零位后方可再次打气。一般取两次较为接近的数值。

3. 上臂位置应与右心房同高；袖带应缚于肘窝以上。听诊器胸件放在肱动脉位置上时不要压得过重或压在袖带下测量，也不能接触过松以致听不到声音。

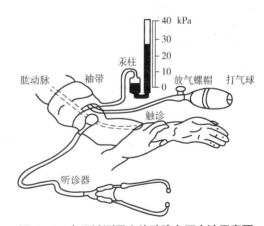

图3-7 血压计测量人体动脉血压方法示意图

4. 如血压超出正常范围，应让受试者休息10min后再测量。受试者休息期间，可将袖带解下。

5. 注意正确使用血压计，开始充气时打开水银柱根部的开关，使用完毕后应关上开关，以免水银溢出。

六、思考题

1. 收缩压和舒张压正常值是多少?
2. 如何测定收缩压和舒张压?其原理如何?
3. 写出你自己的血压测定值,并作出结果判断。

实验八　蛙心起搏点的观察与分析

一、实验目的

利用结扎的方法来观察蛙心的正常起搏点,并比较蛙心不同部位自律性的高低。

二、实验原理

心脏的特殊传导系统都具有自动节律性,但各部位的自律性高低不同。哺乳动物窦房结的自律性最高,它自动产生兴奋并依次通过心房优势传导通路、房室交界区、房室束、浦肯野纤维和心室肌,使整个心脏兴奋,表现出统一的收缩和舒张。由于窦房结是控制整个心脏活动的部位,故称为心脏起搏点。其他自律组织受窦房结的控制而不能表现出自动节律性,称为潜在起搏点(异位起搏点)。当窦房结的兴奋不能下传时,潜在起搏点的自律性就表现出来,使心脏产生异位节律。

蛙属于两栖类动物,其心脏的正常起搏点是静脉窦,它产生的兴奋传到心房、心室而引起收缩。用改变局部温度和结扎不同部位,可观察蛙心的正常起搏点和心脏不同部位自律性的高低。

三、实验动物、试剂和器材

(1)动物　蟾蜍。
(2)试剂　任氏液。
(3)器材　蛙类手术器械,蛙板,计时器,丝线。

四、实验步骤

(1)取蟾蜍一只,用探针捣毁其大脑脊髓,将其仰卧于蛙板上。用镊子提起腹部皮肤,剪一小口,之后向两侧锁骨剪开并剪去皮肤,使成为一个倒三角形,剪开肌肉、胸骨及心包膜,暴露心脏。

（2）识别静脉窦、心室及心房，观察各自的收缩顺序，并记录各部分搏动频率。

（3）在主动脉下穿一线备用，然后将心尖翻向头端，暴露心脏背面，然后将主动脉干下的线结扎，以阻断静脉窦和心房之间的传导，此为斯丹尼氏第一结扎，观察心房、心室及静脉窦的搏动情况，并记录各自节律。

（4）待心房、心室及静脉窦搏动恢复正常后，再取一线在房室沟作第二次结扎，阻断心房和心室之间的传导，观察心房和心室的搏动情况，分别记录单位时间内静脉窦、心房和心室的搏动情况。

五、实验结果

实验结果及分析，见表3-3。

表3-3　蛙心搏频率记录表

观察项目	心搏频率/（次/min）			三者频率是否一致
	静脉窦	心房	心室	
结扎前				
第一结扎后				
第二结扎后				

六、注意事项

1. 剪开胸骨时暴露范围不宜太大，尽量减少动物出血。
2. 剪开心包时要避免剪破心房和静脉窦。
3. 在结扎静脉窦时要尽量靠近心房端，确保心房端无静脉窦组织残留。
4. 结扎时注意力度和准确度。

实验九　离体蛙心灌流实验

一、实验目的

1. 了解蟾蜍离体心脏灌流的方法。
2. 观察细胞外液钾离子、钙离子浓度变化对心脏活动的影响。

二、实验原理

心脏离体后，如用人工灌流的方法，保持其新陈代谢的顺利进行，则心脏仍能有节律地自动收缩和舒张，并可维持较长的时间。离体心脏所需的条件应与动物内环境的理化性质基本相近，因此改变灌流液的理化因素，则可引起心脏活动的变化。

1. 任氏液：对照

含有 NaCl、CaCl$_2$、KCl、NaH$_2$PO$_4$、Na$_2$HPO$_4$和蒸馏水，其电解质、晶体渗透压、pH 值与蛙的组织液相近。

2. 0.65% NaCl 灌流

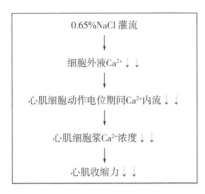

3. 2% CaCl$_2$ 灌流

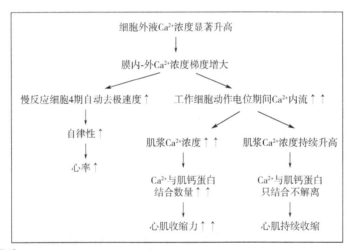

4. 1% KCl 灌流

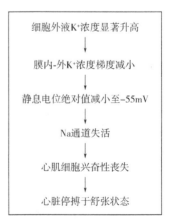

5. 1：10000 肾上腺素灌流

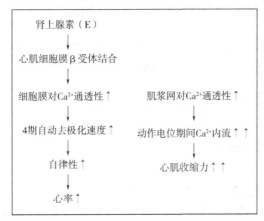

6. 1：10000 乙酰胆碱灌流

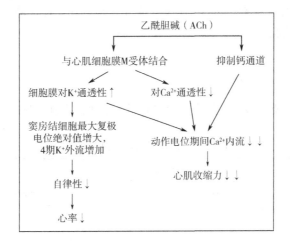

7. 心得安

β₁受体阻断剂，抑制肾上腺素与β₁受体结合，使肾上腺素不能发挥作用。

8. 阿托品

M 受体阻断剂，抑制 ACh 减慢心率，加速房室传导，增加心房收缩力。

三、实验动物、试剂和器材

（1）动物　蟾蜍。

（2）试剂　任氏液，1%KCl，3%CaCl₂，0.65%NaCl，1/10000 肾上腺素，心得安+1/10000肾上腺素，1/10000 ACh，阿托品+1/10000 ACh。

（3）器材　微机生物信号处理系统，蛙类手术器械。

四、实验步骤

1. 离体蛙心的准备

（1）取蟾蜍一只，用探针破坏大脑、脊髓，仰位固定于蛙板上。

（2）用外科剪由剑突处向两锁骨肩峰端呈三角形剪开皮肤，用粗剪刀剪开胸壁，用镊子提起心包膜，轻轻用眼科剪将其剪开，暴露心脏。辨认心房、心室、静脉窦。用连有细线的蛙心夹在舒张期夹住心尖。

（3）结扎静脉窦远端、右主动脉，于左主动脉下穿两根线，远端结扎、近端打活结备用。

（4）在左主动脉用眼科剪剪一"V"形切口，插入动脉插管，当插管内有液面随着心搏而徐徐上升时表明插管成功，结扎固定。

（5）分离心脏周围组织，于结扎处剪断血管，离体取出心脏。向动脉插管内注入任氏液，洗去心内外的血。

2. **仪器及标本的连接（略）**

3. **具体软件操作**

观察记录一段正常的心搏曲线，分析其幅度及频率。

（1）离子试剂　任氏液→0.65%NaCl 溶液→任氏液清洗→1%KCl 溶液→任氏液清洗→3%CaCl$_2$溶液→任氏液清洗。

（2）药物试剂　肾上腺素（E）→任氏液清洗→心得安→任氏液清洗→ACh→任氏液清洗→阿托品→任氏液清洗。

五、实验结果

保存各段曲线，分析各段曲线的变化趋势和引起变化的机制。见表3-4。

表3-4　离体蛙心灌流数据记录

实验项目	收缩强度		心率	
	处理前	处理后	处理前	处理后
任氏液				
0.65% NaCl				
3% CaCl$_2$				
1% KCl				
1/10000 肾上腺素				
肾上腺素+心得安				
1/10000ACh				
1/10000ACh+阿托品				

六、注意事项

1. 制备标本时要操作轻柔、解剖细致，结扎静脉时，要远离静脉窦（起搏点），蛙心夹应在舒张期一次性夹住蛙心，以免损伤。

2. 固定换能器时应稍向下倾斜，以免自心脏滴下的水流入换能器内造成短路。

3. 勿混用滴加试剂的试管，由少到多，作用不明显再补加，出现明显效应后，应立即吸出全部灌流液，并以新鲜的任氏液换洗，直至恢复正常。每次换液时，液面均应保持一定的高度。

4. 随时滴加任氏液于心脏表面，使之保持湿润状态。

5. 实验过程中，基线的位置、放大倍数、描记速度应保持一致，实验记录要完整，每次冲洗和加药要做标记。

七、思考题

1. 各种离子和药物对心搏有何影响？
2. 本实验说明心肌有哪些生理特性？

实验十　小鼠一侧小脑损毁的效应

一、实验目的

了解小脑对躯体运动功能的调节作用。

二、实验原理

小脑是锥体外系中调节躯体运动的重要中枢。当小鼠的一侧小脑被损伤后，可见其一侧肢体前、后肢的关节屈肌紧张性过高，而另一侧肢体前、后肢的关节伸肌紧张性过高，从而导致运动时身体向一侧旋转或翻滚。

三、实验动物、试剂和器材

（1）动物　小白鼠。
（2）试剂　乙醚。
（3）器材　手术盘、手术刀片、大头针、大烧杯、注射器（10mL 或 5mL）、脱脂棉、手术镊。

四、实验步骤

（1）用乙醚麻醉小鼠　用大烧杯将小白鼠扣在手术盘内，烧杯内放一较大的棉球，用注射器抽取乙醚向棉球上喷洒（用注射器的目的是尽量减少乙醚的挥发）。小鼠吸入乙醚后，逐渐进入麻醉状态。仔细观察肌张力和呼吸，若肌张力逐渐丧失、四肢不再运动、呼吸变慢，则表示动物麻醉成功，可进行下一步操作（注意：若麻醉过深，动物容易死亡）。

（2）暴露小脑　用手术刀片沿头部正中线切开头皮直至两耳后部，以左手拇、食二指捏住头部两侧（勿用力过大），右手用手术镊夹一结实的小棉球将颅骨表面的薄层肌肉向后推压剥离，直至将覆盖于小脑上的顶间骨（位于顶骨与枕骨之间）清晰暴露，通过透明的顶间骨即可看到深层的小脑半球。

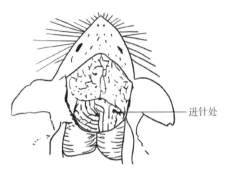

图 3-8　损毁小白鼠一侧小脑的位置

——进针处

（3）损毁一侧小脑　按如图 3-8 所示的位置，用大头针在尽量远离中线处穿透一侧顶间骨，刺入小脑内深 2～3mm（不可深刺，以免损伤脑干导致动物死亡），将针自后向前或自前向后搅毁该侧小脑，然后将针取出。待动物清醒后，可观察到小鼠运动时，出现身体向一侧旋转或翻滚的症状。注意观察前、后肢关节屈肌和伸肌的肌张力变化情况。

（4）处死　将实验用完的小鼠以颈椎脱臼法处死。

五、注意事项

1. 手术过程中，如动物苏醒挣扎，可随时再用乙醚麻醉。但要注意勿使麻醉过深，以免造成死亡。

2. 左手持动物头部时，用力要轻，以防将眼球挤出。分离肌肉时也不能用力过大，以免过多的肌肉被损伤。

3. 穿刺颅骨和损毁小脑时，注意大头针插入的深度，不能插得太深，以免损伤延髓而使动物立即死亡。

六、思考题

1. 本实验损毁了小脑的什么部位？是古小脑、旧小脑还是新小脑？

2. 如果损毁的是新小脑，根据你所掌握的有关小脑调节骨骼肌运动的知识，提出导致本实验现象可能的神经机制。

实验十一　离体小肠段平滑肌生理特性的观察

一、实验目的

1. 了解哺乳动物胃肠平滑肌的一般生理特性。

2. 学习离体平滑肌灌流的实验方法。

3. 证明胃肠平滑肌具有自动节律性。

4. 观察若干因素对离体小肠运动的影响。

二、实验原理

哺乳动物胃肠平滑肌既具有肌组织的共性（兴奋性、传导性和收缩性），又具有自己的特性，主要表现为：具有较大的伸展性、缓慢而不规则的自动节律性、经常性地处于紧张性收缩状态等；对电刺激和切割刺激不敏感，而对理化因素的刺激（如化学刺激、机械牵拉、温度变化等）很敏感。这些特性对于维持消化道一定压力，保持胃肠的形态和位置，适应消化道对食物的消化吸收机能具有重要的生理意义。

要使哺乳动物离体小肠段存活较长时间，灌流液的各种化学成分、渗透压、pH、营养成分以及温度等理化因素应尽量接近机体的内环境。通常用台式液（Tyrode's solution）作灌流液。将离体小肠段的一端固定，另一端连接张力换能器，即可通过一定的记录装置记录下小肠平滑肌的收缩曲线。

三、实验动物、试剂和器材

（1）动物 家兔（大鼠、小鼠亦可）。

（2）试剂 肾上腺素溶液（1/10000），乙酰胆碱溶液（1/10000），阿托品（1/10000），NaOH（1mol/L），HCl（1mol/L），$CaCl_2$（1%）溶液，任氏液。

（3）器材 生理信号采集系统，平滑肌离体恒温灌流装置（超级恒温水泵和双层玻璃浴槽），哺乳动物常用手术器械，张力换能器，充气泵，棉线，温度计。

四、实验步骤

1. 实验装置准备

利用超级恒温水泵，将加热至38℃的自来水经双层玻璃浴槽的入水管泵入壁间腔内，并经出水管返回超级恒温水泵，不断循环，保证浴槽壁的恒温。在浴槽内加入台式液，利用浴槽壁的恒温，可将台式液加热到38℃并维持稳定。如需要，可将浴槽通气管与充气泵相连接，调节橡胶管上的螺旋夹使气泡一个一个地通过中心管，向台式液内供氧。

2. 离体肠段标本制备

将动物深度麻醉，或者耳缘静脉注射空气形成气栓，引起心肌梗死而死亡（此法可消除麻醉剂对实验结果的影响）。然后迅速沿腹正中线剖开腹部，取十二指肠及其邻近上段小肠（长20～30cm），用冷台式液洗净肠段的内容物（若采用麻醉法处死需多次冲洗，以尽可能冲洗掉麻醉剂），然后剪成约1.5cm长的肠段备用。

3. 离体肠段标本的固定与记录

取一肠段，两端用细线结扎，一端的结扎线系于"L"形通气管的短臂上，将通气管放入浴槽腔中并固定不动。肠段另一端的结扎线与张力换能器相连，适当调节换能器的高度，使标本与换能器的连线松紧度适中，正好悬浮于浴槽腔中央，避免与浴槽内壁接触而影响实验结果。之后让肠段在浴槽腔内稳定10～15min即可用于实验。

4. 参数设置

将张力换能器固定于微距调节器上，换能器输出线接于相应系统的输入通道 1。打开仪器电源，启动计算机，进入操作系统相应界面，预热 20min。参数设置：张力换能器输入通道模式为张力，采样频率 400Hz，时间常数选直流，高频滤波 10Hz，灵敏度 1g/div，扫描速度 2s/div。

5. 实验项目

记录离体小肠段的正常收缩曲线，注意观察其节律性收缩及张力水平。收缩曲线基线的高低表示小肠平滑肌紧张性的高低，收缩曲线幅度的大小表示小肠平滑肌收缩活动的强弱。家兔肠道平滑肌运动以及乙酰胆碱（ACh）、肾上腺素（E）、阿托品的影响作用如图 3-9～图 3-11 所示。

图 3-9　家兔离体小肠段的收缩曲线

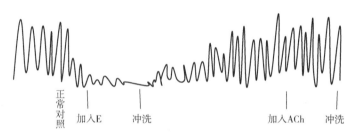

图 3-10　E 和 ACh 对家兔离体小肠运动的影响

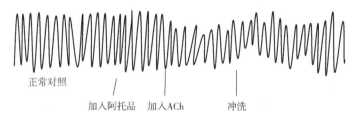

图 3-11　阿托品对 ACh 肠兴奋作用的影响

（1）向台式液中滴入 1/10000 肾上腺素 1～2 滴，观察肠段收缩的变化。

（2）向台式液中滴入 1/10000 乙酰胆碱 1～2 滴，观察肠段收缩的变化。

（3）向台式液中滴入 1/10000 阿托品 2～4 滴，2min 后，再滴入乙酰胆碱 1～2 滴，观察肠段收缩的变化，并与（3）项结果对比。

（4）将浴槽中台式液全部换成 25℃的台式液，观察肠段收缩的变化。逐步加温至 38℃，再观察有什么反应。

五、注意事项

1. 加药前要先准备好新鲜的 38℃台式液。每次加药及时打好标记，出现明显反应后，必须立即用新鲜台式液冲洗小肠段 2～3 次，待肠段活动恢复稳定后，再进行下一项目。

2. 如果用药后效果不明显，可以增补药量。

3. 水浴装置内的温度一定要保持在38℃左右。

4. 实验动物先禁食24h，实验前1h喂食，肠运动效果更佳。

六、思考题

1. 分析本实验选用的几种实验因素影响小肠平滑肌收缩运动的机制。

2. 根据什么说小肠平滑肌具有收缩缓慢的特性？（提示：可测量每个收缩波的收缩期和舒张期的持续时间并与前面做过的蟾蜍腓肠肌的收缩期、舒张期作比较）。

3. 进行哺乳动物离体器官实验时，需要控制哪些条件？和离体蛙心灌流相比有何不同？为什么？

第四章

植物生理学实验

📚 【课程简介】

植物生理学实验是生物科学专业开设的综合性实验，内容涵盖了植物生长发育全过程，从生长到衰老主要的生理活动。通过本门课程的学习，使学生对植物生长发育规律有了明确的认识，理解并掌握植物生理学实验原理和操作方法，提高分析问题和解决问题的能力，开拓创新能力，促进创造性思维，为从事生物科学及其相关领域的科学研究工作打下基础。

🏷️ 【课程目标】

本课程注重配合植物生理学理论课教学，以实验操作为主，增强学生对理论的理解和记忆，熟练掌握仪器设备的使用，培养学生发现问题、分析问题和解决问题的能力，以及严谨的科学态度和操作技能。选用现代科技发展的新技术和新的实验方法，吸引激发学生的求知欲望，培养学生运用知识的能力。通过本课程的学习为专业课程的学习和科学研究打下良好的基础。

实验一 植物组织水势的测定

一、实验目的

掌握植物组织水势——小液滴法的测定方法。

二、实验原理

当植物组织浸入一系列递增的不同浓度的蔗糖溶液中时，如果植物组织的水势小于溶液的渗透势，则组织吸水而使蔗糖溶液的浓度增高；反之，植物组织失水，外液浓度变小；若组织和外液的浓度相等，则外液浓度不发生变化。溶液浓度不同其密度也不同，不同浓度的两溶液相遇，稀溶液密度小会上升；浓溶液密度大会下降；若二者密度相等，则水分保持动态平衡，蔗糖溶液浓度不变。溶液浓度发生变化，密度随之变化。

取浸过植物组织的溶液一小滴，放在原来浓度相同而未浸植物组织的溶液中，密度减小的液流往上浮；密度加大的液流往下沉；如液流停止不动，则说明溶液浸过植物组织后浓度未变。可把这个溶液的渗透势看作组织的水势，根据公式计算其渗透势。

三、实验器材及试剂

（1）器材 10mL 具塞试管、镊子、剪刀、直角弯头毛细滴管、量筒、移液管、玻璃棒、青霉素小瓶、新鲜韭菜。

（2）试剂 1.00mol/L 蔗糖、10%甲烯蓝（10g 甲烯蓝溶于 90g 水）。

四、实验步骤

（1）用 1.00mol/L 的蔗糖溶液配制一系列浓度递增的蔗糖溶液，如 0.1mol/L、0.2mol/L、0.3mol/L、0.4mol/L、0.5mol/L、0.6mol/L、0.7mol/L、0.8mol/L 各 10mL，注入编号的试管中，各管都要加塞子，并按编号顺序放在试管架上。

（2）另取 8 个已编号的青霉素小瓶，按编号顺序排列，作为实验组。然后由对照组的各个试管中用移液管分取 5mL 溶液移入相同编号的实验组小瓶中。

（3）取待测韭菜叶片冲洗干净后吸干水分，然后切成 0.5cm 的小段，混匀。在实验组中每瓶投入 10 片左右，叶片应全部浸入蔗糖溶液中。塞紧，定时摇动。

（4）浸泡 30min（等待时间内不断依次摇动有叶片的小瓶）后，用解剖针蘸取少量的10%甲烯蓝溶液加入每个青霉素小瓶中并振荡，溶液呈蓝色。

（5）分别用 8 支细滴管吸取少许有色溶液并用吸水纸吸掉吸管外壁的溶液，小心地插入相应浓度的对照组中，使滴管尖端位于溶液中部，轻轻挤出 1 小滴有色溶液，小心移出滴管，观察有色液滴的升降情况并做好记录。

（6）结果计算　将有色小液滴静止不动的浓度代入公式计算叶片细胞的水势。

$$\Psi_{细胞} = \Psi_{外界} = -icRT$$

式中　$\Psi_{细胞}$——植物细胞水势；

$\Psi_{外界}$——外界溶液渗透势；

i——解离系数，蔗糖为 1；

c——小液滴在其中基本不动的溶液的浓度，mol/L；

R——气体常数，$R=0.083\times10^5 L\cdot Pa/（mol\cdot K）$；

T——热力学温度，K。

五、注意事项

1. 若没有直角弯头毛细滴管，可用移液枪头代替，但一定要轻轻挤出 1 小滴有色溶液，小心移出枪头。

2. 仔细观察有色液滴的升降情况并做好记录。

六、思考题

1. 如果小液滴在对照溶液中全部上升或下降说明什么问题，应如何改变试验溶液浓度？

2. 为什么用毛细滴管从实验组的各试管中依次吸取蓝色液体放入对照组时强调"少许""缓慢"？

实验二　根系活力的测定

一、实验目的

掌握 α-萘胺法测定根系活力的原理和方法。

二、实验原理

根对 α-萘胺的氧化力与其呼吸强度有着密切关系，研究认为根对 α-萘胺的氧化作用是在过氧化物酶的催化下进行的，使部分根染成红色。

故可根据 α-萘胺溶液与根系接触一定时间后，测定溶液中未被氧化的 α-萘胺含量，确定根的活力。溶液中未被氧化的 α-萘胺在酸性环境中与对氨基苯磺酸和亚硝酸盐作用生成了红色的偶氮染料，可用比色法测定 α-萘胺含量。

三、实验器材及试剂

（1）器材　三角烧瓶、25mL 容量瓶、试管、天平、剪刀、移液管、量筒、分光光度计，生长的小麦幼苗（取根系）。

（2）试剂　50μg/mL α-萘胺［10mg α-萘胺加入 2mL 95%乙醇（体积分数）溶解，加水至 200mL］、0.1mol/L pH=7.0 磷酸盐缓冲溶液（磷酸氢二钠、磷酸二氢钠）、10g/L 对氨基苯磺酸［1g 对氨基苯磺酸溶于 100mL 30%（体积分数）醋酸溶液］、亚硝酸钠（10mg 亚硝酸钠加入 100mL 水）。

四、实验步骤

（1）取 50μg/mL 的 α-萘胺和磷酸盐缓冲液各 25mL，在三角瓶中混匀。将须根洗净吸干，称取 1～2g 浸入三角瓶。同样取 α-萘胺与磷酸盐缓冲液各 25mL 于另一三角瓶，不放根系作为对照。10min 后，两瓶各取 2mL 溶液。然后按照步骤（3）进行第一次测定。

（2）将两个三角瓶置于 25℃恒温箱，避光保存 60min 后，各取 2mL，再按照步骤（3）做第二次测定。

（3）取待测液加入 10mL 蒸馏水，混匀后再加入 1mL 对氨基苯磺酸和 1mL 亚硝酸钠。混合均匀后室温放置 5min 待溶液变成红色。再用蒸馏水定容至 25mL。在 20～60min 内于 510nm 测 A 值。

（4）标准曲线的制备。以 50μg/mL 的 α-萘胺溶液为母液，配制 50μg/mL、45μg/mL、40μg/mL、35μg/mL、30μg/mL、25μg/mL、20μg/mL、15μg/mL、10μg/mL、5μg/mL 的溶液各 5mL。各取 2mL 加入试管中，然后加 10mL 蒸馏水，再依次加入 1mL 对氨基苯磺酸与 1mL 亚硝酸钠，混匀，室温放置 5min 待溶液变成红色，再用蒸馏水定容至 25mL，室温 20～60min 内于 510nm 处测定 A 值。以 A 值为纵坐标，浓度为横坐标，绘制 α-萘胺溶液的标准曲线（表 4-1）。

表 4-1　梯度浓度 α-萘胺溶液配制

序号	1	2	3	4	5	6	7	8	9	10
浓度/（μg/mL）	50	45	40	35	30	25	20	15	10	5
50μg/mL α-萘胺/mL	5	4.5	4	3.5	3	2.5	2	1.5	1	0.5
水/mL	0	0.5	1	1.5	2	2.5	3	3.5	4	4.5

（5）结果计算

实验组：

$$第一次数值-第二次数值=总氧化数值$$

对照组：

$$第一次数值-第二次数值=自动氧化数值$$

$$总氧化数值-自动氧化数值=根氧化数值$$

$$被氧化的 α-萘胺[μg/(g•h)]=\frac{（总氧化浓度-自动氧化浓度）×体积}{根的重量×时间（1h）}$$

五、注意事项

1. 提前 2 周水培法播种小麦，获得大量根系备用。
2. 若结果不理想，可重复试验几次。

六、思考题

1. 为什么 α-萘胺氧化法测定根活力时需要在 10min 后测定第一次?
2. 测定根活力时最好选用根的哪个部位？为什么？

实验三 叶绿素 a、叶绿素 b 含量的测定

一、实验目的

掌握在未经分离的叶绿体色素溶液中测定叶绿素 a 和叶绿素 b 的方法及其计算。

二、实验原理

根据叶绿素提取液对可见光谱的吸收，利用分光光度计在某一特定波长测定其吸光度，即可用公式计算出提取液中各色素的含量。根据朗伯-比尔定律，某有色溶液的吸光度 A 与其中溶质浓度 c 和液层厚度 L 成正比，叶绿素 a 的最大吸收峰在 665nm，叶绿素 b 在 649nm，吸收曲线彼此又有重叠。最大吸收光谱峰不同的两个组分的混合液，它们的浓度 c 与吸光度值 A 之间有如下的关系：

$$A_1 = c_a \cdot k_{a1} + c_b \cdot k_{b1} \tag{4-1}$$

$$A_2 = c_a \cdot k_{a2} + c_b \cdot k_{b2} \tag{4-2}$$

式中 c_a——组分 a 的浓度，g/L；

c_b——组分 b 的浓度，g/L；

A_1——在波长 λ_1（即组分 a 的最大吸收峰波长）时混合液的吸光度；

A_2——在波长 λ_2（即组分 b 的最大吸收峰波长）时混合液的吸光度；

k_{a1}——组分 a 的比吸收系数，即组分 a 浓度为 1g/L 时，于波长 λ_1 的吸光度；

k_{a2}——组分 a 的比吸收系数，即组分 a 浓度为 1g/L 时，于波长 λ_2 的吸光度；

k_{b1}——组分 b 的比吸收系数，即组分 b 浓度为 1g/L 时，于波长 λ_1 的吸光度；

k_{b2}——组分 b 的比吸收系数，即组分 b 浓度为 1g/L 时，于波长 λ_2 的吸光度。

从文献中可以查到叶绿素 a 和叶绿素 b（95%乙醇溶液，当浓度为 1g/L 时）的比吸收系

数 k 值（见表 4-2）。

表 4-2　叶绿素比吸收系数 k 值

波长/nm	叶绿素 a	叶绿素 b
665	83.31	18.60
649	25.54	44.24

将表 4-2 中数值代入式（4-1）、式（4-2），c_a、c_b 浓度单位由 g/L 转化为 mg/L，经整理，则得：

$$c_a=13.95A_{665}-6.88A_{649} \tag{4-3}$$

$$c_b=24.96A_{649}-7.32A_{665} \tag{4-4}$$

$$c_T=6.63A_{665}+18.08A_{649} \tag{4-5}$$

式中　c_T——总叶绿素浓度，mg/L。

利用式（4-3）～式（4-5），即可计算出叶绿素 a 和叶绿素 b 及总叶绿素的浓度（mg/L）。

三、实验器材及试剂

（1）器材　分光光度计、离心机、剪刀、研钵、比色皿、10mL 离心管、1mL 移液枪+枪头、新鲜菠菜。

（2）试剂　无水乙醇、95%乙醇、碳酸钙、石英砂。

四、实验步骤

（1）新鲜菠菜叶片，去掉粗大叶脉后剪碎。

（2）称取 0.5g 放入研钵中，加少量石英砂和碳酸钙及 3mL 的无水乙醇，研磨匀浆，再加 95%乙醇 5mL 混匀转入 10mL 离心管中，并用适量 95%乙醇洗涤研钵，一并转入离心管，以 4000r/min 转速离心 10min 后弃去沉淀，上清液用 95%乙醇定容至 10mL。

取上述色素提取液 0.5mL，加 95%乙醇 4mL 稀释后转入比色皿中，以 95%乙醇为空白对照分别测定 665nm 和 649nm 处的吸光度。

（3）计算结果，按式（4-3）～式（4-5）分别计算色素提取液中叶绿素 a、叶绿素 b 及总叶绿素的浓度。再根据稀释倍数分别计算每克鲜重叶片中色素的含量：

$$叶绿素含量（mg/g鲜重）=\frac{色素的浓度×提取液体积（L）×稀释倍数}{样品鲜重（g）}$$

五、思考题

1. 研磨叶片时为什么要加入石英砂和碳酸钙？

2. 叶绿素 a 和叶绿素 b 在红光区和蓝光区都有最大吸收峰，能否用蓝光区的最大吸收峰波长进行叶绿素 a 和叶绿素 b 的定量分析，为什么？

实验四 植物光合强度的测定

一、实验目的

了解改良半叶法测定光合作用的基本原理。

二、实验原理

植物进行光合作用形成有机物，而有机物的积累可使叶片单位面积的干物重增加，但是叶片在光下积累光合产物的同时，还会通过输导组织将同化物运出。

植物叶片主脉两侧对称部分的叶面积基本相等，其形态和生理功能也基本一致。"改良半叶法"采用烫伤、环割或化学试剂处理等方法来损伤叶柄韧皮部活细胞，保留木质部，以防止光合产物从叶中输出（这些处理几乎不影响木质部中水和无机盐分向叶片的输送）。然后，将对称叶片的一侧取下置于暗中，另一侧留在植株上保持光照，继续光合作用。一定时间后，测定光下和暗中叶片的干重差，即为光合作用积累的干物质量。通过公式计算出光合速率，乘以系数后还可计算出 CO_2 的同化量。

三、实验器材及试剂

（1）器材　分析天平、烘箱、称量皿、纱布、刷子、打孔器、生长中的植物叶片。
（2）试剂　50g/L 三氯乙酸。

四、实验步骤

（1）取样　实验可在晴天上午 7～8 点钟开始。预先在田间选定有代表性的叶片（如叶片在植株上的部位、年龄、受光条件等应尽量一致），编号。

（2）处理叶柄　目的是阻止叶片光合作用产物的外运。用棉花球或者刷子蘸取 50g/L 三氯乙酸涂抹叶柄一周。

（3）剪取样品　叶柄处理完毕即可剪取样品，并开始记录时间，进行光合作用的测定。首先按编号次序剪下叶片对称的一半（主脉留下），并按顺序夹在湿润的纱布中，带回室内存于暗处。4～5h 后，再依次剪下叶片的另一半，按同样编号夹在湿润的纱布中。注意：计时前后两次剪叶速度应尽量保持一致，使各叶片经历相同的光照时间。

（4）称重比较　将各同号叶片照光与暗中的两半叶叠在一起，用已知面积的打孔器打取叶圆片（避免叶脉处），分别放入照光和暗中两个称量皿中。80～90℃下烘干至恒重（约5h）。取出后用分析天平称重比较。

（5）结果计算

$$光合作用强度 = \frac{干重增加总数(mg)}{切取叶面总和(dm^2) \times 照光时数(h)} = \frac{W_2 - W_1}{At}$$

式中　W_2——照光半叶的叶圆片干重，mg；

　　　W_1——暗中半叶的叶圆片干重，mg；

　　　A——叶圆片面积，dm²；

　　　t——照光时间，h。

若将干物质增重乘以系数 1.5，便可得 CO_2 的同化量，单位为 mg/（dm²·h）。

五、注意事项

1. 勿使抑制液流到植株上。
2. 以可见灼伤，但叶片姿势保持不变为好。

六、思考题

与其他测定光合强度的方法相比本方法有何优缺点？

实验五　植物呼吸强度的测定

一、实验目的

熟悉测定呼吸强度的不同方法及其所根据的原理。

二、实验原理

萌发的种子在一个密闭的容器中，呼吸作用消耗容器中的氧、放出二氧化碳，而二氧化碳又被容器中的碱液所吸收，致使容器中气体压力减小，容器内外产生压力差，使得玻璃管内水柱上升。水柱上升的高度，即代表容器内外压力差的大小，亦即代表呼吸作用的大小。如果用同一套装置，测定不同的材料样品，即可从水柱上升的高度或玻璃管内水的体积，相对地比较它们的呼吸强度。

三、实验器材及试剂

（1）器材　游标卡尺、天平、广口瓶、橡胶塞、小烧杯、玻璃管、纱布、移液管、已经萌发的水稻（小麦或大豆）种子。

（2）试剂　100g/L NaOH，石蜡。

四、实验步骤

（1）广口瓶于瓶塞上钉一金属小弯钩，曲管通过橡胶软管连接一移液管，烧杯内装水（可加数滴红墨水），广口瓶内加入 20mL 100g/L NaOH。

（2）称取已经萌发的水稻（小麦或大豆）种子数克，用纱布包裹，并用棉线结扎悬挂于广口瓶弯钩上。然后盖紧瓶塞，并用熔化的石蜡密封瓶口，记录开始的实验时间。

（3）经一段时间后，测量水柱上升体积（cm³），以水柱中上升的水量（cm³）表示相对呼吸强度。

五、思考题

在科研和生产中测定呼吸强度有什么意义？

实验六　丙二醛的测定

一、实验目的

1. 了解丙二醛（MDA）含量测定的意义。
2. 重点掌握 MDA 测定的原理和测定方法。

二、实验原理

植物器官在衰老或逆境条件下，膜脂与自由基发生过氧化反应，使膜脂中不饱和脂肪酸含量降低，导致膜的流动性下降，透性增大，使膜的正常功能遭到破坏。丙二醛（MDA）是膜脂过氧化作用的最终分解产物之一，其含量可以反映膜脂过氧化的程度，而且其在生物体内积累还会对膜和细胞造成进一步的伤害，所以 MDA 的含量可以反映生物体衰老和遭受逆境伤害的程度。

丙二醛在酸性和高温条件下，可与硫代巴比妥酸（TBA）反应生成红棕色的 3，5，5-三甲基噁唑-2,4-二酮，在 532nm 处有最大光吸收，但是该反应会受可溶性糖干扰，糖与 TBA 的反应产物在 532nm 处也有吸收，但最大吸收波长在 450nm，所以，测定 MDA 含量时需排除可溶性糖的干扰。

采用双组分分光光度法可分别求出 MDA 和可溶性糖的含量。该方法针对混合液中的两个组分，它们的光谱吸收峰虽有明显的差异，但吸收曲线彼此又有些重叠，可根据朗伯-比尔定律，通过线性方法计算出一种组分由于另一种组分存在时对吸光值的影响，最后分别得到两种组分的含量。

三、实验器材及试剂

（1）器材　离心机、离心管、分光光度计、分析天平、恒温水浴、研钵、带塞试管、剪刀、衰老或者胁迫处理过的植物叶片。

（2）试剂　10%三氯乙酸（TCA）、6g/L 硫代巴比妥酸（TBA）溶液、石英砂。

四、实验步骤

（1）MDA 的提取　取 1g 叶片剪碎，加 2mL 10% TCA 和少量石英砂，研磨；进一步加入 3mL TCA 充分研磨，匀浆液转入 10mL 离心管以 4000r/min 离心 10min，上清液即为提取液。

（2）显色反应及测定　吸取提取液 2mL 于试管中，然后加 2mL 6g/L TBA，混匀，试管上加塞后置于沸水浴中煮沸 15min，迅速冷却，在 4000r/min 下离心 5min。取上清液测定 532nm 和 450nm 下的吸光度。对照以 2mL TCA 代替提取液同步骤（2）操作。

（3）计算　根据朗伯-比尔定律，对最大吸收光谱不同的两个组分的混合液，有：

$$A_1 = c_a \cdot \varepsilon_{a1} + c_b \cdot \varepsilon_{b1} \tag{1}$$

$$A_2 = c_a \cdot \varepsilon_{a2} + c_b \cdot \varepsilon_{b2} \tag{2}$$

式中　A_1——组分 a、b 在波长 λ_1 时的吸光值之和；

　　　A_2——组分 a、b 在波长 λ_2 时的吸光值之和；

　　　c_a——组分 a 的浓度，mol/L；

　　　c_b——组分 b 的浓度，mol/L；

　ε_{a1}，ε_{b1}——分别为组分 a、b 在波长 λ_1 处的摩尔吸收系数；

　ε_{a2}，ε_{b2}——分别为组分 a、b 在波长 λ_2 处的摩尔吸收系数。

已知蔗糖与 TBA 反应产物在 450nm 和 532nm 的摩尔吸收系数分别为 85.40、7.40；MDA 与 TBA 反应产物在 450nm 波长下无吸收，吸收系数为 0，于 532nm 波长下的摩尔吸收系数为 155000。

代入数值，计算得出混合液中两种组分的浓度公式：

可溶性糖：

$$c_1(\text{mmol/L}) = 11.71 A_{450}$$

MDA：

$$c_2(\mu\text{mol/L}) = 6.45 A_{532} - 0.56 A_{450}$$

根据朗伯-比尔定律，对最大吸收光谱不同的两个组分的混合液代入数值，计算得出混合液中两种组分的浓度公式：

可溶性糖：

$$c_1(\text{mmol/L}) = 11.71 A_{450}$$

MDA：

$$c_2(\mu\text{mol/L}) = 6.45 A_{532} - 0.56 A_{450}$$

然后再计算每克样品中 MDA 含量（μmol/g）。

$$MDA含量(\mu mol/g) = \frac{MDA的浓度(\mu mol/L) \times 提取液总体积(0.01L) \times 稀释倍数(2)}{质量(0.5g)} = c_2 \times 0.04$$

五、思考题

1. 简述有哪些因素干扰 MDA 含量测定，应如何消除。
2. 正常植物组织与胁迫条件下植物组织的丙二醛含量相比有什么变化，分析其原因。

实验七 种子活力的测定

一、实验目的

了解种子活力测定的原理，掌握电导法测定种子活力和评判标准。

二、实验原理

在种子老化劣变过程中，细胞膜结构和功能都会受损。种子细胞的膜结构，会随着种子的代谢状态而变化。当种子发生劣变时，细胞膜受到损伤，透性增大，导致在吸胀过程中细胞内含物外渗。在浸出液中会析出较多的电解质，因而测得的电导率较高。其后果使种子本身生理失调，并有利于种子周围病菌的侵染繁殖，从而降低种子的发芽率和幼苗的生长。种子活力高低与电导率大小一般呈负相关。根据此原理，通过测定种子浸出物的电导率来预测种子的活力水平。

三、实验器材及试剂

（1）器材　电导率仪、500mL 锥形瓶、250mL 烧杯、恒温箱、玉米（完整无损，大小均匀）。

（2）试剂　重蒸水。

四、实验步骤

（1）样品挑选　挑选完整无损、大小均匀的待测种子 100 粒，将种子在恒温恒湿条件下放置 24h，使种子含水量均衡。挑选含水量在 10%～14% 的种子 50 粒。

（2）种子浸泡　将挑选出的 50 粒种子放在 500mL 锥形瓶中，加重蒸水 250mL，20℃保持24h。

（3）电导率测定　摇动锥形瓶，使溶液混合均匀，过滤到250mL烧杯中，测出滤出溶液的电导率。

（4）活力评价　根据测定结果判断种子活力：

① 小于24μS/cm种子具有强活力，适宜早播；

② 25～29μS/cm种子活力尚佳，一般如无特殊情况，可行早播种；

③ 30～40μS/cm种子活力较差，不宜早播；

④ 大于40μS/cm种子活力很差，失去使用价值。

五、思考题

1. 用电导法测定种子活力有哪些优缺点？

2. 电导法多应用于哪些作物种子上？

实验八　果蔬含酸量的测定

一、实验目的

了解强酸滴定弱碱的基本原理及指示剂的选择。

二、实验原理

果蔬中含有各种有机酸，主要有苹果酸、柠檬酸、酒石酸等。由于果蔬种类不同，所含有机酸的种类也不同；同一果蔬品种，其成熟度不同，有机酸的含量也有很大差异。果蔬含酸量的测定是根据酸碱中和原理，即用已知浓度的氢氧化钠溶液滴定，并根据碱溶液用量，计算出样品的含酸量。计算时以该果实所含的主要酸来表示，如仁果类、核果类主要含苹果酸，以苹果酸计算，其折算系数为134。几种酸的折算系数见表4-3。

表4-3　几种酸的折算系数

果蔬种类	酸的名称	折算系数
仁果类、核果类水果	苹果酸	134
柑橘类、浆果类水果	柠檬酸	192
葡萄	酒石酸	150
菠菜	草酸	90

三、实验器材及试剂

（1）器材　50mL 碱式滴定管、250mL 容量瓶、20mL 移液管、100mL 烧杯、研钵、分析天平、漏斗、棉花或滤纸、小刀、白瓷板、滴定管、水浴锅、苹果、梨、葡萄等。

（2）试剂　0.1mol/L 氢氧化钠、1%酚酞指示剂。

四、实验步骤

（1）剔除试样的非可食部分（皮、核等），用四分法分取可食用部分。

（2）称取样品 25g 切碎混匀，置研钵中研碎，用 100mL 水洗入 250mL 容量瓶中，置于 75～80℃水浴锅中加热 30min，期间摇动数次，取出冷却至室温，加蒸馏水至刻度。混合均匀后，用棉花或滤纸过滤。

（3）吸取滤液 20mL 放入烧杯中，加酚酞指示剂 2 滴，用 0.1mol/L NaOH 滴定，直至成淡红色且 30s 内不褪色为终点。记下 NaOH 液用量，重复滴定三次，取其平均值。

（4）含酸量计算

$$含酸量 = \frac{V_A \times c \times 折算系数}{V_B} \times \frac{V_T}{m} \times 100\%$$

式中　m——样品鲜重，25g；

V_A——滴定用去 NaOH 的体积，mL；

V_B——吸取样品滤液的体积，mL；

V_T——样品提取液的总体积，250mL；

c——NaOH 溶液的浓度，mol/L。

五、思考题

在果蔬含酸量测定实验中为什么选择酚酞作指示剂而不是其他？

实验九　果蔬维生素 C 含量的测定

一、实验目的

了解和掌握 2,6-二氯酚靛酚测定维生素 C 含量的原理和计算方法。

二、实验原理

2,6-二氯酚靛酚是一种染料，其颜色反应表现为两种特性：一是取决于氧化还原状态，氧化态为深蓝色，还原态为无色；二是受其介质酸度的影响，在碱性介质中呈深蓝色，在酸性溶液介质中呈浅红色。

用蓝色的碱性染料标准液，滴定含维生素C的酸性浸出液，染料被还原为无色，到达终点时，微过量的2，6-二氯酚靛酚染料在酸性溶液中呈浅红色即为终点。从染料消耗量即可计算出试样中还原型抗坏血酸量。

三、实验器材及试剂

（1）器材　微量滴定管、100mL 和 250mL 容量瓶、20mL 移液管、100mL 烧杯、研钵、分析天平、漏斗、棉花或滤纸、小刀、量筒、三角瓶；苹果、葡萄、番茄、生菜等。

（2）试剂　20g/L 草酸溶液（称取 20g 草酸，加水至 1000mL）、0.2mg/mL 抗坏血酸（维生素 C）标准溶液（精确称取 10mg 维生素 C，用 20g/L 草酸溶液定容到 50mL 容量瓶中）、2，6-二氯酚靛酚溶液（称取 50mg 2，6-二氯酚靛酚钠盐，溶于 50mL 热水中，冷却后用蒸馏水定容至 250mL 容量瓶中）。

四、实验步骤

1. 2，6-二氯酚靛酚标准液的标定

吸取 1mg/mL 抗坏血酸溶液 1mL 置于锥形瓶中，加 10mL 20g/L 草酸，摇匀，用 2，6-二氯酚靛酚滴定至溶液呈淡红色，以 15s 不消失为终点。计算出 1mL 染料相当于多少毫克抗坏血酸（取 10mL 20g/L 草酸作空白对照），计算滴定度 T。

2. 维生素 C 的提取和测定

（1）提取　称取 10g 新鲜生菜样品，置研钵中，分次加 20mL 20g/L 草酸，研成匀浆，用 20g/L 草酸定容至 100mL。用纱布过滤后取 10mL 放于离心机中 3000r/min 离心 10min，吸取上清液使用。

（2）测定　吸取滤液 10mL，放入 50mL 三角瓶中，立即用已标定的 2，6-二氯酚靛酚溶液滴定至出现明显的粉红色，以 15s 内不消失为终点。记录所用滴定液体积。另取 10mL 20g/L 草酸作空白对照实验。平行滴定三次。

3. 结果计算

（1）计算 1mL 染料相当于多少毫克抗坏血酸即滴定度 T

$$T = \frac{cV}{V_2 - V_1}$$

式中　c——抗坏血酸的浓度，mg/mL；

$\quad\quad V$——吸取抗坏血酸溶液的体积，mL；

$\quad\quad V_2$——滴定维生素 C 所消耗的 2，6-二氯酚靛酚的体积，mL；

$\quad\quad V_1$——滴定空白对照所消耗的 2，6-二氯酚靛酚的体积，mL。

（2）维生素 C 含量计算

$$W = \frac{(V_4 - V_3) \times T}{B} \times \frac{b}{a} \times 100\%$$

式中　　W——100g 鲜样品含抗坏血酸的量，mg；

　　　　V_3——滴定空白所用染料溶液的体积，mL；

　　　　V_4——滴定样品所用染料溶液的体积，mL；

　　　　T——2，6-二氯酚靛酚染料溶液的滴定度，mg/mL；

　　　　B——滴定时吸取样液的体积，mL；

　　　　a——样品的质量，g；

　　　　b——样品液稀释后的总体积，mL。

五、思考题

1. 为什么在测定维生素 C 的同时要进行 2，6-二氯酚靛酚溶液的标定？
2. 为了保证抗坏血酸含量测定准确，应注意些什么？

第五章

遗传学实验

【课程简介】▶▶▶

遗传学实验是遗传学教学的重要组成部分，它与遗传学理论教学起到同样不可替代的重要作用。本课程通过亲自动手操作实验对所学知识加以验证和探索，目的是让学生能更多和更方便地掌握遗传学实验与研究的最基本思想与方法，为生命科学的进一步研究打下坚实基础。

【课程目标】▶▶▶

通过实验教学，使学生牢固掌握经典遗传学研究方法与技术，初步掌握现代分子遗传学实验操作技能，熟悉遗传学分析方法及有关计算程序，初步具备进行创新性研究的能力与素质。总体应达到以下目标：

1. 了解实验的原理，完成每一个实验的操作过程。
2. 掌握开设实验的操作方法与技能。
3. 观察实验现象衍变、记录数据、分析结果及其影响因素，得出相应结论。

实验一　果蝇性别鉴定、常见性状及生活史观察

一、实验目的

1. 了解果蝇生活史及各个阶段的形态特征。
2. 掌握鉴别雌雄果蝇的方法。
3. 掌握实验果蝇的饲养管理及其处理方法。

二、实验原理

托马斯·亨特·摩尔根（Thomas Hunt Morgan，1866—1945）为美国生物学家，被誉为"遗传学之父"。一生致力于胚胎学和遗传学研究，由于创立了关于遗传基因在染色体上作直线排列的基因理论和染色体理论，获 1933 年诺贝尔奖。其与同事对果蝇进行了开创性的研究，至今果蝇属果蝇仍是一种极具吸引力且有效的遗传模式生物。由于果蝇的贡献使细胞和发育生物学、神经生物学和行为学、分子生物学、进化和群体遗传学以及其他领域取得了巨大进展。与其他短代模式生物相比，果蝇有更多的组织类型和可观察到的行为，易于驾驭的复杂性将继续为探索复杂发育程序、行为和更广泛进化问题的机制提供令人兴奋的机会。总而言之作为遗传学研究的材料，果蝇具有非常突出的优点：形体小，生长迅速，繁殖率高，饲养方便；世代周期短（约 12 天即可繁殖一代）；突变性状多；染色体数目少，基因组小；实验处理方便，容易重复实验，便于观察和分析。

1. 果蝇的生活史

果蝇属于昆虫纲双翅目果蝇属，与家蝇是不同的种。

果蝇的生活周期长短与温度关系很密切（见表 5-1）。30℃以上的温度能使果蝇不育和死亡，低温则使它的生活周期延长，同时生活力也降低，果蝇培养的最适温度为 20～25℃。

表 5-1　温度对果蝇变态发育的影响

项目	10℃	15℃	20℃	25℃
卵-幼虫			8 天	5 天
幼虫-成虫	57 天	18 天	6.3 天	4.2 天

显而易见 25℃时，从卵到成虫约 10 天；在 25℃时成虫约存活 15 天。2015 年有学者通过精准的实验再次验证了黑腹果蝇的生命周期，如图 5-1 所示黑腹果蝇在小瓶中培养，底部为食物，顶部为棉花、人造丝或泡沫塞。图中的小瓶显示了生命周期的每个主要阶段，当果蝇保持在 25℃时，生命周期在 9～10 天内完成。胚胎在出生后从卵子中孵化出来需要 1 天时间，幼虫在食物中培养 4 天。第 5 天左右，三龄幼虫从食物中爬出来，在小瓶的一侧化蛹。在第 5～9天，变态发生，蛹壳内变黑的翅膀表明成熟几乎完成。成虫在第 9～10 天从蛹壳中羽化。

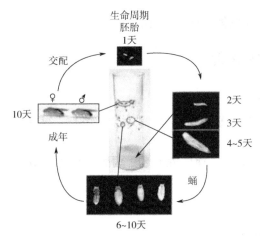

图 5-1 黑腹果蝇的生命周期

2. 形态构造

果蝇头部有一对复眼、三个单眼和一对触角；胸部有三对足、一对翅和一对平衡棒；腹部背面有黑色环纹，腹面有腹片，外生殖器在腹部末端，全身有许多体毛和刚毛。

3. 成虫雌雄鉴别

不同性别果蝇的性状差异见表 5-2。

表 5-2　不同性别果蝇的性状差异

性状	雌果蝇	雄果蝇
体形	较大	较小
第一对足跗节	无性梳	有性梳
腹末端	钝而圆	稍尖
腹片	6 个	4 个
腹背面条纹	5 条	3 条
外生殖器	简单	复杂

4. 果蝇的性别决定

（1）染色体组成　果蝇为二倍体 $2n=8$。核内有丝分裂：不涉及细胞分裂和核分裂的染色体分裂方式。染色体联会：一些特殊的体细胞中（如果蝇唾腺细胞）的染色体经多次复制却不分开，依旧紧密地排列在一起就像减数分裂中的联会现象一样。染色体组：来自二倍体生物的正常配子的所有染色体。连锁群：来自配子中的每条染色体及其携带的基因。

（2）果蝇的性别决定　果蝇的性别决定为 XY 型，Y 染色体在性别决定上不起作用，只与育性有关。含有 Y 染色体，可产生正常的配子；不含 Y 染色体，则配子不育。性别决定与性比值（性指数）有关。

雌雄基因平衡理论：对果蝇而言，X 染色体上有决定雌性的基因，常染色体上有决定雄性的基因存在，其比值决定果蝇的雌或雄，Y 染色体只与育性有关，而与性别无关。即果蝇 X 染色体上有很多雌性基因，常染色体上有很多雄性基因，Y 染色体上很少或没有与性别决定有关的基因，因此性别决定于基因的平衡。

（3）果蝇的连锁群　X 染色体上有 141 个基因；第 2 染色体上有 228 个基因；第 3 染色

体上有 156 个基因；第 4 染色体上有 12 个基因。

三、实验动物、器材及试剂

（1）动物　黑腹果蝇。

（2）器材　显微镜、放大镜、白瓷板、毛笔、培养瓶、麻醉瓶、解剖器、纱布、药棉、棉线、锥形瓶。

（3）试剂　琼脂、玉米粉、白糖、酵母粉、丙酸、乙醚、乙醇。

四、实验步骤

1. 果蝇生活周期的观察

果蝇是完全变态昆虫，生活周期可分为明显的 4 个时期：卵、幼虫、蛹和成虫。

（1）卵　在 25℃时，羽化后的雌蝇一般在 8h 后开始交配，两天后开始产卵，卵长约 0.5mm，白色，形状长椭圆形，在其背面前端有两条触丝，触丝可使卵附着在食物（或瓶壁）上，不致深陷进食物中。

（2）幼虫　卵经孵化后成为一龄幼虫，再经两次蜕皮，成为三龄幼虫，其长约 4.5mm，肉眼观察可见幼虫一端稍尖，为头部，上有一黑色钩状口器，稍后有一对唾腺，呈半透明香蕉状，此时行动缓慢，常爬到相对干燥的表面。

（3）蛹　三龄幼虫化蛹前停止摄食，爬到相对干燥的表面形成蛹，蛹起初颜色淡黄，以后逐渐变成深褐色。

（4）成虫　深褐色的蛹羽化为成虫。

果蝇生活周期的长短与温度密切相关，最适宜的温度为 20～25℃，30℃以上果蝇不育或死亡，低温（10℃以下）则生活周期延长，还会使生活力下降。

2. 果蝇麻醉处理

为了便于对果蝇进行观察和分离，需将果蝇进行麻醉处理，使之处于不活动状态。用小广口瓶代替麻醉瓶，在瓶口盖内塞上一团棉花。具体步骤如下：

（1）在瓶口盖内的棉花上滴上几滴乙醚，放在麻醉瓶旁边。

（2）轻拍培养瓶使果蝇落于培养瓶底部。

（3）迅速打开棉塞，与麻醉瓶对接。

（4）握紧两瓶接口，使两瓶稍倾斜，右手轻拍培养瓶将果蝇震入麻醉瓶中。注意不要将培养基倒入麻醉瓶，如果培养基变得太稀而易掉落，可采取麻醉瓶在上，用双手或黑纸遮住培养瓶，使果蝇趋光自动飞入麻醉瓶中。

（5）当果蝇进入麻醉瓶后，迅速盖好麻醉瓶及培养瓶。

（6）观察麻醉瓶中的果蝇。待果蝇不再爬动，即可打开瓶塞，倒在白瓷板上进行观察。注意果蝇的麻醉程度要视实验要求而定。如果不需继续培养，可作深度麻醉，当果蝇翅膀外展，说明已死；如果需继续培养，以轻度麻醉为宜。通常，果蝇麻醉状态可维持 5～10min，如果观察中苏醒过来，可以补救麻醉，即用培养皿将苏醒的果蝇罩住，再取一团药棉滴上几滴乙醚迅速塞入培养皿内，进行麻醉。麻醉后不要的果蝇倒入死蝇专用的盛留器。

3. 成虫的外部形态和雌雄的区别

果蝇成虫分头、胸、腹三部分，头部有一对大的复眼、三个单眼、一对触角，胸部有三对足、一对翅和一对平衡棒，腹部背面有黑色环纹，腹面有腹片，全身还有许多体毛和刚毛。果蝇有雌雄之分，成虫较易区别雌雄。

4. 几种突变型的观察

果蝇的突变性状很多，已知的达 400 种以上，突变性状一般都明显而稳定。几种果蝇的突变性状及特征见表 5-3。

表 5-3　几种果蝇的突变性状及特征

突变性状	基因符号	性状特征	染色体上座位
白眼	w	复眼白色	X-1.5
棒眼	B	复眼棒形，小眼数少	X-57.0
残翅	vg	翅退化成平衡棒	II-67.0
小翅	m	双翅长度不超过身体	X-36.1
焦刚毛	sn	刚毛卷曲，如烧焦状	X-21.0
黑檀体	e	身体呈乌木色，黑亮	III-70.7
黑体	b	身体黑色，比黑檀体深	II-48.5
黄体	y	全身呈浅橙黄色	X-0.0

五、注意事项

控制果蝇培养的适宜条件。

六、思考题

1. 绘制雄果蝇第一对足的外形图，并绘制出性梳。
2. 完成一次果蝇培养基的配制并培养一个世代。

实验二　植物多倍体诱发及微核检测

一、实验目的

1. 加深对植物染色体及微核的认识。
2. 掌握植物染色体显带技术。

二、实验原理

　　对植物有丝分裂中期染色体进行酶解，酸、碱、盐等处理，再经染色后，染色体可清楚地显示出很多条深浅、宽窄不同的染色带。各染色体上染色带的数目、部位、宽窄、深浅相对稳定，为鉴别染色体的形态提供依据，也为细胞遗传学和染色体工程提供新的研究手段。

　　植物染色体显带技术包括荧光分带和吉姆萨（Giemsa）分带两大类。在植物染色体显带上最常用的是吉姆萨分带技术，其中 C 带和 N 带较为常用。C 带的形成认为是高度重复序列的 DNA（异染色质）经酸碱变性和复性处理后，易于复性；而低重复序列和单一序列 DNA（常染色质）不复性，经吉姆萨染色后呈现深浅不同的染色反应。这种差异反映染色体结构的差异。

　　微核（micronucleus，简称 MCN），也叫卫星核，是真核类生物细胞中的一种异常结构，是染色体畸变在间期细胞中的一种表现形式。微核往往是各种理化因子，如辐射、化学药剂对分裂细胞作用而产生的。在近 40 年的使用过程中，微核试验（MN）已成为评估不同化学和物理因素（包括电离辐射诱导的 DNA 损伤）遗传毒性的常用方法之一。主要用于辐射损伤、辐射防护、化学诱变剂、新药试验、食品添加剂的安全评价，以及染色体遗传疾病和癌症前期诊断等各个方面。胞质分裂阻滞微核试验原理见图 5-2。

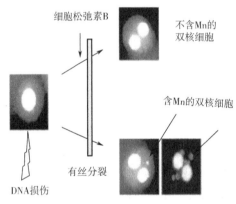

图 5-2　胞质分裂阻滞微核试验原理

三、实验器材及试剂

　　（1）器材　显微镜、恒温箱、烧杯、玻片、手术刀、培养皿、玻璃容器（染色缸）等；洋葱、蚕豆、大麦的根尖。

　　（2）试剂　0.05%秋水仙碱溶液、卡诺氏固定液、70%乙醇、0.1mol/L 盐酸溶液、果胶酶、蒸馏水、45%醋酸、液氮、醋酸、吉姆萨染色液、磷酸盐缓冲液。

四、实验步骤

1. 染色体分带

　　（1）材料准备　洋葱鳞茎发根长 2cm 左右，切取根尖进行预处理。蚕豆种子浸种发芽，待幼根长至 3cm 左右，切取根尖进行预处理。蚕豆主根根尖切去后继续长出的次生根，可再切取次生根根尖进行预处理。大麦种子发芽至幼根长 1cm 左右，切取白色的幼根进行预处理。

（2）预处理　洋葱和蚕豆根尖在 0.05%秋水仙碱溶液中预处理 2～3h。处理温度一般为25℃。预处理后须用清水冲洗多次，洗去药液。

（3）固定　以上各材料经预处理后，放入卡诺氏固定液中固定 0.5～24h，转换到 70%乙醇中，置冰箱中保存备用。

（4）解离　洋葱、蚕豆根尖在 0.1mol/L 盐酸溶液中置于 60℃恒温下处理 10～15min。大麦根尖在 37℃下用 1%果胶酶处理 30min，然后在 0.1mol/L 盐酸溶液中置于 60℃下处理 5min。上述材料用酸处理后，须用蒸馏水冲洗多次，除去残留酸液，否则将会影响染色体的显带效果。

（5）压片　与常规的植物染色体压片方法相同。在 45%醋酸中压片，制成白片。在相差显微镜下检查染色体分散程度，挑选出分裂相多、染色体分散均匀的片子。选出的玻片经液氮冻结，用刀片揭开盖玻片。置室温下干燥。

（6）空气干燥　脱水后的染色体标本一般需经过 4～7 天的空气干燥，再进行分带处理。不同材料所需的干燥时间不一样。洋葱对空气干燥时间要求较严，未经空气干燥的染色体不显带，干燥一周后经显带处理显示末端带，干燥半个月后能同时显示末端带和着丝点带。而蚕豆、大麦则对干燥时间要求不十分严格。

（7）显带处理　空气干燥后的染色体标本即可进行显带处理。处理方法不同，可显示不同的带型。

① C 带

a. HSG 法（生理盐水吉姆萨法）　将空气干燥后的洋葱、蚕豆染色体标本浸入 0.2mol/L盐酸（25℃左右）分别处理 30min 和 60min。用蒸馏水冲洗多次后，在 60℃的 2×SSC 溶液柠檬酸钠缓冲液中保温 30min，再用蒸馏水冲洗数次，室温风干，即可染色。

b. BSG 法（钡盐水吉姆萨法）　将空气干燥后的大麦的染色体标本浸入盛有新配制的 5%氢氧化钡饱和液的染色缸中，在室温条件下处理 5～10min，然后用蒸馏水小心地多次冲洗浮垢后，在 60℃的 2×SSC 溶液中保温 60min，再用蒸馏水冲洗数次，室温风干，即可染色。

② N 带　将大麦种子发根 1cm 左右切取，在 0℃冰水中预处理 24h。在卡诺氏固定液中固定半小时以上，在 1%醋酸洋红染色液中染色 2h，然后在 45%醋酸中压片，冰冻法揭开。然后在 45%醋酸 60℃条件下脱色 10min，再在 95%乙醇室温下脱水 10min，气干过夜。最后在1mol/L NaH$_2$PO$_4$ 溶液中 95℃恒温下保温 2min，蒸馏水冲洗，气干后即可染色。

（8）吉姆萨染色　吉姆萨母液用 1/15mol/L 磷酸盐缓冲液按一定比例稀释。例如，10 份磷酸盐缓冲液加 1 份吉姆萨母液稀释即为 10:1，一般都采用扣染法染色。在一干净的玻璃板上，对称放置两根牙签或火柴棒，距离与载玻片上的材料范围相等。将带有材料的玻片翻转向下，放在牙签上，然后沿载玻片一边向载玻片与玻璃板之间的空隙内缓缓滴入染色液，在室温下染色。染色时间因材料而异，因吉姆萨染料批号不同、质量上有差异，因此其染色液浓度和染色时间需作适当调整。不同材料的染色浓度和染色时间见表 5-4。

表 5-4　不同材料的染色浓度和染色时间

材料	pH	浓度（磷酸盐缓冲液：吉姆萨母液）	染色时间/min
洋葱	7.2	10:1	15

材料	pH	浓度（磷酸盐缓冲液：吉姆萨母液）	染色时间/min
大麦	6.8	10：1	30
蚕豆	7.2	10：1	30

（9）镜检和封片　染色后的玻片标本，用蒸馏水洗去多余染料，染色过深可用磷酸盐缓冲液脱色。室温下风干后即可镜检，挑选染色体带型清晰的片子，用树胶封片。

2. 染色体带型分析

经过上述处理的植物染色体标本，可以显示出 C 带或 N 带的带型，一般有以下四种带型：

（1）着丝粒带（C 带）　带纹分布在着丝粒及其附近，大多数植物的染色体可显示 C 带。蚕豆、大麦等的染色体着丝粒带比较清楚，洋葱染色体的着丝粒带较浅。

（2）中间带（I 带）　带纹分布在着丝粒至末端之间，表现比较复杂，不是所有染色体都具有中间带。

（3）末端带（T 带）　带纹分布在染色体末端。洋葱染色体具有典型的末端带，而蚕豆、大麦的末端带不明显。

（4）核仁缢痕带（N 带）　带纹分布在核仁组织者中心区。蚕豆的大 M 染色体具有这种带型。

同时具有以上四种带型的叫完全带，以"CITN"表示；其他称为不完全带，有"CIN"和"CTN"型、"TN"型和"N"型。

根据植物各染色体上显示的不同带纹和带纹的宽窄，可按染色体组型分析的方法对同源染色体进行剪贴排列，绘出模式图，从而对各染色体的带型作出分析。

3. 微核检测

（1）种子萌发　取适量蚕豆放入装有自来水的烧杯中，25℃浸泡 12h，期间注意观察水质变化进行换水。种子膨胀后，铺垫纱布以保持湿度，25℃保温箱催芽 12～24h，待根长出 3mm 左右时，取出发芽情况好的种子，继续上述催芽 36～48h，根长 2cm 左右，用于后续实验。

（2）待测品处理根尖　选择污水、农药、重金属或者日常易得的化学制剂；自来水处理作为对照。

每组选择 10 颗根长一致的种子，放入待测品培养皿中，没过根尖处理 12～18 h。

（3）恢复培养　处理好的种子改用自来水浸洗 3 次，每次 3min，放入可保湿的 25℃保温箱培养 24 h。

（4）根尖固定及染色体标本制片　见"1.染色体分带"中相应操作。

（5）观察统计　低倍镜下找到分生区细胞分散均匀且较多的部位，再转高倍镜。

微核识别标准：主核大小的三分之一以下，并与主核分离的小核；着色与主核相当或稍浅。

五、注意事项

体会微核试验作为评估不同化学和物理因素（包括电离辐射诱导的 DNA 损伤）遗传毒性的常用方法之一的优势所在。

六、思考题

1. 将提供的植物染色体 C 带带型进行同源染色体排列剪贴。

2. 绘制带型模式图并作出带型特点分析描述。

实验三　植物细胞线粒体DNA的提取

一、实验目的

掌握植物细胞线粒体DNA提取的基本方法。

二、实验原理

线粒体DNA（mtDNA）编码重要的呼吸机制。线粒体DNA分子的群体存在于大多数真核细胞中，受复制、降解、突变和其他群体过程的影响。这些过程影响细胞线粒体DNA群体的遗传组成，改变细胞间的分布、平均值和突变线粒体DNA负载随时间的变化。由于线粒体DNA突变负荷对细胞功能具有非线性影响，而细胞功能对组织性能具有非线性影响，因此这些细胞线粒体DNA群体的统计数据在健康、疾病和遗传方面起着至关重要的作用。分离线粒体DNA和叶绿体DNA的原理是基本一致的。首先是分离完整的细胞器，然后从细胞器中提取DNA。要获得高纯度的细胞器DNA，关键是把所要的细胞器与其他亚细胞结构分离开来，这可以通过差速离心或梯度离心来完成。完整的细胞器经裂解后，可以通过CsCl离心或酚-氯仿抽提获得DNA。在裂解细胞器之前常用DNase清除非细胞器的DNA。本实验采用匀浆法先将线粒体从细胞中分离出来，再使线粒体发生裂解，释放出DNA、蛋白质等，经酚抽提后即可得到提纯的mtDNA。线粒体DNA种群进化见图5-3。

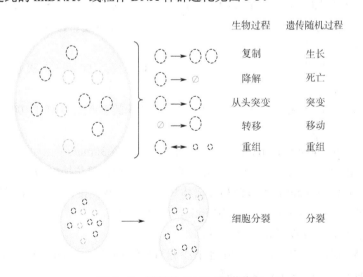

图 5-3　线粒体 DNA 种群进化

三、实验器材及试剂

（1）器材　研钵（直径 12cm）和研棒、冷冻离心机（Sorvall Beckman 等）、微型离心机（1.5mL 管）、-20℃冰箱、恒温水浴锅；植物幼嫩叶片。

（2）试剂　缓冲液 A（研磨缓冲液）（0.4mol/L 甘露醇，50mmol/L Tris-HCl，1mmol/L EDTA-2Na，5mmol/L KCl，pH7.5；使用前加入 2mmol/L β-巯基乙醇，0.1%BSA，10mg/mL 聚乙烯吡咯烷酮），缓冲液 B（0.2mol/L 甘露醇，10mmol/L Tris-HCl，1mmol/L EDTA-2Na，pH7.2），缓冲液 C（1mmol/L EDTA-2Na，15mmol/L Tris-HCl，pH7.2），蛋白酶 K（25mg/mL），蔗糖（20%、40%、52%、60%），$MgCl_2$（0.1mol/L），DNase I（2mg/mL，溶于水），TE 缓冲液（10mmol/L Tris-HCl，1mmol/L EDTA-2Na，pH8.0），SDS（10%），RNase（30mg/mL），乙酸钠（3mol/L），乙醇，苯酚，氯仿，异戊醇。

四、实验步骤

以下所有操作除特别指明外，均在 4℃进行，将研钵、研棒和离心管预冷，使用冷藏的缓冲液并在冰桶中操作。

（1）剪取幼嫩叶片，用 1%次氯酸钠溶液消毒 15min，无菌水冲洗 3 次，再将其剪成 1cm^2 的碎片。

（2）按每克材料 10mL 研磨缓冲液的比例加入研磨缓冲液，在研钵中将叶片研磨成匀浆。用 6 层纱布过滤，并收集滤液。

（3）滤液于 4℃、3000r/min 离心 15min，收集上清液。

（4）上清液于 4℃、10000r/min 离心 25min，弃上清液。

（5）沉淀用缓冲液 A（不加 β-巯基乙醇、BSA 和聚乙烯吡咯烷酮）悬浮，并重复（4）（5）两步骤，收集的沉淀即为粗线粒体。

（6）加入 $MgCl_2$ 至终浓度为 5mmol/L，加入 DNase I 至终浓度为 30μg/mL，冰浴 1 h 后加 EDTA-2Na 至终浓度为 15mmol/L 以终止 DNA 酶解反应。

（7）将粗线粒体铺于不连续浓度的蔗糖梯度上（蔗糖浓度由上至下依次为 20%、40%、52%、60%，体积依次为 7mL、10mL、10mL、7mL，由缓冲液 C 配制）。4℃、20000r/min 离心 2.5h，吸取 40%与 52%蔗糖界面的线粒体。

（8）在线粒体吸取物中加入 4 倍体积的缓冲液 B。4℃、10000r/min 离心 15min。所得沉淀即为纯净、完整且表面无核 DNA 污染的线粒体。

（9）将线粒体悬浮于裂解缓冲液中，加入 1/10 体积的 10%SDS 和 1/100 体积的 30mg/mL RNase 液，50℃水浴 30min。

（10）加入 1/150 体积的 25mg/mL 蛋白酶 K，37℃水浴 30min。

（11）依次用苯酚、苯酚：氯仿：异戊醇（25：24：1）、氯仿抽提 DNA。

（12）加 1/10 体积 3mol/L 乙酸钠和 2 倍体积的无水乙醇，混匀，-20℃放置至少 30min，然后用微型离心机 4℃、13000r/min 离心 15min，收集 DNA。

（13）沉淀 DNA 用 75%乙醇洗 2~3 次。

（14）DNA 沉淀于空气中干燥后溶于少量 TE 缓冲液（10mmol/L Tris-HCl，1mmol/L EDTA-2Na，pH 8.0）中。-20℃保存备用。

五、注意事项

用于提取线粒体 DNA 的植物最好在黑暗条件下生长，得到黄化苗，以抑制叶绿体的发育，减少分离线粒体时叶绿体的干扰。

六、思考题

为什么所有操作除特别指明外，均需要在 4℃环境中进行？

实验四　植物细胞叶绿体 DNA 的分离纯化

一、实验目的

掌握植物细胞叶绿体 DNA 的分离纯化方法。

二、实验原理

幼嫩组织的细胞处于旺盛的分裂阶段，细胞核较大而细胞质较少，核酸浓度高，且内含物少，次生代谢产物少，蛋白质及多糖类物质相对较少，在 SDS 或 CTAB 物质存在时，经机械研磨，使细胞破裂释放出内含物，提取的 DNA、RNA 产量高、纯度好。

提取 DNA 所用的提取液、吸头、离心管等需要高压灭菌以灭活 DNase。

DNA 定量分析可采用紫外光谱分析法。原理是 DNA 分子在 260nm 处有特异的紫外吸收峰，且吸收强度与 DNA 的浓度成正比。此外，还可以通过琼脂糖凝胶电泳上显示的 DNA 带的亮度来分析，因为 EB 作为一种荧光染料，能插入 DNA 的碱基对平面之间而结合于其上，在紫外光的激发下产生荧光，DNA 分子上 EB 的量与 DNA 分子的长度和数量成正比。在电泳时加入已知浓度的 DNA Marker 作为 DNA 分子量及浓度的参考，样品 DNA 的荧光强度就可以大致表示 DNA 量的多少。这种方法的优点是简便易行，可结合琼脂糖凝胶电泳分析 DNA 样品的完整性来进行，缺点是不太准确。

三、实验器材及试剂

（1）器材　离心机、离心管、紫外分光光度计、微量移液器、吸头、吸水纸、水浴锅、冰箱、研钵、液氮罐、电子天平、pH 计、高压灭菌锅、一次性手套和口罩、电泳仪及电泳槽；植物幼嫩组织（如幼叶、花器、幼根等）。

（2）试剂

① CTAB 提取液　2g/100mL CTAB，100mmol/L Tris-HCl pH8.0，20mmol/L EDTA pH8.0，1.4mol/L NaCl，2% PVP（灭菌后加入 2% PVP，使之充分溶解）。在研磨植物幼嫩组织前加入 1%（体积分数）β-巯基乙醇。

② TE（pH8.0）　称取 1.211 g Tris，0.372 g EDTA-2Na，先用 800mL 蒸馏水加热搅拌溶解，用盐酸调 pH 到 pH8.0，再用蒸馏水定容至 1000mL。高压灭菌 20min。

③ 氯仿/异戊醇（24：1）　将氯仿和异戊醇按体积 24：1 的比例混匀，置棕色瓶中，4℃ 保存。

④ 酚/氯仿/异戊醇（25：24：1）　按饱和酚、氯仿、异戊醇体积比为 25：24：1 比例混匀，置棕色瓶中，4℃ 保存。

⑤ 10mg/L 的 EB 贮存液　在 100mL 蒸馏水中加入 1g EB，在磁力搅拌器上搅拌数小时，使其完全溶解，转至棕色瓶中避光 4℃ 保存。EB 是强诱变剂，称量时要戴手套和口罩。一旦接触了 EB，立即用大量水冲洗。

⑥ 1×TAE 电泳缓冲液　50×TAE 浓缩贮存液含 Tris 碱 242g、冰醋酸 57.1mL、pH8.0 的 0.5mol/L EDTA 100mL，加 600mL 蒸馏水，在磁力搅拌器上搅拌，最后加蒸馏水定容至 1000mL。

⑦ 3mol/L NaAc（pH 5.2）。

四、实验步骤

1. 提取 DNA

（1）提取 DNA 所用的提取液、吸头、离心管等需要在高压灭菌锅中 121℃（约 1.1kgf/cm²，1kgf/cm²=98066.5Pa）高压灭菌 20min。

（2）用液氮将 50mg 幼嫩叶片研磨成细粉，置于 1.5mL 离心管中，加入预热至 65℃ 的 600μL 的 CTAB 提取液，轻摇混匀。

（3）65℃水浴 1h，其间轻摇混匀。

（4）12000r/min离心10min，取上清液转移至另一 1.5mL 离心管中。

（5）向上清液中加入等体积的酚/氯仿/异戊醇（25：24：1），轻轻混匀 10min，然后 12000r/min离心10min，再转移上清液入新管。

（6）向上清液中加入等体积的氯仿/异戊醇（24：1），轻轻混匀 10min，然后 12000r/min 离心10min，再转移上清液入新管。

（7）向上清液中加 1/10 体积的 3mol/L NaAc（pH5.2）、等体积的冷异丙醇，小心混匀，12000r/min离心10min，弃上清液。

（8）用 70%乙醇洗涤沉淀一次，12000r/min 离心，弃上清液。

（9）将沉淀在超净工作台上吹干，加 50μL TE（pH8.0）室温溶解。

（10）使用凝胶进行电泳检测或用紫外分光光度计检测 DNA 的浓度和质量。

2. 浓度测定

（1）琼脂糖电泳法检测 DNA

① 根据上样管的数量和电泳槽的大小估算琼脂糖凝胶的体积，称取琼脂糖干粉用 1× TAE 缓冲液配制 1%的琼脂糖凝胶，配制时在电炉上加热使琼脂糖充分溶解，待温度降至 60℃，加入 EB，使 EB 的终浓度为 1μg/mL，摇匀，倒入带有梳子的胶床中，避免产生气泡，室温下约 30min，胶自然凝固。

② 把琼脂糖凝胶放入电泳槽中，倒入 1×TAE 电泳缓冲液使液面高出胶面约 0.5cm。

③ 移液器插上 10μL 吸头，吸入 DNA 样品和凝胶加样缓冲液的混合液后，尖端插入加样孔底部，缓慢把 DNA 样品加入到加样孔中。

④ 加样完毕后，正确连接电泳槽和电源，黑线接阴极，红线接阳极，打开电源，正确设定电压及时间，时间的选择取决于胶的长度和电压大小。电压一般不高于 5V/cm，电泳约 2h，待溴酚蓝离胶边 1～1.5cm 时停止电泳。

⑤ 小心取出凝胶，置于紫外透射仪上，紫外灯下检测扩增片段的有无及分离情况，在凝胶成像仪上照相。

⑥ 用λDNA 作分子量大小的 Marker，如果带型不弥散，在与 Marker 20kb 的带的相应位置出现整齐明亮的条带，说明基因组 DNA 完整，没有降解。

（2）紫外分光光度法测定 DNA 浓度

① 取少量待测的 DNA 样品，用 TE 或蒸馏水稀释 50 倍（或 100 倍）。

② 用稀释液作空白，在 260nm、180nm 、310nm 处调节紫外分光光度计的读数至零。

③ 加入待测 DNA 样品在上述 3 个波长处读取 A 值。

五、注意事项

1. 纯 DNA 样品的 A_{260}/A_{280} 值大约为 1.8，高于 1.8 有可能有 RNA 污染，低于 1.8 有蛋白质污染。

2. 轻轻操作 DNA 溶液和快速冷冻植物组织对减轻机械剪切力和核酸酶切非常重要，不要振荡。

3. EB 为强诱变剂，酚、氯仿、CTAB 具腐蚀性或毒性，使用含有上述药品的溶液时，必须戴手套，盛有酚和氯仿的离心管要集中处理或丢弃。

六、思考题

根据 A 值计算 DNA 浓度或纯度：

$$[ssDNA]=33×（A_{260}-A_{310}）×稀释倍数$$
$$[dsDNA]=50×（A_{260}-A_{310}）×稀释倍数$$

实验五　哺乳动物细胞染色体标本的制备和观察

一、实验目的

了解利用细胞进行染色体制片的一般方法，比较与其他制片方法的不同。正确掌握细胞收集、低渗、滴片等技术手段，观察和了解人源肿瘤细胞染色体的数目及形态特征。

二、实验原理

在过去的一个世纪里，人们对染色体功能、组织和进化的理解成为生物学和医学进步的核心。染色体是在构成生命树的所有三个生命域中发现的古老结构。真核生物的起源与细胞核内自我复制的线性 DNA 链的出现密切相关。这些线性 DNA 分子在大约 27 亿年前的真核生物进化早期进化为染色体。现存真核生物的染色体是由 DNA、蛋白质和 RNA（染色质）组成的高度复杂的结构，它们共同包含生物体的大部分编码、非编码和调节序列，以及浓缩 DNA 并赋予三维结构的包装蛋白质。染色体的基本功能是忠实地复制其 DNA，并将生物体基因组的副本传递给下一代配子和体细胞。影响染色体上基因和调控序列的数量、结构和组织的突变发生在减数分裂和有丝分裂细胞中，导致可能具有深刻表型效应的结构变异。以染色体重排为特征的大规模染色体结构变异现在被认为是遗传变异（除了点突变）的重要来源，并被公认为物种形成的驱动因素。染色体重排和相关异常在人类和其他动物疾病的病因中也很重要，包括癌症。

染色体的数目及形态特征在一个物种内是相对稳定的，染色体上的基因决定了一个物种生长发育的全部信息。制备优良的细胞学标本是进一步开展染色体分带、组型分析和原位杂交的前提。染色体标本的制备一般选取分裂旺盛的细胞，如肿瘤细胞。秋水仙碱作为多倍体诱导剂，用一定浓度的秋水仙碱溶液处理正在增殖生长的肿瘤细胞，结果使正在分裂的细胞不能形成纺锤体，使得染色体停在中期状态，经过处理和制片后就可以清楚地观察到染色体数加倍。

三、实验器材及试剂

（1）器材　离心管、离心机、显微镜、水浴锅、载玻片、移液枪、吹风机；人源肿瘤细胞株。

（2）试剂　胰酶、PBS 溶液、低渗液（0.075mol/L KCl）、固定液（甲醇与醋酸二者体积比为 3:1）、0.01g/L 秋水仙碱溶液、改良苯酚品红染液。

四、实验步骤

（1）处理　秋水仙碱有毒性，操作时需谨慎，同时用于细胞处理的秋水仙碱溶液浓度不宜过大，时间不宜过久。首先往生长状况良好的肿瘤细胞中加一定体积秋水仙碱溶液，使其终浓度为 0.1μg/mL，轻轻晃动培养皿，使秋水仙碱溶液均匀分布，然后将培养皿放在细胞培养箱（37℃，5%CO$_2$）中继续培养 4h。

（2）收集　4h 后，将培养皿中的细胞培养基连同秋水仙碱溶液吸掉，PBS 溶液冲洗两次，胰酶消化细胞 2min，加培养基终止消化，用移液枪将细胞吹打下来，收集细胞至离心管中，设置转速 1000r/min，离心 2min，离心后弃上清液，收集细胞沉淀。

（3）低渗　低渗液事先在 37℃的恒温水浴锅中预热，然后往有细胞沉淀的离心管中加低渗液 1mL，轻轻吹散细胞沉淀，然后将离心管放在 37℃的恒温水浴锅中继续低渗 15～20min。

（4）固定　低渗结束后，取出离心管，加0.5mL固定液，用移液枪缓慢吹打均匀后，室温下静置固定10min，然后转速1000r/min离心5min。

（5）再固定　离心结束后，弃上清液（旧固定液+低渗液），加入新固定液1mL，将细胞轻轻吹打均匀后，继续固定20min，每10min颠倒混匀细胞一次，再次离心。

（6）细胞悬液　离心结束后，吸掉0.5mL的固定液，离心管中保留0.5mL的固定液，将细胞小心重悬，避免细胞破碎。

（7）染色　载玻片事先放在盛有酒精的烧杯中，随后用移液枪（选择1mL量程的移液枪进行滴加）滴1～2滴细胞悬液到干净的载玻片上，用吹风机吹干或自然晾干，加2～3滴改良苯酚品红染液进行染色，滴加时小心对准有细胞悬液痕迹的位置，尽量使染液全覆盖细胞悬液，染色2min左右，到时间后将载玻片倾斜，从高侧加清水小心冲洗干净。

（8）镜检　将载玻片固定在载物台上，加盖玻片，首先调至低倍镜找到细胞，最好是好的分裂相区域，然后转用高倍镜观察染色体。

五、注意事项

细胞相关操作的规范性。

六、思考题

1. 找到一个分裂相良好的区域，进行显微照相。
2. 计数染色体数目，仔细观察其形态特征。
3. 低渗液起到什么作用，在使用过程中应注意什么问题？
4. 你在实验中遇到哪些问题？如何分析和解释？

实验六　人体细胞性染色质的检测

一、实验目的

掌握人体细胞性染色质检测方法及核型分析。

二、实验原理

核型（karyotype）一词在20世纪20年代首先由苏联学者T. A. Levzky等提出。核型分析的发展有三项技术起了很重要的促进作用，一是1952年美籍华人细胞学家徐道觉发现的低渗处理技术，使中期细胞的染色体分散良好，便于观察；二是秋水仙碱的应用便于富集中期细胞分裂相；三是植物凝集素（PHA）刺激血淋巴细胞转化、分裂，使以血培养方法观察动物及人的染色体成为可能。

核型是指染色体组在有丝分裂中期的表型，包括染色体数目、大小、形态特征等。核型分析是在染色体测量计算的基础上，进行分组、排队、配对并进行形态分析的过程。核型分析对于探讨人类遗传病的机制、物种亲缘关系与进化、远缘杂种的鉴定等都有重要意义。将一个染色体组的全部染色体逐个按其特征描绘下来，再按长短、形态等特征排列起来的图像称为核型模式图，它代表一个物种的核型模式。

1960 年，丹佛会议上，提出了人类有丝分裂染色体命名标准体制草案，为以后的所有命名方法奠定了基础。1963 年，伦敦会议上，正式批准 Patan 提出的 A、B、C、D、E、F、G 七个字母表示七组染色体的分类法。1966 年，芝加哥会议上，提出人类染色体组和畸变速记符号的标准命名体制。

A 组（1～3 号）

1 号：最大的中央着丝粒染色体，长臂靠近着丝粒外有次缢痕。

2 号：最大的亚中着丝粒染色体。

3 号：中央着丝粒染色体，比 1 号小三分之一。

B 组（4、5 号）：为较大的亚中央着丝粒染色体，二者不易区分。

C 组（6～12 号，X）：中等近中央着丝粒染色体，彼此难区分。

6、7、9、11 号：着丝粒略近中央。

8、10、12 号：偏离中央。

9 号：q（染色体长臂）上有次缢痕。

X 位于 6、7 号之间。

D 组（13～15 号）：中等近端着丝点染色体，p（染色体短臂）常有随体。

E 组（16～18 号）

16 号：中等中央着丝粒染色体，q 上有次缢痕。

17 号：较小，近中央着丝粒染色体。

18 号：较小，近中央着丝粒染色体，p 比 17 号更短。

F 组（19、20 号）：小的中央着丝粒染色体，彼此不易区分。

G 组（21、22 号，Y）：小的近端着丝粒染色体。

21、22 号：p 常有随体，q 常呈分枝状彼此不易区分。

Y：p 无随体，q 通常平行靠近。

三、实验器材及试剂

（1）器材　染色缸、吹风机、塑料杯；人外周血淋巴细胞染色体标本。
（2）试剂　Geimsa（吉姆萨）染色液。

四、实验步骤

（1）将人外周血淋巴细胞染色体标本放入染色缸，用 Geimsa（吉姆萨）染色液染色 10～15min→在盛水塑料杯中冲涮→风干→镜检。观察细胞的标准为：

① 细胞完整，轮廓清晰，染色体分布在同一水平面上。

② 染色体形态和分布良好。

③ 最好无重叠，即使有个别重叠，也要能明确辨认，以免差错。

④ 所观察的细胞处于同一有丝分裂阶段，即染色体螺旋化程度或染色体长短大致一样。

⑤ 在所观察的细胞周围，没有离散的单个或多个染色体存在，以免影响计数。

（2）显微摄影：将制好的片子放在显微镜下进行拍摄，以供分析。

（3）核型分析

① 核型　一个细胞内所有染色体按一定顺序排列起来，代表着某一个体所有细胞的染色体组成，包括数目、形态、大小等，分为 A、B、C、D、E、F、G 等七组和一组性染色体。

② 组型　把核型按模式图的形式表现出来，代表一个种的染色体组成。

（4）完成染色体组型分析，提交报告。

五、注意事项

风干要充分。

六、拓展实验

1. 显微镜分析：观察标准细胞 20～50 个。

2. 显微照片分析：

染色体计数；染色体测量。

$$相对长度=单个染色体长度/整套单倍染色体总长×100$$

$$臂比率=q/p$$

$$着丝点指数=p/(p+q)×100$$

3. 配对：根据大小、着丝点位置、随体有无，最后定细胞组染色体。

4. 染色体排列分组：p 向上，q 向下，着丝点排列在一条直线上。

5. 制作核型分析板，作出书面报告。

实验七　人类 PTC 味盲基因的遗传学分析

一、实验目的

1. 了解人类一些常见遗传特性及其遗传方式。

2. 使同学们大概知道自己的味觉敏感程度。

二、实验原理

人类基本味觉有咸、甜、苦、酸等类。味觉的适宜刺激是溶解在水中的物质，通过味觉能力测试，了解人群中个体差异。研究味觉察觉阈和识别阈阈值分布规律和群体结构特点。造成味觉个体差异的原因很多，有年龄、人种、民族、性别及健康状态等。同一个人在反复辨别中会有30%的差异，与测试溶液的温度及与舌作用的时间、面积有关，但不会产生味觉类型的变化。味觉差异与遗传有关，1931年Dupont公司研究苯硫脲（PTC）时，发现它能引起个体间味觉类型明显差异。因PTC含有硫代酰胺基，多有苦味。1931年12月，Blakeslee在新奥尔良市进行苯硫脲味觉调查，2550名自愿受试者结果表明：说苦的人占65.5%，说酸、其他味或没有味的人占34.5%。不能尝出PTC苦味或高浓度下才尝出苦味的人称为PTC味盲者。人群尝味察觉阈呈双峰分布，识别阈呈三峰分布。Snyder调查表明PTC味觉由遗传所决定，为常染色体上一对等位基因控制的不完全显性遗传，导致PTC味盲是隐性基因。可作为群体基因、基因型频率结构研究的研究对象之一。测试溶液的配置见表5-5。

表5-5　测试溶液的配置

编号	配制方法	浓度/（mol/L）	基因型
1	1.3gPTC+蒸馏水 1000mL	1/750	tt
2	1号液 100mL+蒸馏水 100mL	1/1500	tt
3	2号液 100mL+蒸馏水 100mL	1/3000	tt
4	3号液 100mL+蒸馏水 100mL	1/6000	tt
5	4号液 100mL+蒸馏水 100mL	1/12000	tt
6	5号液 100mL+蒸馏水 100mL	1/24000	tt
7	6号液 100mL+蒸馏水 100mL	1/48000	Tt
8	7号液 100mL+蒸馏水 100mL	1/96000	Tt
9	8号液 100mL+蒸馏水 100mL	1/192000	Tt
10	9号液 100mL+蒸馏水 100mL	1/380000	Tt
11	10号液 100mL+蒸馏水 100mL	1/750000	TT
12	11号液 100mL+蒸馏水 100mL	1/1500000	TT
13	12号液 100mL+蒸馏水 100mL	1/3000000	TT
14	13号液 100mL+蒸馏水 100mL	1/6000000	TT
15	蒸馏水		

三、实验器材及试剂

（1）器材　受试者；一次性滴管。

（2）试剂　不同浓度的 PTC、蒸馏水。

四、实验步骤

（1）将上述不同浓度的 PTC 溶液按照浓度阶梯状分布写上编号，备用。

（2）受试者实验调查。受试者端坐在凳子上，仰头张口，由合作者滴 5～6 滴溶液于受试者舌根部，徐徐下咽，并询问品出什么味道。测定从 14 号液开始，逐次测定至尝出苦味为止，并记下号码。

当受试者鉴别出某号溶液时，应将此号溶液重复尝味三次，三次结果相同时，才是可靠的。

在测定过程中，应将 PTC 溶液与蒸馏水反复交替给受试者，以免由于受试者的猜想及其他心理而影响结果的准确性。

五、注意事项

1. 注意受试者必须从编号高的溶液开始实验，不能从编号低的溶液开始。
2. 注意滴溶液的时候需要滴在受试者的舌根部。
3. 注意在滴完一个浓度的溶液后要给受试者滴入一定量的蒸馏水，以免由于受试者的猜想及其他心理而影响结果的准确性。
4. 注意受试者每试一瓶溶液时需要换一根滴管。

六、思考题

尝试从遗传学角度解释个体对不同口味食物的偏好与厌恶。

实验八　多基因遗传的人类指纹嵴分析

一、实验目的

1. 掌握皮纹分析的基本知识和方法。
2. 了解皮纹分析在遗传学中的应用。

二、实验原理

人体的手、脚掌面具有特定的皮纹。人类的皮肤由表皮和真皮构成。真皮乳头向表皮突起，形成许多排列整齐、平行的乳头线，称为嵴纹。突起的嵴纹之间又形成凹陷的沟。这些凹凸的纹理就构成了人体的指（趾）纹和掌纹。目前，皮纹学的知识和技术已广泛应用于人类学、遗传学、法医学以及临床某些疾病的辅助诊断。

人体的皮纹既有个体的特异性，又有高度的稳定性。皮纹在胚胎发育第13周开始出现，终生不变。

三、实验材料及试剂

放大镜、印台、印油或油墨、白纸、直尺、铅笔、量角器；受试者。

四、实验步骤

先在检查纸上依次填入姓名、性别、年龄和民族等，将检查纸平放在光滑桌面上，备用。将双手洗净、擦干，用印油或油墨均匀地涂抹手掌和手指。先将十个手指分别滚动印在检查纸的下边，然后再将手掌印下。

1. 指纹观察

手指末端腹面的皮纹称为指纹。根据纹理的走向和三叉点的数目，可将指纹分为三种类型：弓形纹、箕形纹、斗形纹。

（1）弓形纹　特点是嵴线由一侧至另一侧，呈弓形，无中心点和三叉点。根据弓形的弯度分为简单弓形纹和篷帐式弓形纹。

（2）箕形纹　箕形纹俗称簸箕。在箕头的下方，纹线从一侧起始，斜向上弯曲，再回转到起始侧，形状似簸箕。此处有一呈三方向走行的纹线，该中心点称三叉点。根据箕口朝向的方位不同，可分为两种：箕口朝向手的尺侧者（朝向小指），称正箕或尺箕；箕口朝向手的桡侧者（朝向拇指），称反箕或桡箕。

（3）斗形纹　是一种复杂、多形态的指纹。特点是具有两个或两个以上的三叉点。斗形纹可分绞形纹（双箕斗）、环形纹、螺形纹和囊形纹等。

根据统计，指纹的分布频率，存在种族、性别的差异。东方人尺箕和斗形纹出现频率高，而弓形纹和桡箕较少；女性弓形纹多于男性，而斗形纹较男性略少。

2. 嵴纹计数

（1）指嵴纹计数　弓形纹由于没有圆心和三叉点，计数为零。箕形纹和斗形纹，则可从中心到三叉点中心绘一直线，计算直线通过的嵴纹数。斗形纹因有两个三叉点，可得到两个数值，只计多的一侧数值。双箕斗分别先计算两圆心与各自三叉点连线所通过的嵴纹数，再计算两圆心连线所通过的嵴纹数，然后将三个数加起来的总数除以2，即为该指纹的嵴纹数。

（2）指嵴纹总数（TFRC）　为10个手指指嵴纹计数的总和。我国男性平均值为148条，女性为138条。

3. 掌纹观察

掌纹分为五部分：

（1）大鱼际区　位于拇指下方。

（2）小鱼际区　位于小指下方。

（3）指间区　从拇指到小指的指根部间区域（$I_1 \sim I_4$）。

（4）三叉点及四条主线　在2、3、4、5指基部有三叉点a、b、c、d，并各引出一条主线，即A线、B线、C线和D线。

（5）atd角　正常人手掌靠腕部的大、小鱼际之间，具有一个三叉点，称轴三叉或t三叉。从三叉点 a 和三叉点 d 分别画直线与 t 三叉点相连，即构成 atd 角。可用量角器测量 atd 角度的大小，并确定 t 三叉点的具体位置。t 三叉点的位置离掌心越远，也就离远侧腕关节褶线越近，atd 角度数越小；而 t 三叉点的位置离掌心越近，离腕关节褶线越远，atd 角就越大。我国正常人 atd 角的平均值为 41度。

4. 指褶纹和掌褶纹

褶纹是手掌和手指屈面各关节弯曲活动处所显示的褶纹。实际上褶纹不是皮肤纹理，但由于染色体病患者的指褶纹和掌褶纹有改变，所以列入皮纹，进行观察讨论。

（1）指褶纹　正常人除拇指只有一条指褶纹外，其余四指都有 2 条指褶纹与各指关节相对应。

（2）掌褶纹

① 普通型　正常人手掌褶纹主要有三条，分别是：远侧横褶纹、近侧横褶纹、大鱼际纵褶纹。

② 通贯掌　又称猿线。由远侧横褶纹与近侧横褶纹连成一条直线横贯全掌而形成。

③ 变异Ⅰ型　也称桥贯掌。表现为远侧和近侧横褶纹借助一条短的褶纹连接。

④ 变异Ⅱ型　又称叉贯掌。为一横贯全掌的褶纹，在其上下各方伸出一个小叉。

⑤ 悉尼掌　表现为近侧横褶纹通贯全掌，远侧横褶纹仍呈正常走向。这种掌褶纹多见于澳大利亚正常悉尼人群中，故称悉尼掌。

五、注意事项

明确区分大鱼际区和小鱼际区。

六、思考题

1. 观察自己指纹、掌纹、指褶纹和掌褶纹的类型。
2. 计数指嵴纹总数（TFRC）。
3. 测量双手的 atd 角。

实验九　绿色荧光蛋白突变基因在大肠杆菌的表达与检测

一、实验目的

1. 了解绿色荧光蛋白。
2. 掌握分子克隆的原理与操作。

二、实验原理

1. 绿色荧光蛋白

绿色荧光蛋白（GFP），分子量约为28kDa，由238个氨基酸构成，第65～67位氨基酸（Ser-Tyr-Gly）形成发光团，经共价键连接而成对羟苯甲基咪唑烷酮，它可以被光激发产生荧光，是主要发光位置。绿色荧光蛋白分子的形状呈圆柱形，就像一个桶，发光的基团位于桶中央，因此，它可形象地比喻成一个装有色素的"油漆桶"。其发光团的形成不具有物种专一性，发出的荧光稳定，且不需要依赖其他基质而发光。

目前应用较多的是GFP的突变体——增强型绿色荧光蛋白（enhanced green fluorescent protein，简称EGFP）。EGFP将GFP的第64位氨基酸苯丙氨酸突变成亮氨酸，从而发射出的荧光强度比GFP大6倍以上。所以，EGFP比GFP更适合作为报告基因来研究基因表达、调控、细胞分化及蛋白质在生物体内的定位和转运等。

2. 大肠杆菌表达载体及表达系统

大肠杆菌质粒是一类独立于染色体外自主复制的双链、闭环DNA分子，大肠杆菌质粒可分为结合转移型和非结合转移型两种，非结合转移型质粒在通常培养条件下不在宿主间转移，整合到染色体上的频率也很低，具有遗传学上的稳定性和安全性。又因其大小一般在2～50kb范围内，适合于制备和重组DNA的体外操作，因此几乎所有的大肠杆菌表达系统都选用非结合转移型质粒作为运载外源基因的载体，这些表达载体通过对天然质粒的改造获得。

3. SDS–PAGE原理

SDS-聚丙烯酰胺凝胶电泳（PAGE），是在聚丙烯酰胺凝胶系统中引进SDS，SDS能断裂分子内和分子间氢键，破坏蛋白质的二级和三级结构，强还原剂能使半胱氨酸之间的二硫键断裂，蛋白质在一定浓度的含有强还原剂的SDS溶液中，与SDS分子按比例结合，形成带负电荷的SDS-蛋白质复合物，这种复合物由于结合大量的SDS，使蛋白质丧失了原有的电荷状态形成仅保持原有分子大小为特征的负离子团块，从而降低或消除了各种蛋白质分子之间天然的电荷差异，由于SDS与蛋白质的结合是按重量成比例的，因此在进行电泳时，蛋白质分子的迁移速度取决于分子大小。

4. 蛋白分离与检测

蛋白质的分离方法很多，依据分子大小分离的方法包括：透析和超过滤；根据溶解度分离的方法包括：盐溶和盐析；根据所带电荷分离的方法包括：电泳（净电荷、分子大小、形状）、区带电泳、聚丙烯酰胺凝胶电泳（PAGE）、毛细管电泳离子交换色谱。其余的方法还有吸附色谱、亲和色谱、高效液相色谱（HPLC）、快速蛋白液相色谱（FPLC）等。

蛋白质的检测方法包括：凯氏定氮法，双缩脲法，FoLin-酚试剂法，紫外吸收法。

5. pET28a质粒

pET28a质粒作为表达载体，该质粒含有强启动子T7启动子，可使目的基因得到高效表达。其N端含有Thrombin蛋白酶切位点。Pet28a的抗性是kana抗性，通常所用的表达菌株是BL21（DE3）、BL21（DE3）GoLd等BL21（DE3）系列的宿主菌。

pET28a、b、c的差异仅仅存在于多克隆位点处，Pet28a和pET28b、pet28c的载体的区别是差了一个核苷酸碱基，目的是便于在进行克隆构建的时候调整氨基酸读码框，使得基因都可以克隆到这个系列目的载体中去。

pET28a：

5' 测序引物及序列：　　　　　　　　　　T7: 5'-TAATACGACTCACTATAGGG-3'

3' 测序引物及序列：　　　　　　　　　　T7t: 5'-GCTAGTTATTGCTCAGCGG-3'

三、实验器材及试剂

（1）器材　超低温冰箱、电热恒温培养箱、恒温调速摇床、PCR 扩增仪、电泳仪、高速冷冻离心机、电子天平、水浴锅、低温高速离心机、快速混匀器。

（2）试剂　大肠杆菌菌株 DH5α、大肠杆菌菌株 BL21、质粒 pET28a、限制性内切酶 *Eco*RI、*Hind* III、T4 DNA 连接酶、PCR 用试剂、卡那霉素、琼脂糖及 PCR 合成引物等。

四、实验步骤

1. 碱裂变法提取质粒

（1）细菌的培养

① 添加适量的抗生素［Amp（氨苄青霉素）：20mg/mL 母液——终浓度 50～100μg/mL］（避免杂菌污染，防止质粒的丢失）。

② 接种（20mL+Amp 至 50mL+Amp）。

③ 控制菌体的生长状态（37℃过夜培养或转接 2%～4%菌液至新鲜培养基中，37℃继续培养至对数生长中后期）。

（2）细胞裂解提取质粒 DNA（4℃操作）

① 称离心管重 W_1，加入约 1/2 离心管的菌液，6000r/min 5min。

② 弃去上清液，再加入 5mL 溶液 I（试剂盒中溶液 I、II、III，以实验中实际使用试剂盒说明书为准，下同），混匀，6000r/min 5min，弃去上清液，称离心管重量为 W_2，计算菌体量 ΔW。每 100mg 菌体量，加入③～⑤步骤溶液。

③ 1.0mL 溶液 I，充分涡旋振荡，用溶液 I 再次配平。

④ 2.0mL 溶液 II，轻柔颠倒混匀，冰浴 3～5min。

⑤ 1.5mL 溶液 III，轻柔颠倒混匀，冰浴 5min。

⑥ 12000r/min 15min；小心转移上清液到新的离心管中，记录体积 V。

⑦ 加入 $2V$ 冰乙醇，颠倒混匀；−20℃ 15min。

⑧ 12000r/min 15min，弃上清液。

⑨ 加入 5mL 70%乙醇，12000r/min 3min，吸弃上清液。

⑩ 重复乙醇洗涤一次，37℃风干 5～10min。

⑪ 分次加入 1mL TE 溶液并转移到 EP 管中，得到质粒 DNA 粗提物。

⑫ 加入 50μL RNase（10mg/mL），终浓度为 50μg/mL，37℃孵育 1～2 h。

（3）质粒 DNA 的纯化

① 1mL 粗提物均分于两个 EP 管中，加入等体积 Tris 饱和酚，混匀，12000r/min 5min。

② 转移上清液 V_1 至新管，加入 V_1 体积的酚-氯仿-异戊醇混合液，混匀，12000r/min 5min。

③ 转移上清液 V_2 至新管，加入 V_2 体积的氯仿/异戊醇溶液，混匀，12000r/min 5min。

④ 转移上清液 V_3 至新管，加入 $1/10V_3$ 的 3mol/L NaAc 溶液（pH=5.2），再加入 $2V_4$

（$V_4 = V_3 + 1/10 V_3$）的冰乙醇，混匀，−20℃保存30min。

⑤ 12000r/min 14min，弃上清液。

⑥ 加入500μL 70%乙醇洗涤，12000r/min 2min，弃上清液。

⑦ 重复洗涤一次，吸弃上清液，37℃风干5min。

⑧ 每管加入25μL TE溶解沉淀，合并，得到50μL纯化质粒DNA。

2. 重组质粒的构建

（1）EGFP和质粒DNA的酶切　加样顺序为：ddH$_2$O缓冲液-DNA-限制性内切酶 *Hind* Ⅲ；在不同的1.5mL无菌离心管中，按照表5-6中Ⅰ、Ⅱ组加样量顺序加入各组分（将少量的样品加在管壁上，确保加样准确）。样品混匀后，4000r/min 1min，瞬时离心使液体集中于管底。酶切后，可以用电泳检测一下酶切的效果。

表5-6　限制性内切酶反应体系加样顺序

加样序号	反应体系成分	Ⅰ pUC19（各组）体积/μL	Ⅱ EGFP（商品）体积/μL
1	ddH$_2$O	13.0	70.0
2	10×M缓冲液	2.0	10.0
3	DNA	4.0	15.0
4	*Hind* Ⅲ（15U/μL）	1.0	5.0
共计		20.0	100.0（50+50）
备注		各组1份	全班1份

（2）载体与外源片段的连接　取无菌1.5mL EP管，加样顺序为：ddH$_2$O 3.2μL-10×T4缓冲液1.0μL-pUC19/*Hind* Ⅲ 1.5μL-EGFP/*Hind* Ⅲ 3.5μL-T4 DNA连接酶0.8μL。

3. 重组DNA质粒的转化、鉴定与筛选

（1）感受态细胞的制备（注意冰浴、4℃离心）

① 倒LB平板，划线活化大肠杆菌DH5α，培养一段时间。挑取单菌落接种到5mL LB液体中，37℃振荡培养过夜。将过夜培养物按1%转接至新鲜20mL LB液体，37℃、220r/min 2～2.5h。

② 取2个干净的EP管（分别编号SG-1-1、SG-1-2），各加入上述菌液1.5mL，4000r/min 5min，弃上清液；再各加入1.5mL菌液，4000r/min 5min，弃上清液。

③ 利用残留液体涡旋细胞，然后加入800μL预冷的0.1mol/L CaCl$_2$，冰浴悬浮细胞，随后4000r/min 5min，弃上清液。

④ 加入100μL冷0.1mol/L CaCl$_2$，轻轻悬浮细胞，冰浴20min，之后将SG-1-2分装50μL至SG-1-3管中。

（2）质粒转化　按表5-7的序号顺序加样、操作。

表 5-7　质粒转化（一）

步骤：1→7	1	2	3	4	5	6	7	
实验设组	感受态细胞/（μL/管）	DNA/μL	冰浴	热击	冰浴	复苏	培养基	涂布平板
实验组	100	连接物 5.0	10min	90s	5min	LB：0.9mL/管，0.5～1h	麦+Ap	50μL×2
								100μL×2
								150μL×2
								200μL×2
转化对照	50	pUC19（自提）1.0					麦+Ap	50μL×1
细胞对照	50						麦+Ap	50μL×1
							麦	50μL×1
备注	预留一个空白麦+Ap 平板；　共计：11（麦+Ap）和 1（麦），倒置于 37℃恒温箱中培养 16～20h（本实验两天后来观察结果）							

注：麦为麦康瑞平板，Ap 为氨苄青霉素。

4. 重组子的筛选与培养

① 观察几天前的涂布培养结果并记录，着重包括：菌落生长情况、生长的菌落的颜色、菌落数量的多少，并测量菌落的 pH 值。

② 从实验组的 2 个 50μL 的平板中挑出 4 个白色单菌落，在事先预留的空白麦+Ap 平板上分区划线培养。将接好菌的平板放在恒温培养箱中。

5. PCR 反应

（1）试剂盒法提取质粒

① 观察上次划线的平板中的菌落是否为白色。用烧好的镊子夹着无菌牙签划取带有重组质粒的大肠杆菌 DH5α（白色的菌落），将带有质粒的大肠杆菌接种于 5mL LB/抗生素培养液中，37℃摇床培养 12～16h。

② 取 1.0～5.0mL 的菌液，室温下 10000r/min 1min 收集细菌。

③ 倒弃培养基，加入 250μL 溶液Ⅰ/RNase A 混合液，涡旋振荡使细胞完全悬浮。

④ 往重悬混合液中加入 250μL 溶液Ⅱ，轻轻颠倒混匀 4～6 次，此操作避免剧烈混匀裂解液且裂解反应不要超过 5min。

⑤ 加入 350μL 溶液Ⅲ，温和颠倒数次至形成白色絮状沉淀。

⑥ 室温下，≥10000r/min 10min。

⑦ 转移上清液至套有 2mL 收集管的 HB DNA 结合柱中，室温下 10000r/min 1min，倒去收集管中的滤液。

⑧ 把柱子重新装回收集管，加入 500μL HB 缓冲液，按上述条件离心，弃去滤液。

⑨ 把柱子重新装回收集管，加入 700μL DNA 洗涤缓冲液，按上述条件离心，弃去滤液。注意：浓缩的 DNA 洗涤缓冲液在使用前必须按标签的提示用无水乙醇稀释。

⑩ 把柱子重新装回收集管，10000r/min 2min 离心空柱以甩干柱子基质。注意:不要忽略此步，这对去除柱子中残留的乙醇至关重要。

⑪ 把柱子装在干净的 1.5mL 离心管上，加入 30～50μL 洗脱缓冲液（Elution buffer）到柱子基质中，静置 1～2min，10000r/min 1min 洗脱出 DNA。

（2）PCR 反应　以 EGFP 片段为模板。建立 PCR 体系，轻弹混匀加入的液体，快速离心集液于管底。将制备好的 PCR 体系放入 PCR 机器中。

PCR 体系：dd 水 13.2μL、10×缓冲液 2.0μL、dNTP（2.5mmol/L）1.6μL、M13F（10μmol/L）1.0μL、M13R（10μmol/L）1.0μL、模板（1～10ng/μL）1.0μL、Taq 酶（5U/μL）0.2μL。

6. 重组表达载体的构建

（1）EGFP 基因和 pET28a 表达载体的限制性酶切处理　取上述经 PCR 扩增后的目的片段作为 PCR 反应的模板，设计引入 *Eco*R Ⅰ 酶切位点的上游引物（5'GGAG/AATTCATGGTGAGCAAGGGCGAGGAG3'）和引入 *Hind* Ⅲ 酶切位点的下游引物（5'CCGA/AGCTTGGCTGATTATGATCTAGAGTC3'）。PCR 扩增。扩增产物用 1% 琼脂糖凝胶电泳检验。PCR 后的 EGFP 片段进行双酶切，反应体系如下：30μL 添加了酶切位点的 EGFP 片段、5μL 10×缓冲液、1μL *Eco*R Ⅰ（20U/L）、1μL *Hind* Ⅲ（20U/L），用无菌水将反应液调至 50μL 后，于 37℃下保温 1h，然后在 65℃条件下处理 20min 进行热失活。另一方面，将 pET28a 质粒载体按上述方法进行双酶切。

（2）pET28a-EGFP 重组表达载体的构建　将上述含酶切位点的 EGFP 片段与线性 pET28a 质粒按 2∶1 比例、在 45℃下保温 5min 后，置于冰浴中冷却，冷却后分别加入 1μL T4 DNA 连接酶、2μL 10×T4 DNA 连接酶缓冲液，37℃培养过夜。

7. EGFP 基因的原核表达及检测

（1）制备大肠杆菌 BL21 感受态细胞

① 倒 LB 平板，划线活化大肠杆菌 BL21，培养。挑取单菌落接种到 5mL LB 液体中，37℃振荡培养过夜。将过夜培养物按 1% 转接至新鲜 20mL LB 液体，37℃、220r/min 2～2.5h。

② 取 2 个干净的 EP 管，各加入上述菌液 1.5mL，4000r/min 5min，弃上清液；再各加入 1.5mL 菌液，4000r/min 5min，弃上清液。

③ 利用残留液体涡旋细胞，然后加入 800μL 预冷的 0.1mol/L CaCl$_2$，冰浴悬浮细胞，随后 4000r/min 5min，弃上清液。

④ 加入 100μL 冷 0.1mol/L CaCl$_2$，轻轻悬浮细胞，冰浴 20min，之后分装于管中。

（2）pET28a-EGFP 重组质粒的转化、鉴定　按表 5-8 依次加入各物质。

表 5-8　质粒转化（二）

步骤：1→7	1	2	3	4	5	6	7	
	感受态细胞/（μL/管）	DNA/μL	冰浴	热击	冰浴	复苏	培养基	涂布平板
实验设组	100	pET28a-EGFP 连接物 5.0	10min	90s	5min	LB：0.9mL/管；0.5～1h	麦+卡那霉素	50μL×2
								100μL×2
								150μL×2

在含卡那霉素的培养基上，能生长的菌落均为转化成功的菌落。挑取单菌落，在培养基上划线，37℃培养两天，再从上面挑菌并划平板，等平板上的菌长出后，在荧光下观察，若菌落发绿色荧光，则证明试验成功得到绿色荧光蛋白。

五、注意事项

严格按照操作说明进行，不可节省或跨越任何一个步骤。

六、思考题

分子生物学技术在遗传学研究中的应用还有哪些？

实验十　人类亲子关系鉴定

一、实验目的

掌握人类亲子关系鉴定的基本方法。

二、实验原理

1865年，孟德尔遗传规律的发现奠定了DNA鉴定工作的理论基础。目前，在亲子鉴定的结果判定中也是多应用孟德尔遗传定律，主要是分离定律与自由组合定律，即认为在亲代形成配子时，各等位基因相对独立，不同座位的基因可自由组合。由于子代的所有等位基因都必须分别地来源于亲生父母双方，故只要通过对被检测到的各等位基因（或其编码的产物）的比对即可得到鉴定结论：当不符合上述遗传定律时，可确认不存在亲子关系；若符合上述遗传定律，则首先印象是不排除存在亲子关系，然后再通过计算亲子关系指数（PI）及亲子关系相对机会（RCP，也称亲子关系概率），并参照有关约定或法律规定的数值得出是否确认存在亲子关系的法医学鉴定结论。

亲子鉴定所采用的数理方法则主要有三种：排除法、似然法和基因型重建法。其中排除法根据孟德尔遗传定律检测母亲与可疑父本基因型组合能否产生子代基因型，若否，则排除相应可疑父本。似然法则是根据等位基因频率计算各非排除父本为亲生父本的概率从而确定最大可能父本。而基因型重建法较多用于存在多父本现象的物种种群结构分析中。

亲子鉴定所采用的分子标记种类繁多，如同工酶、AFLP（扩增片段长度多态性）、DNA指纹、微卫星（STR）等。其中，微卫星标记则因其共显性、高度多态性、模板量要求低和鉴定方便等优势，成为了相关领域首选。对于STR而言，其是一种具有段序串联特点的重复序列，广泛存在于基因组内。核心序列长 2～6 个碱基，片段长在 100～500 碱基范围内，重复次数大概是 5～40。该种 DNA 技术应用于法医物证检验、鉴定领域中表现出诸多优势：一是该项技术的检测灵敏度处于较高水平，两条带有等同的扩增产量；二是在基因组内，STR 分布表现出广泛性特征，在检测局部降解的 STR-PCR 方面也表现出较高的适用性。

三、实验器材及试剂

（1）器材　待检测父亲、孩子的血液样本（待测人的口腔上皮细胞、头发、精液、血液等）；PCR 扩增仪、多功能电泳槽、微量移液器等。

（2）试剂　D7S820、D55818 和 D3S1358 三个基因座引物（表 5-9）、Taq 酶、聚丙烯酰胺、10×PCR 缓冲液、dNTP 混合物、乙醇、冰醋酸、$AgNO_3$ 染色液、去离子水、NaOH、甲醛等。

表 5-9　三个基因座的基本参数和引物序列

基因座	染色体位置	大小/bp	引物序列
D7S820	7q11.21～22	204～228	5′-TGTCATAGTTTAGAACGAACTAACG-3′ 5′-CTGAGGTATCAAAAACTCAGAGC-3′
D55818	5q21～q31	143～167	5′-GGGTGATTTTCCTCTTTGGT-3′ 5′-TGATTCCAATCATAGCCACA-3′
D3S1358	3p	118～146	5′-ACTGCAGTCCAATCTGGGT-3′ 5′-ATGAAATCAACAGAGGCTTG-3′

四、实验步骤

1. DNA 的提取

血液中基因组 DNA 的提取。

（1）取 250μL 抗凝血，加入 1mL $T_{10}E_{10}$，上下翻动 10min。

（2）样品 8000r/min 6min。

（3）弃上清液，沉淀用 500μL $T_{10}E_{10}$ 冲洗后，8000r/min 6min。

（4）弃上清液，加 300μL USSTE 裂解液悬浮，用力振荡。

（5）用等体积的饱和酚抽提，混约 2min，然后 10000r/min 10min。

（6）将上清液吸出。用等体积的（吸出了多少加多少）氯仿-异戊醇（24∶1），混匀 2min，直到看不到白色界面 10000r/min 10min。

（7）吸取上清液，加入 2 倍体积冷无水乙醇，上下混匀，12000r/min 10min。

（8）弃上清液，加 500μL 70%乙醇浸洗 2 次，12000r/min 10min。

（9）弃上清液，自然放置 30min，干燥 DNA。

（10）待乙醇晾干后加 50μL $T_{10}E_{10}$，37℃溶解，贮存于 4℃或−20℃。

2. PCR 扩增

PCR 反应体系为：

（1）10×PCR 缓冲液（含 $MgCl_2$）：1.0μL。

（2）dNTP 混合物（2.5mmoL/L）：0.2μL（每种 dNTP 终浓度 0.2mmoL/L）。

（3）Mg^{2+}（25mmoL/L）：1.5μL。

（4）上游引物（10μmoL/L）：0.2μL。

（5）下游引物（10μmoL/L）：0.2μL。

（6）Taq 酶（3U/μL）：0.5μL。

（7）DNA 模板：1.0μL（10～100ng）。

（8）加入灭菌水至终体积：10μL。

PCR 反应条件为：94℃预变性 5min 后，进入循环扩增阶段，即变性—退火—延伸（94℃、30s55℃、30s72℃、60s），循环 25～35 次，最后在 72℃延伸 10min，降至 4℃结束。

3. 扩增产物电泳

将各位点引物扩增产物混合，上样，用 12%聚丙烯酰胺凝胶电泳。

4. 银染显色

凝胶经 10%乙醇+0.5%冰醋酸混合液固定 20min；0.2%AgNO₃染色 40min，去离子水漂洗 20s。30%NaOH+0.5%甲醛显色至适度，去离子水漂洗 20s。10%乙醇+0.5%冰醋酸混合液固定 8min 终止反应，用去离子水漂洗后照相。

5. 结果分析

参照 STR 试剂盒提供的等位基因 Ladder，对扩增产物进行分析。

亲权指数（PI）：被测父本提供生父基因成为孩子生父的可能性和随机男人提供生父基因成为孩子生父的机会的比值，假设前一种可能性为 x，后一种可能性为 y。STR 基因座单亲 PI 简化计算表见表 5-10。

表 5-10　STR 基因座单亲 PI 简化计算表

假设父亲	孩子	PI
A	A	$1/p$
A	AB	$1/2p$
AB	A	$1/2p$
AB	AB	$(p+q)/4pq$
AC	AB	$1/4p$
BC	AB	$1/4p$

设 p、q 分别为 A、B 基因频率，STR 基因座单亲 PI 计算可归纳简化为以下几方面。

（1）假设父为纯合子时 $x=1$，假设父为杂合子时 $x=0.5$。

（2）子为纯合子时 $y=p$，子为杂合子时 $y=2p$。

（3）假设父、子为相同基因型杂合子时 $x=0.5(p+q)$，$y=2pq$。

计算出每个位点的 PI 值，然后各值相乘得到累计 PI 值。

父子关系相对机会（RCP）：上面计算出来的 PI 值是一个绝对值，为使鉴定结果能够以概率的形式表达父子关系的相对机会，PI 值需转换成一种相对值 RCP。

$$RCP=PI/（PI+1）\times100\%$$

按照国际惯例，当 RCP 值大于 99.73%时，则认为假设父与子具有亲生关系。

五、注意事项

PCR 反应产物电泳检测务必于当日完成，大于 48h 会出现带型不规则甚至消失。

六、思考题

亲子鉴定还有哪些方法？

第六章

生物化学实验

【课程简介】 ▶▶▶

　　生物化学实验是生物化学课程的有机组成部分。学习和研究生物化学的目的在于阐明生命活动的物质基础，揭示生命活动的本质和规律。通过生物化学实验，巩固、强化学生对生物化学理论知识的理解，使学生掌握生物化学实验的基本技能，培养学生的科学实验能力，引导学生树立科学研究意识，培养学生初步的科研实践能力，为学习其他专业基础课和专业课程奠定必要的基础，为今后实践工作打下基础。

【课程目标】 ▶▶▶

　　通过生物化学实验学习，掌握生物化学的基础理论和基本实验技术，了解生物化学在现代生物学中所起的关键作用。学会正确使用有关生化仪器，培养学生基本操作技能，培养学生提出问题、分析问题、解决问题的能力，以及初步的科研能力，为后续分子生物学、植物生理学、生物信息学、基因工程等课程的学习奠定基础。

实验一　醋酸纤维素薄膜电泳法分离牛血清蛋白

一、实验目的

1. 掌握醋酸纤维素薄膜电泳的基本原理，掌握薄膜电泳法的操作方法。
2. 了解血清蛋白的基本组成，了解蛋白质分离在临床检测中的用途和意义。

二、实验原理

电泳是利用分子在不同溶液条件下带电性的差异，使分子在电场作用下向自身所带电荷相反方向移动的现象。在特定 pH 值溶液中，不同分子因等电点（pI）不同带有不同的电荷，可在电场中以不同的速率向不同的方向沿支持物移动。利用分子在支持物中迁移速率的差异，可将其进行分离。

分子在电泳中的迁移速率主要受内在和外在两方面因素影响。内在因素包括分子在特定 pH 条件下所带电荷量、分子的空间构象及分子量大小等。外在因素包括电泳的电场强度、溶液环境 pH 值和离子强度、支持物的分子结构和孔径大小等。

本实验使用醋酸纤维素薄膜为电泳支持物，分离牛血清蛋白。醋酸纤维素薄膜具有均一的孔径结构，水溶液通透性较强，对分子移动阻力小，是良好的电泳支持物。该实验方法仅需要微升级实验样品，操作简便快速，对血清蛋白分辨力较高，电泳结果无拖尾和吸附等现象。该方法被广泛用于医学临床检测分析，适用于多种生物大分子分离，包括本实验使用的血清蛋白，也可用于检测糖蛋白、核酸等。本实验使用牛血清蛋白为实验材料。血清的主要蛋白组分包括白蛋白、α-球蛋白、β-球蛋白、γ-球蛋白和多种脂蛋白，具体性质见表 6-1。由于这些蛋白质组分具有不同的氨基酸组成、空间结构、分子量及等电点，其在醋酸纤维素为支持物的电场环境下将具有不同的迁移速率，可以此进行分类。在 pH8.6 缓冲溶液条件下，血清中的白蛋白因带电荷量最大、分子量最小，因此具有最快的迁移速率。其余蛋白质迁移速率依次为 α_1-球蛋白、α_2-球蛋白、β-球蛋白、γ-球蛋白。因此本实验染色后可显示 5 条蛋白质区带。对应条带经洗脱可进一步用于广谱扫描进行定量分析。

表 6-1　血清蛋白组分性质

血清蛋白组分	分子量/kDa	等电点（pI）
白蛋白	6.9	4.80
α_1-球蛋白	20	5.06
α_2-球蛋白	30	5.06
β-球蛋白	90～150	5.12
γ-球蛋白	156～300	6.85～7.50

三、实验器材及试剂

（1）器材　水平电泳槽、电源、醋酸纤维素薄膜（2cm×8cm）、滤纸、培养皿、镊子、剪刀、加样器（盖玻片、毛细管、微量移液器等）、直尺、铅笔、搪瓷盘、离心管、试管、试管架、移液器、水浴锅等。

（2）试剂

① 硼酸-硼酸盐缓冲液（离子强度0.08，pH8.6）的配制：5.61g硼酸钠，5.60g硼酸，1.316g氯化钠，使用去离子水溶解，定容至1L。

② 氨基黑10B染色液配制：氨基黑10B 0.5g与冰醋酸10mL和甲醇50mL混匀，加去离子水定容至100mL。

③ 漂洗液配制：甲醇45mL和冰醋酸5mL混匀后，加入去离子水定容至100mL。

④ 血清蛋白组分洗脱液配制：0.4mol/L NaOH溶液，用于洗脱氨基黑10B的染色。

⑤ 牛血清：取新鲜、无溶血牛血清100μL。

四、实验步骤

1. 醋酸纤维素膜的活化及电泳槽准备

取裁剪好的醋酸纤维素薄膜（2cm×8cm），分辨光滑面和粗糙面，在粗糙面底端1.5cm处使用铅笔画平行于底边的直线，作为点样标记（图6-1）。将薄膜粗糙面向下浸泡在硼酸-硼酸盐缓冲液中活化约20min，至薄膜表面无白色斑点后取出，使用滤纸吸去薄膜表面多余的硼酸-硼酸盐缓冲液。

图6-1　醋酸纤维素薄膜准备示意图

将硼酸-硼酸盐缓冲液倒入水平电泳槽的两侧凹槽内各约100mL，使两侧的液面高度相当。使用剪刀裁剪滤纸条至适合尺寸，折叠滤纸条至四层附着在电泳槽两侧支架上，使滤纸一端与支架接触，另一端浸泡于槽内硼酸-硼酸盐缓冲液中直至滤纸条完全湿润，形成"滤纸桥"（图6-2）。

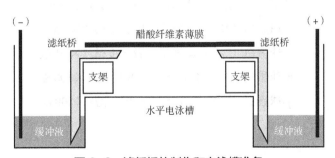

图6-2　滤纸桥的制作和电泳槽准备

2. 牛血清样品点样

使用盖玻片蘸取少量牛血清样品 2~3μL，点印在点样标记线上，注意点样适量，形成均匀分布的直线，避免薄膜破损。血清渗入薄膜后，重复上述上样过程约 10 次。

3. 电泳

点样后点样面朝下，薄膜光面朝上，点样一端置于水平电泳槽负极滤纸桥上，点样带和滤纸间距离 1cm，防止样品与滤纸接触后被吸附。薄膜另一端水平贴在正极滤纸桥上，中部悬空，不出现下垂。薄膜两侧务必与滤纸桥垂直，要和滤纸桥密切贴合，不要出现气泡，待缓冲液逐渐渗入薄膜约 5min 后，盖上电泳槽盖，连接电泳槽电源，开始电泳。调节电压为 160V，电流约 0.5mA/cm，通电约 1h，待电泳区带展开 3~4cm 时可结束电泳。电泳过程中避免直接触摸薄膜或缓冲液，避免触电。

4. 染色和漂洗

完成电泳后用镊子取出薄膜，浸泡于氨基黑 10B 染色液中约 5min 至血清蛋白带染透。染色过程中应不断混匀染色液使染色液与薄膜充分接触。多个薄膜同时染色时应避免彼此粘连影响染色效果。染色结束后将薄膜取出在三个装有漂洗液的培养皿中依次漂洗，连续数次浸泡洗涤，至薄膜背景色为白色。滤纸吸干漂洗液后观察实验结果（图 6-3）。将薄膜置于白色搪瓷盘上晾干后拍照留存结果。

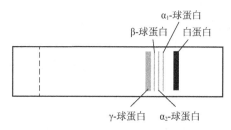

图 6-3　电泳结果示意图

5. 蛋白组分定量分析

挑选电泳条带分离较好的薄膜，将电泳分离条带及一个空白薄膜条分别剪下，分别置于 6 支不同试管中。使用血清蛋白洗脱液 37℃水浴浸泡 20min，将洗脱液转移至比色皿，使用紫外-可见分光光度计以空白薄膜组为对照，在 620nm 波长条件下读取不同蛋白质组分的吸光度值，按下式计算各蛋白质组分所占比值：

总吸光度值（T）=白蛋白吸光度值×2+α_1-球蛋白吸光度值+α_2-球蛋白吸光度值+

β-球蛋白吸光度值+γ-球蛋白吸光度值

白蛋白（%）=白蛋白吸光度值×2/T×100%

α_1-球蛋白（%）=α_1-球蛋白吸光度值/T×100%

α_2-球蛋白（%）=α_2-球蛋白吸光度值/T×100%

β-球蛋白（%）=β-球蛋白吸光度值/T×100%

γ-球蛋白（%）=γ-球蛋白吸光度值/T×100%

五、注意事项

不同厂家生产的醋酸纤维素薄膜质量存在差异，在使用硼酸-硼酸盐缓冲液浸泡平衡薄膜时若发现薄膜始终悬浮于液体表面，或由于吸水不均匀导致出现白色斑点及条纹，应更换新薄膜，否则会造成电泳分离效果差或背景脱色困难。

六、思考题

1. 对电泳分离所得牛血清蛋白组分结果进行分析，指出不同条带对应的蛋白质组分及原因。
2. 实验过程中，醋酸纤维素薄膜需要提前使用硼酸-硼酸盐缓冲液浸泡平衡的原因是什么，浸泡后为何又将薄膜上多余缓冲液去掉？
3. 血清蛋白组分的定量分析在临床检测中有何意义？
4. 请设计一个实验检测人血清中总蛋白含量。

实验二　考马斯亮蓝法测定蛋白质浓度

一、实验目的

1. 理解紫外-可见分光光度计的基本原理，掌握其操作方法。
2. 熟悉考马斯亮蓝 G250 蛋白质染色的基本原理。
3. 掌握考马斯亮蓝 G250 染色标准曲线的绘制原理，及测定蛋白质浓度的操作。

二、实验原理

染色法测定蛋白质浓度的基本原理是利用蛋白质与染料结合可以改变染料的特征吸光度值这一特性。常见的蛋白质染料包括考马斯亮蓝、甲基橙、溴甲酚绿、溴甲酚紫等。

考马斯亮蓝染色（Coomassie Brilliant Blue Staining，CBBS），由 Bradford 发明，又称 Bradford 染色法，是蛋白质染色最常用的染料。考马斯亮蓝 G250（分子结构见图 6-4）在水溶液中游离状态下为棕色，在 488 nm 处具有最大吸收波长。当溶液中存在蛋白质时，此染料能够与之以范德华力结合并由棕色转变为蓝色，最大吸收波长也随之转变至 595nm。蛋白质浓度在一定范围内时，595nm 处的吸光度值与蛋白质浓度呈线性关系，因此可通过配制已知线性浓度梯度的蛋白质溶液绘制考马斯亮蓝 G250 染色标准曲线，而后在标准曲线浓度范围内对未知浓度蛋白质溶液进行定量分析。

实验中，蛋白质与考马斯亮蓝 G250 染料的结合反应迅速，可在 2min 内达到平衡，其吸光度值可在室温下 1h 内保持稳定。该方法具有操作简便、灵敏度高等优点，可用于 0～1000μg/mL 范围内蛋白质的定量检测，检测蛋白质下限为 2.5μg/mL。然而，由于该染料也可结合其他生物大分子，当检测体系成分较复杂时，会对 595nm 处吸光度值产生干扰，导致蛋白质定量不准确。

考马斯亮蓝染料分为 G250 和 R250 两种。考马斯亮蓝 G250 常用于蛋白质的定量测定。考马斯亮蓝 R250 与蛋白质反应较为缓慢，但容易被洗脱，常用于蛋白质电泳分离中对条带进行染色分析。

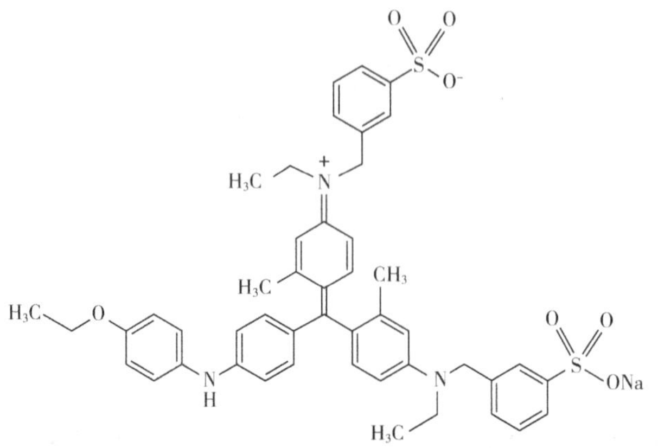

图 6-4　考马斯亮蓝 G250 与 R250 分子结构

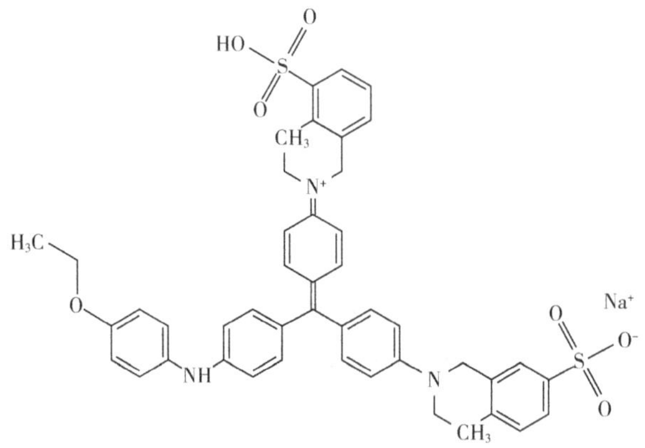

三、实验器材及试剂

（1）器材　双光束紫外-可见分光光度计（UV762 型）、精密天平、微量移液器（0.1～2.5μL，0.5～10μL，10～100μL，20～200μL，100～1000μL）、试管、试管架、比色皿、水浴锅、记号笔等。

（2）试剂

① 标准蛋白质溶液：使用精密天平称量牛血清白蛋白（BSA）50 mg，使用生理盐水（0.9g/100mL NaCl）溶解，定容至 100mL，配置成 500μg/mL 的标准蛋白质溶液。

② 考马斯亮蓝 G250 染液：使用精密天平称量 200mg 考马斯亮蓝 G250，溶于 100mL 95%乙醇。在上述溶液中加入 120mL 85%磷酸，使用去离子水定容至 1L，4℃保存。

③ 使用生理盐水配制未知浓度待检测的 BSA 蛋白质样品。

四、实验步骤

1. 标准曲线绘制

取 6 支试管分别编号 No.1～6，按表 6-2 配制试剂。摇匀后室温放置 2min，以 No.1 试管中溶液为参比对照，取 2mL 加入比色皿中，在 1h 内使用分光光度计测定 595nm 处吸光度值（A_{595nm}），每个数值读取三次。

表 6-2　考马斯亮蓝 G250 标准曲线绘制

编号	标准蛋白质溶液/mL	生理盐水/mL	G250 染液/mL	蛋白质浓度/（μg/mL）	A_{595nm}（1）	A_{595nm}（2）	A_{595nm}（3）
No.1	0.0	1.0	4.0	0			
No.2	0.2	0.8	4.0	100			
No.3	0.4	0.6	4.0	200			
No.4	0.6	0.4	4.0	300			
No.5	0.8	0.2	4.0	400			
No.6	1.0	0.0	4.0	500			

以 No.1～No.6 测定的 A_{595nm} 值为 Y 轴，配制的标准蛋白质溶液浓度为 X 轴（μg/mL），绘制标准曲线。蛋白质浓度的线性关系为：

$$Y=aX+b$$

其中 X 为标准曲线所用标准蛋白质溶液浓度（μg/mL），Y 为不同浓度对应的 A_{595nm}，a、b 为系数，以此计算线性相关系数 R^2。所绘制标准曲线 R^2 应不小于 0.99。

2. 未知蛋白质浓度样品的测定

未知样品测定（两次重复实验）。取 2 支试管，分别加入考马斯亮蓝 G250 染液 4mL，加入 0.5mL 生理盐水，再加入待测样品溶液 0.5mL，混匀后室温放置 2min，以标准曲线 No.1 溶液为参比，检测 595nm 波长处吸光度值。根据所测样品 A_{595nm} 值，利用标准曲线计算未知样品蛋白质浓度（μg/mL）。

五、注意事项

实验测定步骤应在蛋白质与染料混合后 2min 至 1 h 内完成，否则蛋白质-G250 染料复合物将发生凝集沉淀反应影响测定结果。游离的考马斯亮蓝 G250 染料吸收光谱与结合蛋白质的染料有一定重叠，因此染料光谱吸光度值将随染料与蛋白质结合后有所降低，当蛋白质浓度较大时标准曲线会出现一定程度弯曲，影响测定数值。当测定较高浓度蛋白质样品时，应将蛋白质溶液稀释至标准曲线线性关系良好区域对应的浓度，避免出现误差。

六、思考题

1. 考马斯亮蓝染料有几种类型，分别有何用途？

2. 比较考马斯亮蓝法与其他常见蛋白质浓度测定方法的优缺点。

实验三　3，5-二硝基水杨酸法测定食用面粉中的总糖和还原糖

一、实验目的

1. 掌握 3，5-二硝基水杨酸法测定总糖和还原糖的原理、操作步骤。
2. 理解紫外-可见分光光度计的基本原理，掌握比色实验操作方法。

二、实验原理

糖类物质的定量分析主要分为物理法和化学法两类。化学法因灵敏度和准确度更高，常用于糖类的定量分析。还原糖是指单糖或二糖分子中含有游离醛基或酮基。常见还原糖主要有葡萄糖、果糖、半乳糖等单糖和蔗糖、麦芽糖、乳糖等二糖。3，5-二硝基水杨酸（DNS）法由于操作简便、反应快速、杂质干扰少，在可溶性糖定量分析中的应用非常广泛。将可溶性非还原糖使用酸水解法彻底水解为还原性单糖，在碱性条件下还原性单糖可以转换为烯二醇（1，2-烯二醇）。烯二醇进一步可被多种氧化剂（DNS试剂、铁氰化物、二价铜离子等）氧化为糖酸。例如，碱性加热条件下还原糖能与 DNS 试剂反应生成棕红色的 3-氨基-5-硝基水杨酸（图6-5），被测还原糖在一定浓度范围内时，还原糖浓度与红棕色氨基化合物的生成呈线性关系，因此可在 540nm 波长下利用 3-氨基-5-硝基水杨酸的特征光谱吸收对还原糖进行标准曲线绘制与定量分析，再根据还原糖定量值求出原始样品中可溶性非还原糖的含量。

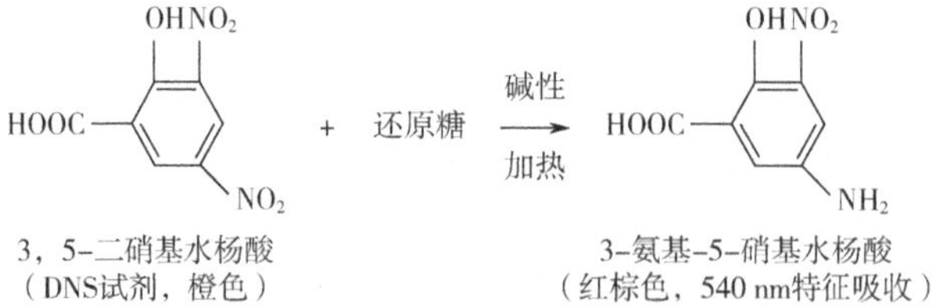

图 6-5　DNS 试剂与还原糖的显色反应

三、实验器材及试剂

（1）器材　精密天平、水浴锅、微量移液器（20~200μL，100~1000μL）、紫外-可见分光光度计、试管、试管架、容量瓶（100mL、1L）、玻璃漏斗、漏斗架、烧杯、量筒、玻璃

棒、白瓷板、圆形滤纸片等。

（2）试剂

① DNS 试剂：使用天平称取 6.5g DNS 溶于 100mL 热去离子水中，加入 325mL NaOH 溶液（2mol/L）、45g 丙三醇，摇匀，冷却后用容量瓶定容至 1L，室温避光保存。

② 0.1%葡萄糖标准液：使用精密天平称取 0.1g 干燥的分析纯葡萄糖，溶解于 20mL 去离子水后定容至 100mL，4℃保存备用。

③ 其他试剂：6mol/L 盐酸溶液、6mol/L NaOH 溶液、碘化钾-碘溶液（碘试剂）、酚酞指示剂等。

四、实验步骤

1. 绘制葡萄糖标准曲线

取 6 支试管分别编号 No.1～No.6，按表 6-3 配制浓度梯度的葡萄糖标准液，按照剩余操作步骤测定 540nm 处的吸光度值，读取三次数值。以葡萄糖含量（mg/mL）为横坐标，540nm 吸光度值平均值为纵坐标，绘制标准曲线。

表 6-3　绘制葡萄糖标准曲线

| 项目 | 空白组 | 标准葡萄糖浓度梯度 | | | | | 待测样品 | |
	1	2	3	4	5	6	还原糖	总糖
葡萄糖标准液/mL	0	0.1	0.2	0.3	0.4	0.5	0	0
样品待测液/mL	0	0	0	0	0	0	0.5	0.5
去离子水/mL	1.0	0.9	0.8	0.7	0.6	0.5	0.5	0.5
DNS 试剂/mL	1.0	1.0	1.0	1.0	1.0	1.0	1.0	1.0
反应	混匀，沸水浴 2min 显色							
定容	冷却后分别加入去离子水 8mL，混匀							
比色	以 No.1 管为空白参比测定 540 nm 处的吸光度值							
记录吸光度值 A_{540nm}（1）								
记录吸光度值 A_{540nm}（2）								
记录吸光度值 A_{540nm}（3）								

2. 检测食用面粉样品中的还原糖和总糖

（1）食用面粉样品中还原糖的提取　使用天平称取 3.0g 市售食用面粉，置于 100mL 烧杯中。使用 20mL 去离子水调成糊状，加入 50mL 蒸馏水，利用玻璃棒搅拌均匀。样品进一步置于 50℃恒温水浴中保温 20min，期间搅拌数次，使还原糖溶解于水中。使用滤纸和玻璃漏斗过滤，收集滤液使用容量瓶定容至 100mL，得到还原糖提取液。

（2）总糖的酸法水解　使用天平称取 1.0g 食用面粉，放入 100mL 烧杯中，加 15mL 去离子水及 10mL 盐酸（6mol/L），在沸水浴中水解总糖 30min。取 50μL 滴置于白瓷板上，取 50μL 的碘试剂与上述溶液混匀，观察是否呈现蓝色。如无蓝色出现证明已水解完全。水解完全后迅速冷却总糖溶液至室温，加入 50～100μL 酚酞指示剂。使用 1000μL 移液器将 NaOH 溶液（6mol/L）逐滴加入总糖水解溶液中，用于中和盐酸，至总糖水解溶液呈微红色。将总糖水解溶液定容至 100mL，过滤后取 10mL 定容至 100mL，即为稀释 1000 倍的总糖水解液，用于总糖测定。

（3）待测样品的显色和测定　取 2 支试管，即还原糖和总糖待测管，按表 6-3 所示分别加入待测液和显色剂，按照剩余操作步骤测定 540nm 处的吸光度值，读取三次吸光度值。

3. 计算食用面粉样品中的还原糖和总糖

分别计算出还原糖待测管和总糖待测管吸光度值 A_{540nm} 平均值，利用葡萄糖标准曲线计算葡萄糖浓度，以葡萄糖计算，按以下公式得到食用面粉样品中还原糖和总糖的含量。

$$还原糖（\%）=\frac{待测还原糖样品葡萄糖浓度\times 还原糖提取液总体积}{1000\times 还原测定样品质量}\times100\%$$

$$总糖（\%）=\frac{待测总糖样品葡萄糖浓度\times 总糖提取液总体积}{1000\times 总糖测定样品质量}\times100\%$$

五、注意事项

实验过程中可先进行总糖和还原糖样品的配制，而后将葡萄糖标准曲线绘制与待测样品测定同时进行显色反应，使用相同的空白参比进行吸光度值测定。因食用面粉中还原糖含量很低，计算总糖并未区分总糖与还原糖含量，对总糖计算结果影响不大。

六、思考题

1. 使用浓盐酸处理总糖样品的作用是什么，总糖样品测定前使用 NaOH 中和的作用是什么？
2. 葡萄糖标准曲线的测定和待测样品总糖、还原糖测定为什么要同步进行？

实验四　肝糖原的提取和鉴定

一、实验目的

1. 掌握组织样品的制备方法。
2. 理解肝糖原提取、糖原鉴定和班氏试剂测定的原理。
3. 正确使用分光光度计。

二、实验原理

1. 肝糖原的提取

糖原是动物细胞中的储能物质，在动物肝脏中含量较高。采用研磨匀浆等方法破碎动物肝脏细胞后，使用低浓度的三氯乙酸能使蛋白质变性，破坏肝组织中的酶且沉淀蛋白质，而糖原仍稳定地保存于上清液中，从而使糖原与蛋白质等其他成分分离开来。糖原不溶于乙醇而溶于热水，故分离糖原过程中先用 95% 乙醇将滤液中糖原沉淀，再溶于热水中，进而分离获得糖原。

2. 肝糖原的鉴定

糖原由葡萄糖以 α-1，4 和 α-1，6 糖苷键连接，形成多分支的结构。糖原水溶液呈乳样光泽，遇碘呈红棕色。这是糖原中葡萄糖长链形成的螺旋结构依靠分子间吸引力吸附碘分子后呈现的颜色。糖原还可以被酸水解为葡萄糖，利用显色反应和葡萄糖的还原性可以判定肝组织中糖原的存在。

$$CuSO_4+2NaOH \longrightarrow Na_2SO_4+Cu(OH)_2\downarrow$$

$$2Cu(OH)_2+C_6H_{12}O_6 \longrightarrow 2CuOH+氧化型葡萄糖+H_2O$$

$$2CuOH \longrightarrow Cu_2O（红色）\downarrow+H_2O$$

$$Cu(OH)_2 \longrightarrow H_2O+CuO\downarrow（黑色）$$

3. 肝糖原的定量

糖原在浓酸中可水解为葡萄糖，浓硫酸能使葡萄糖进一步脱水生成糠醛衍生物——5-羟甲基呋喃甲醛，此化合物再与蒽酮脱水缩合生成蓝色化合物。该物质在 620nm 处有最大吸收。糖含量在 10～100mg 范围内，溶液吸光度值与可溶性糖含量成正比。利用此反应与同样处理的已知葡萄糖含量的标准溶液比色，通过标准对照法即可计算出样品中糖原的含量。糖原在浓碱溶液中非常稳定，故在显色之前，肝组织先置于浓碱中加热，以破坏其他成分，而保留肝糖原。

三、实验器材及试剂

（1）器材　天平、剪刀、镊子、研钵、离心管、普通离心机、恒温水浴锅、分光光度计。

（2）试剂

① 5% 三氯乙酸　称取未潮解的 5g 三氯乙酸，加去离子水溶解至 100mL。

② 班氏试剂　称取柠檬酸钠 173g 和无水碳酸钠 100g 溶于去离子水 800mL 中，加热促溶。冷却后慢慢倾入 17.3% 硫酸铜 100mL，边加边摇，再加入去离子水定容至 1000mL，混匀，如浑浊可过滤取滤液，此试剂可长期保存。

③ 其他材料、试剂　鸡肝、95% 乙醇、浓盐酸、蒽酮显色剂、30g/100mL KOH 溶液、50g/100mL NaOH、标准葡萄糖溶液（50 mg/L）。

四、实验步骤

1. 肝糖原的提取（见图 6-6）

（1）剪取鸡肝约 3g，加 1mL 5% 三氯乙酸剪碎，加 5mL 5% 三氯乙酸研磨成肝匀浆，注意多次研磨提高糖原提取量。

（2）4000r/min 离心，取上清液到新的离心管，弃掉沉淀。

（3）加 1 倍体积 95% 乙醇混匀后室温静置 10min，4000r/min 离心，弃上清液，保留沉淀。

（4）加入去离子水 2mL，溶解糖原，溶液呈乳样。

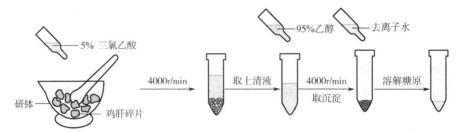

图 6-6　肝糖原的提取

2. 肝糖原的鉴定（见图 6-7）

（1）取 1mL 肝糖原提取液，加入 0.2mL 6mol/L 浓盐酸，沸水浴 15min 后冷却，加 0.2mL 50g/100mL NaOH，得到糖原水解液。

（2）取 0.1mL 糖原水解液，按梯度依次加入0.05mL、0.1mL、0.15mL、0.2mL班氏试剂，边混匀边观察颜色细微变化。

（3）沸水浴 5min，观察溶液的呈色反应。

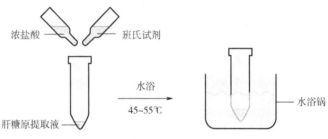

图 6-7　肝糖原的鉴定

3. 肝糖原的定量

（1）剪取鸡肝约 0.15g，加 1.5mL 30g/100mL KOH 溶液，沸水浴 15min，冷却后转入 100mL 容量瓶中，定容混匀获得糖原提取液。

（2）取 3 支干净的试管按表 6-4 操作。

表 6-4　肝糖原的定量　　　　　　　　　　　　　　　单位：mL

试剂	去离子水	标准葡萄糖溶液	糖原提取液	0.2%蒽酮显色剂
空白管	1.0	—	—	2.5
标准管	—	1.0	—	2.5
样品管	—	—	1.0	2.5

（3）混匀后，沸水浴 10min，冷却。在分光光度计 620nm 波长处，用空白管溶液调零，测定各管溶液的吸光度（A），计算：

$$肝糖原（g/100g肝组织）=\frac{A_{测定}}{A_{标准}}\times 0.05\times\frac{100}{肝组织重（g）}\times\frac{100}{1000}\times 1.11$$

4. 结果处理

观察并记录实验过程中的显色反应，计算实验样品中的肝糖原含量。

五、思考题

1. 肝匀浆制备过程需要注意什么？
2. 班氏试剂配制需要注意什么？

实验五　转氨酶的转氨基反应鉴定

一、实验目的

1. 理解色谱的基本原理，掌握纸色谱法的操作。
2. 了解转氨酶的粗提方法，掌握转氨酶的转氨基反应，学习鉴定转氨基反应的基本原理。

二、实验原理

转氨基反应是指在转氨酶（氨基转移酶）的催化下，使得氨基酸的α-氨基与α-酮酸的α-酮基发生交换，生成新的氨基酸和酮酸的反应。转氨酶在机体内分布广泛，各种器官组织均具有特异性表达的转氨酶。每种氨基酸进行转氨基反应时都由专一的转氨酶催化，pH7.4是体内转氨酶的最适pH。

机体内的转氨酶活性各不相同，其中以肝脏、心脏和肾脏中的谷丙转氨酶（glutamic-pyruvic transaminase，GPT）和谷草转氨酶（glutamic-oxalacetic transaminase，GOT）的活性较强。本实验使用动物肝脏中粗提的谷丙转氨酶，37℃条件下催化丙氨酸和α-酮戊二酸反应，使用纸色谱法检测谷氨酸的生成，鉴定转氨基反应的发生（图6-8）。

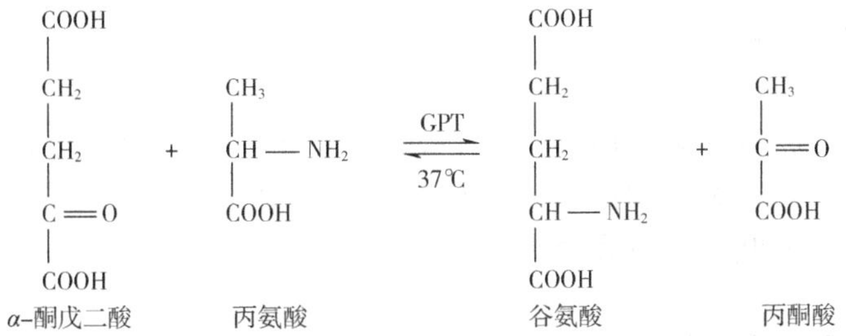

图6-8　GPT催化的转氨基反应

色谱是指利用混合物中各组分物理性质的差异而导致的保留时间不同，在支持物上表现出固定相与流动相之间不同的分配比例，将各个组分进行分离的技术。色谱法常用于有机化合物、氨基酸、蛋白质、核酸等的分离鉴定。色谱对含有生物大分子的多组分混合物分离具

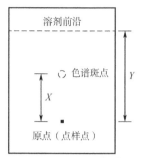

图 6-9　纸色谱 R_f 计算示意图

有较好的分辨力。本实验用到的纸色谱法是以滤纸为支持物。滤纸中的纤维素成分的羟基可与水分子形成氢键，加强对水分子的结合，使滤纸能吸收大量的水，且较难脱去，适合作为色谱中的固定相。然而，有机溶剂与纤维素的亲和力则很弱，容易脱去，适合作色谱中的流动相。因此，本实验以滤纸纤维素所结合的水作为固定相，以有机溶剂作为流动相。纸色谱法分离氨基酸混合物时，由于不同的氨基酸的极性差异（氨基酸 R 基化学结构），在水（pH7.4 的磷酸盐缓冲液）和有机溶剂（酚溶液）中具有不同的分配系数，表现出不同的迁移速率（R_f，图 6-9）。实验中极性弱的氨基酸在有机溶剂中的溶解性较高，即分配系数小，在流动相中移动较快，R_f 值大；反之，极性强的氨基酸在流动相中移动较慢，R_f 值较小，据此分离鉴定不同的氨基酸。在特定条件下，某种物质的 R_f 值是常数，其大小受物质本身物理性质、溶剂系统（溶剂性质、pH 值等）、环境温度等的影响。此外，本实验中样品的盐浓度、混合物中其他杂质组分、点样量等都会影响分离效果。

$$R_f = \frac{\text{原点至色谱斑点中心的距离}(X)}{\text{原点到流动相前沿的距离}(Y)}$$

茚三酮显色反应原理：氨基酸与茚三酮一起在水溶液中加热反应，生成蓝紫色罗曼氏紫（图 6-10）。反应中，氨基酸首先被氧化分解，释放氨和二氧化碳，氨基酸则生成醛，茚三酮被还原产生还原型茚三酮。进一步在弱酸性条件下，还原型茚三酮、氨与另一分子茚三酮缩合生成蓝紫色罗曼氏紫，进而显色。本实验使用圆形滤纸进行水平色谱，色谱后用茚三酮法显色，观察色斑。

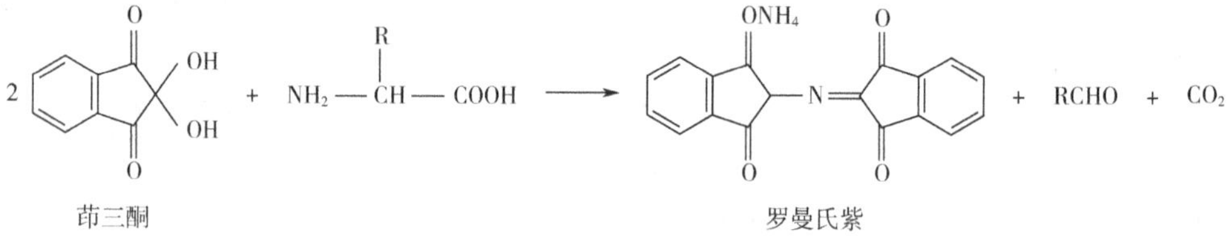

图 6-10　茚三酮显色反应

三、实验器材及试剂

（1）器材　玻璃匀浆器（10mL）、离心管（1.5mL）、玻璃试管、容量瓶（50mL、100mL）、培养皿、水浴锅、圆滤纸（10cm）、玻璃毛细管、吹风机、剪刀、微量移液器（20～200μL，100～1000μL）、喷壶等。

（2）实验试剂

① pH7.4 磷酸盐缓冲液（0.01mol/L）　使用 81mL Na_2HPO_4 溶液（0.2mol/L）与 19mL NaH_2PO_4 溶液（0.2mol/L）混匀，使用去离子水稀释 20 倍。

② 丙氨酸溶液（0.1mol/L）　称取丙氨酸 0.391g，溶于 20mL 0.01mol/L pH7.4 磷酸盐缓冲液中，用 NaOH（1mol/L）调至 pH7.4，再用上述磷酸盐缓冲液定容至 100mL。

③ α-酮戊二酸溶液（0.1mol/L）　称取 α-酮戊二酸 1.461g，溶于 20mL pH7.4 磷酸盐缓冲液

（0.01mol/L）中，用 NaOH（1mol/L）调至 pH7.4，再用上述磷酸盐缓冲液定容至 100mL。

④ 谷氨酸溶液（0.1mol/L） 称取谷氨酸 0.735g，溶于 20mL pH7.4 磷酸盐缓冲液（0.01mol/L）中，用 NaOH（1mol/L）调至 pH7.4，再用上述磷酸盐缓冲液定容至 50mL。

⑤ 茚三酮溶液（5%） 称取茚三酮 0.5g，溶于 100mL 丙酮，装于喷壶中。

⑥ 色谱展开液 现用现配，酚∶水=4∶1（体积比）混匀。

四、实验步骤

（1）转氨酶的粗提 取新鲜猪肝 1g，剪碎后放入玻璃匀浆器中，加入 pH7.4 磷酸盐缓冲液（0.01mol/L）1mL，迅速研磨匀浆至无固体组织，再加入 pH7.4 磷酸盐缓冲液（0.01mol/L）3.5mL，混匀备用。

（2）转氨基反应 取离心管（1.5mL）两支，编号 No.1（测定管）、No.2（对照管），分别加入肝脏匀浆液 0.5mL。将 No.2 管放沸水浴中加热 5min 后取出冷却。上述两管中分别加入 0.5mL 丙氨酸溶液（0.1mol/L）、0.5mL α-酮戊二酸溶液（0.1mol/L）、1.5mL pH7.4 磷酸盐缓冲液（0.01mol/L），混匀后在 37℃保温 1h。使用沸水浴失活 No.1 管中的转氨酶 5min，取出后冷却。两管离心 2000r/min 5min，取上清液分别移入新的离心管中，标记管号，准备色谱上样使用。

（3）纸色谱 取一张圆形滤纸，以圆点为中心、1cm 为半径，如图 6-11 所示在四等分处分别标记编号 1～4 作为上样原点。使用玻璃毛细管蘸取溶液点在滤纸对应位置处，丙氨酸和谷氨酸溶液分别点在 2、4 处。把 No.2 管液和 No.1 管液分别点在 1、3 处。点样点半径不宜过大（应在直径 0.4cm 以下），否则影响色谱分离效果。在每次点样点风干后，再在原处继续点 30 次左右。剪取滤纸条为 1cm×2.5cm，捻成灯芯状纸芯。在色谱支持物圆滤纸的圆心处打一个小孔，约 0.3cm 粗细，将上述纸芯插入孔中。将色谱展开液约 20mL 倒入 10cm 培养皿下层内。将圆形滤纸置于上述培养皿上，注意不要让滤纸掉入培养皿内，纸芯下端浸入色谱液中，盖上培养皿盖，减少挥发。此时色谱液将沿纸芯上升，由圆形滤纸中心向四周扩散。约 40min 后，色谱液前沿接近滤纸边缘 1cm 时停止，取出滤纸，拔下纸芯，使用吹风机吹干圆形滤纸。

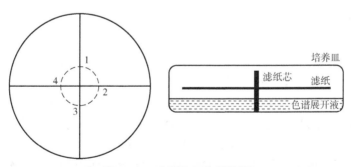

图 6-11　点样及纸色谱装置

（4）茚三酮显色 使用喷壶在上述圆形滤纸上均匀喷洒茚三酮溶液，使用吹风机加热吹干，因丙酮味道较大，应注意通风。此时可见滤纸上逐渐显现同心弧状紫色和蓝色斑。标记各色斑轮廓，比较色斑的位置及颜色深浅。计算各色斑的 R_f 值，将样品色斑 R_f 与标准品色斑 R_f 值进行比较，判定转氨基反应是否发生。实验报告应附带滤纸及 R_f 计算过程。

五、注意事项

圆形滤纸不要污染，不要出现折痕，否则将影响色谱效果。点样标记使用铅笔，点样点直径应小于 0.4cm，重复点样应在上次点样干后进行。点样毛细管在取不同样品时不要混用，否则将造成污染。点样毛细管应轻触滤纸点样，避免在滤纸上留下痕迹。色谱结束后应先用铅笔标出色谱液的前沿再烘干。茚三酮显色时，应戴塑料手套，避免将茚三酮溶液喷洒至皮肤。色谱液腐蚀性强，勿触及皮肤和衣服。

六、思考题

1. 色谱中为什么要设计 4 个点样点？每个点样点说明的问题是什么？
2. 观察实验现象，并对色谱后氨基酸的显色情况进行分析？

实验六　DNA 的琼脂糖凝胶电泳检测

一、实验目的

1. 掌握琼脂糖凝胶电泳法鉴定 DNA 的基本原理。
2. 掌握琼脂糖凝胶的制备方法和电泳操作技术。
3. 掌握质粒 DNA 的检测方法。

二、实验原理

核酸（nucleic acids）分子包括脱氧核糖核酸（DNA）和核糖核酸（RNA），是重要的生物大分子之一。生理条件下，DNA 分子的糖-磷酸骨架中的磷酸基团是离子化状态，带有较多的负电荷，在电泳条件的电场中会向正极方向移动。由于糖-磷酸骨架重复排列在 DNA 双链上，因此长度相同的 DNA 带有近似同量的负电荷。但是，DNA 在电泳中移动的速度不仅取决于其链的长度，还取决于其构型，结构紧密的 DNA 链由于空间位阻小，会移动得更快。对于构型几乎相同的 DNA 分子，分子量越大、迁移越慢。质粒（plasmid）分子的构型大致可以分为共价闭环 DNA（cccDNA，超螺旋 SC 构型）、开环 DNA（OC 构型）和线性 DNA（L 构型）三种。因为质粒的构型不同，所以其在琼脂糖凝胶电泳中向正极方向的移动速度有所不同，超螺旋 SC 构型最紧密，会跑在最前端；线性 DNA 跑在中间；开环 DNA 的空间位阻最大，因此跑在最后面。

琼脂糖凝胶的原料琼脂糖，是一种杂聚多糖，由半乳糖以 α-1，3 和 β-1，4 糖苷键连接形成线状高聚物。琼脂糖溶水凝固之后的凝胶，根据琼脂糖的浓度不同，可以形成 50～200nm

之间的孔径。不同大小、不同形状、不同构象的 DNA 分子，在电泳过程中，由于穿过孔径所受凝胶的阻遏大小不一，迁移的速度不同，从而可以按照分子量大小得到有效分离。琼脂糖凝胶可检测 50～20000bp 左右的 DNA 分子，其中，根据不同的 DNA 分子量需求，选择适合浓度的琼脂糖凝胶非常重要。染料溴化乙锭（EB）等 DNA 染料可插入到 DNA 分子的双链中。在紫外光的照射下，插入溴化乙锭的 DNA 呈橙红色或其他颜色荧光，所以 DNA 染料可以作为荧光指示剂指示 DNA 含量和位置。至今，DNA 染料仍旧是最好的荧光指示剂之一，方便检测 DNA 含量和位置；而琼脂糖凝胶电泳也是最方便基础的核酸检测手段，其在分离纯化核酸分子、鉴定分子量、筛选重组子等过程中发挥重要作用。

三、实验器材及试剂

（1）器材　稳压稳流凝胶电泳仪、JY-SPBT 水平电泳槽、微波加热器、4℃冰箱、纯水仪、移液器（0.5～2.5μL，0.5～10μL，10～100μL，20～200μL，100～1000μL）、凝胶成像系统、一次性手套。

（2）试剂

① Tris、乙酸、EDTA、甘油、琼脂糖 G10、溴酚蓝、二甲苯青、标准分子量 DNA DL2000 Marker（Takara Biotech）、质粒 DNA 样品、Goldview DNA 染色液。

② 50×TAE 缓冲液（Tris-乙酸-EDTA缓冲液，pH8.5）　称取 242g Tris、29.25g EDTA，溶于 800mL 去离子水，缓慢搅拌至溶解；之后在溶液中加入 57.1mL 乙酸，调整溶液 pH 值为 8.5，再加入去离子水定容至 1L。将试剂于 4℃冰箱保存，使用时需加入去离子水，将溶液稀释 50 倍。

③ 6×加样缓冲液　称取 4.4g EDTA、250mg 溴酚蓝（bromophend blue）以及 250mg 二甲苯青（Xylene Cyand FF），加入 200mL 去离子水，加热搅拌至固体充分溶解。继续在溶液中加入 180mL 甘油（glycerol），之后在溶液中加入 2mol/L NaOH 溶液，调整溶液 pH 值为 7.0。最后，加入去离子水定容至 500mL，并将试剂室温保存。

四、实验步骤

1. 准备工作

（1）称取琼脂糖 0.65g，加入 1×TAE 缓冲液 65mL，用微波加热使溶液沸腾三次，使其完全溶解，配制成 1%琼脂糖凝胶。晾至大约 60℃时，加入适量 Goldview DNA 染液 50μL。

（2）将电泳模板槽组合，使其两端密封，缓慢均匀地倒入刚刚配制好的琼脂糖凝胶溶液，快速在卡槽位置插入上样孔模具，尽量不要产生气泡。琼脂糖凝胶室温冷却 15～30min 方可凝结，缓慢拔出上样孔模具，检查点样孔是否完整。

（3）将琼脂糖凝胶放入电泳槽中，注意点样孔一侧应靠近负极，在电泳槽中加入没过琼脂糖凝胶的 1×TAE 缓冲液，并排出点样孔中的空气。

琼脂糖凝胶制备示意见图 6-12。

2. 加样及电泳

使用相应量程的移液器，取质粒样品溶液 10μL，加入 2μL 6×加样缓冲液，反复混匀后，缓慢将样品加到点样孔中，注意不要戳破琼脂糖凝胶或使样品从点样孔中溢出。在另一边孔中加入相应量程的 DNA Marker。然后，按照 2～4V/cm 恒定电压进行电泳，直至最前端的溴酚蓝条带迁移至琼脂糖凝胶的三分之二处停止电泳。见图 6-13。

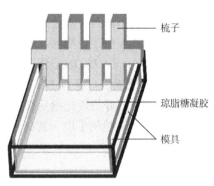

图 6-12 琼脂糖凝胶制备示意图

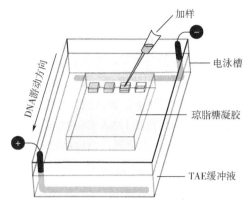

图 6-13 加样及电泳示意图

3. 染色及观察

电泳完毕后，小心取出凝胶，将其放在玻璃板上，使用凝胶分析仪，打开 254nm 或 365nm 波长的紫外灯，观察泳道中的橙黄色荧光条带，并在凝胶分析仪上保存凝胶结果。

五、注意事项

1. 凝胶中所加缓冲液应与电泳槽中的相一致，溶解的凝胶应及时倒入电泳模板槽中，避免倒入前凝固结块。倒入电泳模板槽中的凝胶应避免出现气泡，以免影响电泳结果。

2. 一般情况下，加样量的多少依据加样孔的大小及 DNA 中片段的数量和大小而定，过多的量会造成加样孔超载，从而导致拖尾和弥散，对于较大的 DNA 此现象更明显。

3. DNA 染料有毒，可以渗透进伤口，实验过程中应戴好一次性手套，并避免其与皮肤直接接触，使用完的废弃凝胶应集中收回，切勿乱弃。

六、思考题

观察并分析质粒样品的 DNA 凝胶电泳结果，根据条带的位置及亮度，推测质粒分子量的大小及浓度，并指出不同位置条带的质粒构型可能是什么。

实验七　碱性磷酸酶的提纯、K_m 值计算及比活力测定

一、实验目的

1. 掌握牛小肠碱性磷酸酶的提取及酶活力测定的原理和方法。

2. 熟记利用双倒数法测定K_m值的原理。

二、实验原理

碱性磷酸酶（AKP，EC3.1.3.1）是一种非特异性的水解酶，广泛存在于动物各脏器、微生物和植物中。它在体外能催化多种磷酸单酯类化合物的水解，得到相应的醇。不同来源的AKP，分子量和亚基结构各不相同。牛小肠碱性磷酸酶分子量为145000Da，等电点为5.7。本实验主要介绍牛小肠来源的AKP的分离和活性测定方法。

由于牛小肠碱性磷酸酶在体外可催化底物对硝基苯磷酸二钠生成对硝基苯酚，其在405nm波长下有最大吸收，因此本实验通过测定吸光度值的变化率，即可用产生的对硝基苯酚来表示碱性磷酸酶的活力。已知牛小肠碱性磷酸酶作为一种非变构酶，其酶动力学特征符合米氏方程，即

$$V = V_{max} \frac{[S]}{K_m + [S]}$$

式中，V表示酶促反应的起始速率；V_{max}表示酶被底物饱和时的反应速率；$[S]$表示底物浓度。米氏常数K_m值是酶促反应速率V为最大酶促反应速率一半时的底物浓度，可用于描述该酶对底物的亲和力，K_m值越小，酶与底物的亲和力越大；反之，K_m值越大，酶与底物的亲和力越小。

对米氏方程进行双倒数变式可得到双倒数方程，也叫作Lineweaver-Burk plot。

$$\frac{1}{V} = \frac{K_m + [S]}{V_{max}[S]} = \frac{K_m}{V_{max}} \frac{1}{[S]} + \frac{1}{V_{max}}$$

将$1/V$对$1/[S]$作图，即可得到一条直线，该直线在y轴的截距即为$1/V_{max}$，在x轴的截距的绝对值为$1/K_m$。因此，可通过双倒数作图法计算酶的K_m值。

酶活力单位的定义：在37℃条件下，以每分钟催化水解底物产生1μmol产物（对硝基苯酚）的酶量为一个酶活力单位（U）。

酶的比活力（U/mg）：每毫克酶蛋白所具有的酶活力单位数。可用于描述酶的纯度。对于一种酶来说，比活力越大，酶的纯度越高。

$$\frac{U}{mg} = \frac{(\Delta A / t) V_R D}{E_{405} V_E c L}$$

式中，ΔA为405nm波长下吸光度的变化；t为时间；V_R为反应液的体积，1.5mL；D为稀释倍数；E_{405}为405nm波长下对硝基苯酚的摩尔吸收系数，18.3；V_E为所加酶液体积；c为酶液的浓度；L为比色皿的光程，0.5。

三、实验器材及试剂

（1）器材　匀浆机、离心管、剪刀、载玻片、离心机、分光光度计、烧杯、玻璃棒。
（2）试剂　正丁醇（预冷到–20℃）、丙酮（预冷到–20℃）、1mol/L HAc、1mol/L NaOH、硫酸铵、对硝基苯磷酸二钠、二乙醇胺、盐酸、碳酸钠缓冲液、磷酸盐缓冲液、平衡缓冲液、底物缓冲液、酶底物溶液。

其中，各溶液的配制如下：

① 磷酸盐缓冲液（PBS） NaCl 137mmol/L，KCl 2.7mmol/L，Na_2HPO_4 4.3mmol/L，KH_2PO_4 1.4mmol/L，pH7.2～7.4。

② 平衡缓冲液 0.01mol/L Tris-HCl，pH8.0，含 1.0mmol/L $MgCl_2$ 和 $1.0×10^{-5}$mol/L $ZnCl_2$。

③ 底物缓冲液 1mol/L 二乙醇胺-盐酸缓冲液，pH9.8，含 $0.5×10^{-3}$mol/L $MgCl_2$。

④ 酶底物溶液 用配制好的底物缓冲液配制 10mmol/L 对硝基苯磷酸二钠溶液。

四、实验步骤

（1）用剪刀将新鲜的牛小肠纵向剖开，载玻片刮牛小肠内壁黏膜黏液至烧杯中。

（2）向烧杯中加入 1.5 倍刮下牛小肠黏膜黏液体积的蒸馏水，使用玻璃棒搅拌均匀后倒入匀浆机中，高速匀浆 15 次（每次 20s，间隔 20s）。

（3）缓慢加入 1 倍体积预冷的正丁醇，高速匀浆 15 次（每次 20s，间隔 20s），每组获得约 40mL 匀浆液。

（4）将匀浆液置于 4℃，10000r/min 离心 10min（离心前一定注意两个离心管溶液重量相等，用天平配平）。

（5）离心后可见三层溶液，取下层水相，统一收集到小烧杯中。用 1mol/L HAc 将 pH 调到 4.9，10000r/min 离心 10min。

（6）取上清液，弃沉淀。用 1mol/L NaOH 调 pH 至 6.5。加入质量为溶液体积 5% 的硫酸铵（即 100mL 溶液加入 5g 硫酸铵）。

（7）加入 0.47 倍体积的冰冷丙酮，混匀，4℃静置 30min。

（8）4℃，12000r/min 离心 10min，去除沉淀。向上清液中加入 1.07 倍体积的冷冻丙酮，4℃静置 30min。

（9）4℃，12000r/min 离心 10min，弃上清液，每组将沉淀溶于 2mL 的平衡缓冲液中。

（10）取试管 9 支，将酶底物溶液按表 6-5 稀释成不同浓度。

表6-5 酶底物溶液的稀释（1）   单位：mL

管号	1	2	3	4	5	6	7	8	9
酶底物溶液	0.0	0.1	0.1	0.1	0.1	0.1	0.1	0.2	0.4
蒸馏水	3.0	7.0	6.0	5.0	4.0	3.0	2.0	2.0	2.0

（11）另取试管 9 支，按表 6-6 混匀后置于 37℃水浴 5min。

表6-6 酶底物溶液的稀释（2）   单位：mL

管号	1	2	3	4	5	6	7	8	9
吸取经稀释的酶底物溶液（1）	1	1	1	1	1	1	1	1	1
碳酸钠缓冲液	0.9	0.9	0.9	0.9	0.9	0.9	0.9	0.9	0.9

（12）每个试管中加入 0.1mL 提取的牛小肠酶液后立即混匀保持 37℃水浴，加入酶液时开始计时 15min，每管时间确保一致。然后加入 0.5mol/L NaOH 1mL 终止反应。以 1 号试管为空白，在 405nm 波长处进行比色，在表 6-7 中记录各管的吸光度（A）。

表 6-7 双倒数曲线的绘制

操作	1	2	3	4	5	6	7	8	9
底物终浓度[S]/（mmol/L）	0	0.0625	0.071	0.083	0.1	0.125	0.165	0.25	0.5
1/[S]	—	16	14	12	10	8	6	4	2
记录A	—								
计算 1/A	—								

（13）双倒数作图：以底物浓度的倒数 1/[S] 为横轴 X，各管吸光度的倒数 1/A（代表各管的反应速率的倒数）为纵轴 Y 作图，得到线性关系 $Y=aX+b$，横轴截距为 $-1/K_m$，求得 K_m 值。

（14）酶比活力测定：在高底物浓度条件下，加入少量的碱性磷酸酶，此时酶反应充分，处于 1 级反应范围。计算此时酶的比活力，具体操作：每组取两个比色皿，分别加入 1.5mL 10mmol/L 底物溶液，水浴加热 5min。其中一个比色皿置于分光光度计中归零，另外一个比色皿快速加入 10μL 酶液，用手堵住皿口，颠倒 2 次，放回光度计中，测定 $\Delta A/t$，即每分钟的吸光度变化。剩余酶液留存可用于考马斯亮蓝法测定蛋白质浓度。

五、实验结果

1. 利用双倒数作图法，计算 K_m 值。
2. 计算酶比活力。

六、注意事项

1. 将丙酮和正丁醇提前在 -20℃中预冷。
2. 要分清整个实验过程中每次离心后保留的是溶液还是固体。
3. 样品溶液中须避免出现 EDTA、氟离子、柠檬酸盐等碱性磷酸酶的抑制剂。
4. 碱性磷酸酶测定试剂对人体有害，应小心操作并注意防护，操作时应穿实验服并戴一次性手套。

七、思考题

1. 碱性磷酸酶活性异常多见于哪些疾病？
2. 有机溶剂用于提取蛋白质时要注意哪些问题？

实验八　聚丙烯酰胺凝胶电泳测蛋白质的分子量

一、实验目的

1. 学习十二烷基硫酸钠-聚丙烯酰胺凝胶电泳（SDS-PAGE）分离蛋白质的原理。
2. 掌握垂直板电泳的操作方法。
3. 运用聚丙烯酰胺凝胶电泳及考马斯亮蓝染色测定蛋白质分子量。

二、实验原理

蛋白质是两性电解质，在一定 pH 条件下解离因此而带电荷。当溶液的 pH 大于蛋白质的等电点（pI）时，蛋白质本身带负电荷，在电场中向正极移动；当溶液的 pH 小于蛋白质的等电点时，蛋白质带正电荷，在电场中向负极移动；蛋白质在特定电场中移动的速度由其本身所带的净电荷的多少、蛋白质颗粒的大小和分子形状、电场强度等来决定。

聚丙烯酰胺凝胶是由一定量的丙烯酰胺和双丙烯酰胺聚合而成的三维网状孔结构。本实验采用不连续聚丙烯酰胺凝胶系统，调整双丙烯酰胺用量的多少，可制成不同孔径的两层凝胶；当含有不同分子量的蛋白质溶液通过这两层凝胶时，因受阻滞的程度不同而表现出不同的迁移率。由于上层胶的孔径较大，不同大小的蛋白质分子在通过大孔胶时，受到的阻滞基本相同，因此以相同的速率移动；当进入小孔胶时，分子量大的蛋白质移动速度减慢因而在两层凝胶的界面处样品被压缩成很窄的区带，即浓缩效应和分子筛作用。

同时，在制备上层胶（浓缩胶）和下层胶（分离胶）时，采用两种缓冲体系；上层胶 pH6.8，下层胶 pH8.8；Tris-HCl 缓冲液中的 Tris 用于维持溶液的电中性及 pH。在 pH6.8 时和 8.8 时，缓冲液中的甘氨酸的解离度不同，导致浓缩胶和分离胶之间 pH 的不连续性控制了解离度，进而达到控制其有效迁移率的目的。不同蛋白质具有不同的等电点，在进入分离胶后，各种蛋白质由于所带的净电荷不同而有不同的迁移率。由于在聚丙烯酰胺凝胶电泳中存在的浓缩效应、分子筛效应及电荷效应，使不同的蛋白质在同一电场中达到有效的分离。

如果在聚丙烯酰胺凝胶中加入一定浓度的阴离子去污剂十二烷基硫酸钠（SDS），由于 SDS 携带大量的负电荷，且能使蛋白质变性，特别是在强还原剂如巯基乙醇存在下，蛋白质分子上所带的负电荷量远远超过蛋白质分子原有的电荷量，掩盖了不同蛋白质间所带电荷上的差异，使蛋白质均带有相同密度的负电荷。因此，蛋白质-SDS 复合物在凝胶电泳中的迁移率将仅与蛋白质的分子量有关。蛋白质分子量越小在电场中移动得越快，反之越慢。蛋白质的分子量与电泳迁移率之间的关系是：

$$\lg M_r = K - bm$$

式中，M_r 代表蛋白质的分子量；K 代表常数；b 代表斜率；m 代表迁移率。

实验证明，蛋白质分子量在 15000～200000Da 的范围内，电泳迁移率与分子量的对数之间呈线性关系。在进行分子量测定时，通常选择用已知分子量标准蛋白质作为"标记物"（Marker），在同一电场中进行电泳，把标准蛋白质的相对迁移率与相应的蛋白质分子量对数作图，由未知蛋白质的相对迁移率可从标准曲线上求出它的分子量。见图6-14。

SDS-PAGE法分离蛋白质具有简便、快捷、重复性好的优点，是目前一般实验室常用的分离鉴定蛋白质的方法。

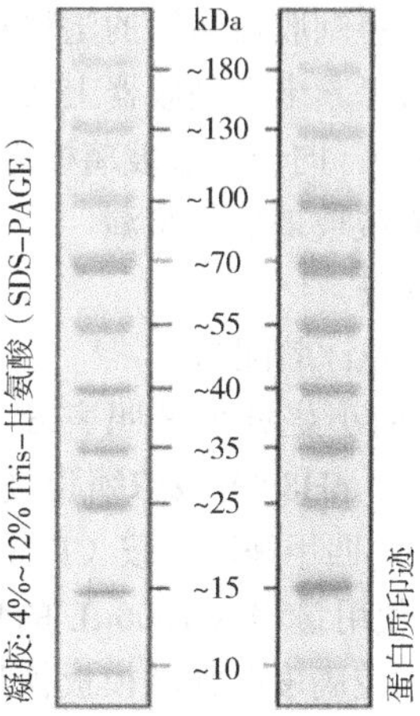

三、实验器材及试剂

（1）器材　垂直板电泳槽（图6-15）、电泳仪、枪头（1mL、200μL、10μL）及微量移液器（0.1～2.5μL、0.5～10μL、10～100μL、20～200μL、100～1000μL）、小烧杯、培养皿、摇床等。

（2）试剂

① 30%丙烯酰胺　丙烯酰胺（Acr）29.2g，亚甲基双丙烯酰胺（Bis）1g，加去离子水至100mL。外包锡纸，4℃冰箱保存，30天内使用。

② 分离胶缓冲液（Tris-HCl，pH8.8）　Tris 18.17g，加去离子水溶解，6mol/L HCl调pH至8.8，定容至100mL，4℃冰箱保存。

③ 浓缩胶缓冲液（Tris-HCl，pH6.8）　Tris 12.11g，加去离子水溶解，6mol/L HCl调pH至6.8，定容至100mL，4℃冰箱保存。

④ SDS-PAGE电泳缓冲液　SDS 1g，Tris 3.02g，Gly 18.8g，加去离子水溶解并定容到1000mL，4℃冰箱保存。

图6-14　预染蛋白质Marker示意图

凝胶：4%～12% Tris-甘氨酸（SDS-PAGE）　蛋白质印迹

图6-15　垂直电泳槽及制胶模具

⑤ 10%SDS　SDS 10g，加100g去离子水溶解，室温保存。

⑥ 10g/100mL过硫酸铵（新鲜配制）　过硫酸铵1g，加去离子水溶解并定容到10mL，4℃冰箱保存。

⑦ 上样缓冲液　1mol/L Tris-HCl（pH6.8）50mL，甘油100mL，SDS 20g，溴酚蓝粉末1g，150mL去离子水室温溶解，β-巯基乙醇10mL加蒸馏水定容至200mL，−20℃保存。

⑧ 考马斯亮蓝R250染色液（1L）　1g考马斯亮蓝R250，加入250mL异丙醇、100mL冰醋酸，加入蒸馏水定容至1L。

⑨ 脱色液（1L）　50mL乙醇，100mL冰醋酸，加入蒸馏水定容至1L。

⑩ 未知分子量的蛋白质样品。

四、实验步骤

（1）清洗玻璃板　一只手扣紧玻璃板，另一只手蘸少量洗衣粉轻轻擦洗。两面都擦洗过后用自来水冲掉泡沫，再用蒸馏水冲洗干净。

（2）制胶模具安装及验漏　将长、短石英玻璃板依次安放到电泳槽内芯的凹槽处用胶板夹卡紧，将制胶器两边的塑料扣向上拨起，将内芯放到带有胶垫的制胶器上，向下按压塑料扣使内芯紧紧卡在制胶器上（此过程中勿用手接触灌胶面的玻璃，操作时要使两玻璃对齐，以免漏胶）。向长、短玻璃板之间的窄缝中加满蒸馏水，静止 5min 观察是否漏液。若漏液则应重新安装玻璃板并验漏，若不漏液则将蒸馏水倒掉，用滤纸将窄缝中的水擦干用于下一步制备电泳胶。

（3）电泳胶配制

① 向小烧杯里按照表 6-8 中用量依次加入去离子水、30%丙烯酰胺、分离胶缓冲液（Tris-HCl，pH8.8）或浓缩胶缓冲液（Tris-HCl，pH6.8）、10%SDS，最后加入过硫酸铵和 N，N，N'，N'-四甲基乙二胺（TEMED）。

② 使用量程为 1000μL 的移液器，将混合后的分离胶溶液加入长、短玻璃板构成的窄缝内，加入胶高度距样品模板梳齿下缘约 1.5cm 为止。然后在凝胶表面沿短玻璃板边缘轻轻加入 1～2mL 正丁醇或无水乙醇，用于隔绝空气，使胶面平整；约 30min 凝胶完全聚合，将压平胶面的正丁醇或无水乙醇倒掉，用蒸馏水小心冲洗干净并用滤纸将水吸干。

③ 使用 1000μL 量程的移液器，将混合后的浓缩胶溶液加入到长、短玻璃板构成的窄缝内（即分离胶上方），将浓缩胶胶液加满后轻轻加入样品梳子。静置制胶模具约 60min，等待浓缩胶完成聚合，小心打开制胶模具，取下玻璃板，插入电泳槽，卡紧石英玻璃板。

表 6-8　SDS-不连续体系凝胶的制备

试剂	配制 20mL 分离胶所需试剂用量[①]			配制 10mL 浓缩胶所需试剂用量
PAGE 浓度	10%	12%	15%	5%
30%丙烯酰胺/mL	6.70	8.00	10.00	1.70
分离胶缓冲液（Tris-HCl，pH8.8）/mL	5.00	5.00	5.00	—
浓缩胶缓冲液（Tris-HCl，pH6.8）/mL	—	—	—	1.25
10%SDS/mL	0.20	0.20	0.20	0.10
去离子水/mL	7.90	6.60	4.60	6.8
10g/100mL 过硫酸铵/mL	0.20			0.10
TEMED/mL	0.008			0.010

①注意：20mL 用于制作 2 块分离胶。

④ 加足够的电泳液后轻轻取出样品梳子，避免破坏上样孔，冲洗上样孔后开始准备上样（电泳液至少要漫过内侧的小玻璃板）。

（4）上样及电泳　将样品按 0.5～1mg/mL 与 4×上样缓冲液混合均匀后，将其转移到 1.5mL 离心管中，盖上盖子（标记名称），在 100℃沸水浴中加热 5min，取出冷却后加样。用 20μL 微量移液器取 10～20μL 样品混合液，将加样器针头插至加样孔中，小心缓慢地加入至凝胶凹形上样孔的孔槽底部（加样太快会使样品冲出加样孔，若有气泡也可能使样品溢出）。

如图 6-16 所示，1#泳道为 Marker，其余泳道为未知分子量的蛋白质样品。

加样完毕后，将电泳仪的正极与下槽连接，负极与上槽连接；打开电泳仪开关，样品进胶前电压控制在 70V，20～30min；样品中的溴酚蓝指示剂到达分离胶之后，电压升到 110V，电泳过程中保持电压稳定。当溴酚蓝指示剂迁移到距前沿 1～2cm 处即停止电泳，大约 0.5～1h。如室温高，可将电泳槽放入冰水中，降低电泳温度。

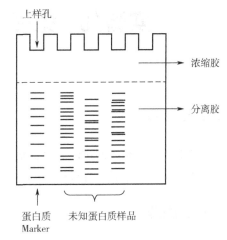

图 6-16　SDS-PAGE 电泳结果示意图

（5）染色及脱色　电泳结束后，关掉电源，取出玻璃板，在长短两块玻璃板下角空隙内，用刀轻轻撬动，将胶面与一块玻璃板分开，然后轻轻将胶片托起，放入培养皿中染色，使用 0.25%考马斯亮蓝染液，染色 2～4h。然后弃去染色液，用蒸馏水把胶面漂洗几次，再加入脱色液，进行扩散脱色，经常换脱色液，必要时可过夜脱色，直至蛋白质带清晰为止，观察目标条带。

（6）电泳结果记录　脱色完全后，将 SDS-PAGE 胶置于凝胶成像系统的观察白板上，打开白光灯，使用镜头聚焦、拍照，记录实验结果。

五、注意事项

1. 凝胶配制过程要迅速，过硫酸铵和 TEMED 是促凝的，要在注胶前加入，否则凝结无法注胶。

2. 玻璃板一定要洗干净，否则制胶时会有气泡。制胶时，注胶过程最好一次性完成，避免产生气泡。梳子需一次平稳插入，梳口处不得有气泡，梳底需水平。

3. 丙烯酰胺和 TEMED 具有神经毒性，操作时注意安全，戴手套。（凝胶以后，聚丙烯酰胺毒性降低。）

4. 微量注射器（加样器）上样时，注射器不可过低，以防刺破胶体；也不可过高，否则样品下沉时易发生扩散，溢出加样孔。

5. 点样时如果孔比较多，尽量点在中央（点在边上时跑出的带是斜的）。点样前要排尽胶底部的气泡，防止干扰电泳。

6. 电泳结束后取胶时，小心地把玻璃板撬起（防止再次落下）。剥胶时要小心，保持胶完好无损，染色要充分。

六、思考题

1. SDS-PAGE 跑胶过程应注意什么问题？

2. SDS 胶的染色、脱色，注意事项有哪些？

实验九　免疫印迹法鉴定目的蛋白

一、实验目的

1. 学习并掌握免疫印迹法的实验原理。
2. 熟悉免疫印迹技术并进行操作。

二、实验原理

免疫印迹（western blot）是对蛋白质样品经 SDS-PAGE 分离后从凝胶转移到固相支持物（如 PVDF 膜）上后，用特异性抗体对某一特定的抗原进行着色，分析着色的位置或灰度获得目的蛋白的分子量大小或目的蛋白在所分析的细胞或组织中的表达情况的一种技术。在蛋白质免疫印迹实验中，转印是电泳之后的步骤。该步骤将蛋白质从凝胶转移到合成膜支持物上，并与膜相结合，形成印迹。电转印是蛋白质免疫印迹中最常见的转印方法，即使用电场力驱动蛋白质从凝胶中洗脱转移到膜上。此过程中，膜和凝胶一起预装成转印"三明治"并在两个电极之间放置滤纸。在电极之间施加电压，蛋白质在电场力的作用下迁移到膜上。

电极之间产生的电场强度（以 V/cm 为单位）是实现转印的驱动力。电压及电极间距都会影响蛋白质从凝胶中洗脱的速率。针对不同分子量的蛋白质需要进行转印条件优化，以防止转印不足（蛋白质不完全从凝胶中转移到膜上），或转印过度（蛋白质穿透印迹膜造成损失）。

（1）转印设备和过程　主要有三种：湿转系统、半干转系统和快速转印系统。

① 湿转系统　适用于大多数各种分子量的常规蛋白质转印。转印过程中凝胶和膜被浸入充满转膜缓冲液的槽中。

② 半干转系统　凝胶和膜被夹在预先用缓冲液润湿的滤纸之间，滤纸与平板电极直接接触。

③ 快速转印系统　是近年发展出来的技术，使用专用设备、专用滤纸及专用缓冲液来快速有效地转印蛋白质。通常滤纸和湿润的膜预先放在一次性包装中，简化了转印"三明治"的组装。

（2）转印膜种类　硝酸纤维素膜、增强型硝酸纤维素膜、聚偏二氟乙烯（PVDF）膜。

① 硝酸纤维素膜　很容易在水或转印缓冲液中润湿，并且与多种蛋白质检测方法兼容。无支持的硝酸纤维素很脆，不建议用于抗体剥离及重孵育实验。

② 增强型硝酸纤维素膜　是含有惰性支撑结构的硝酸纤维素膜。这种额外的支撑使膜具有更高的强度和弹性，可以用于抗体剥离及重孵育，并可承受高压灭菌（121℃），依然保持硝酸纤维素的易润湿性。

③ PVDF 膜　具有很强的蛋白质结合能力（约为硝酸纤维素的两倍），并且在通常的处理中不易破裂，因此可以用于抗体的剥离和重孵育实验。低荧光背景的 PVDF 膜结合了 PVDF 的优势，并且在很宽的波长范围内具有低自发荧光。在长时间曝光情况下，不会增加背景荧

光水平，有利于检测微弱的荧光信号。

（3）免疫印迹显色的方法主要有以下几种：

① 放射自显影。

② 底物荧光（ECF），是利用荧光染料标记二抗，标记荧光染料的二抗分别对应相应的目的蛋白，通过检测荧光染料的信号强度，实现蛋白质信号的检测，以进行精确的定量分析。

③ HRP（辣根过氧化物酶）标记使用底物 DAB（二氨基联苯胺）显色，而 AP（链霉亲和素）标记使用BCIP/NBT（BCIP 又称对甲苯氨蓝，NBT 即氯化硝基四氮唑蓝，二者为碱性磷酸酶的发光底物组合）或 INT（硝基四紫唑）显色。

④ 底物化学发光（ECL，增强型化学发光）。

在本实验中，我们选择使用湿转系统，HRP 标记的二抗，进行底物化学发光 ECL 显色，使用试剂盒，操作原理如下：反应底物为过氧化物+鲁米诺，遇到 HRP 即发光，在黑暗中可使胶片曝光、洗出条带，也可用高性能化学发光传感器捕获发光信号。

（4）整体实验流程如图 6-17 所示。

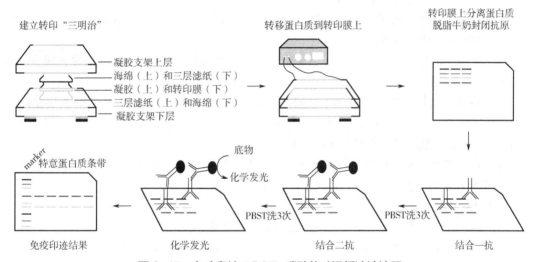

图 6-17　免疫印迹 PBST-磷酸盐吐温缓冲液流程

三、实验器材及试剂

（1）器材　蛋白质转膜槽、稳压稳流凝胶电泳仪、纯水仪、摇床、化学发光凝胶成像系统、PVDF 膜。

（2）试剂

① 1×转膜缓冲液　称取 2.9g 甘氨酸、5.8g Tris 溶于水，加入 200mL 甲醇，加去离子水定容到 1L，4℃放置。

② 1×PBS 缓冲液　137mmol/L NaCl，2.7mmol/L KCl，10mmol/L Na_2HPO_4，2mmol/L KH_2PO_4。称取 8g NaCl、0.2g KCl、1.42g Na_2HPO_4、0.27g KH_2PO_4溶于 800mL 去离子水后调节 pH 到 7.4，加去离子水定容到 1L。

③ 封闭缓冲液　5g/100mL 脱脂奶粉/PBS 缓冲液。称取 1g 脱脂奶粉溶于 20mL 的 1×PBS 缓冲液中。

④ 1×PBST 缓冲液　取 1L 1×PBS 缓冲液，加入 1mL 吐温，溶解均匀后 4℃保存。

⑤ 一抗稀释液　封闭缓冲液与 1×PBST 缓冲液等体积混合制备。

⑥ 二抗抗体稀释液　1×PBST 缓冲液。

⑦ 一抗　兔抗人 GAPDH 抗体（抗体稀释比例参考说明书）。

⑧ 二抗 HRP 标记的羊抗兔 IgG（抗体稀释比例参考说明书）。

⑨ ECL 化学发光底物显色试剂盒　A 液、B 液等体积混合后使用。

四、实验步骤

1. 完成 SDS-PAGE 电泳

2. 转膜前准备

（1）剪取比 PAGE 胶稍大的 PVDF 膜 1 张，在右上角剪去一角用于标记、区别膜的左右、正反面。

（2）将膜置于甲醇溶液中 30 s，再转移至转膜缓冲液中浸润，进行激活备用。

（3）剪取比膜稍大的干净滤纸 6 张，将其置于转膜缓冲液中浸润，备用；将海绵垫也置于转膜缓冲液中浸润，备用。

（4）取出 PAGE 胶，观察 Marker 条带位置，判断目标条带大致位置，切除多余部分，将 PAGE 胶置于转膜缓冲液中，待用。

（5）将垂直电泳夹板黑色面朝下放置，自下而上依次铺垫海绵垫（泡沫）、3 层滤纸、PAGE 胶、PVDF（转印）膜、3 层滤纸、海绵垫（泡沫），使用玻璃棒赶净胶与膜之间的空气之后扣紧夹板，预装成"三明治"转印系统。

（6）将夹板黑色面朝槽内黑色壁端放置，夹板红色面朝向槽内红色壁，即将"三明治"转印系统"黑对黑，白对白（红）"放置在蛋白质转膜槽。

3. 转膜

（1）向转膜槽中加入转膜缓冲液，连通稳压稳流凝胶电泳仪。

（2）湿法转膜过程采用恒流，电流 1～2mA/cm²，通常选取 100～200mA/膜，电转 2h；或者在冰水浴中，30mA 过夜转膜。

4. 封闭

完成转膜之后，将膜放入 5g/100mL 脱脂奶粉封闭缓冲液中，37℃封闭 1h。

5. 抗体孵育

（1）按照 1∶1000 比例（抗体稀释比例参考说明书），向 4mL 抗体稀释液中加入一抗，室温孵育一抗 2 h 或 4℃过夜。

（2）用 PBST 洗涤 PVDF 膜三次，5min/次。

（3）按照 1∶2000 比例（抗体稀释比例参考说明书），向 5mL PBST 中加入二抗，室温孵育二抗 1h。

（4）用 PBST 洗涤 PVDF 膜三次，5min/次。

6. 显色和曝光

（1）将 PVDF 膜放入化学发光成像系统中，白光下调节聚焦，同时调节明暗对比度。

（2）打开 ECL 化学发光底物显色试剂盒，取出 A 液 0.5mL 和 B 液 0.5mL 等体积混合，待 PVDF 膜上没有液体但未干透时加在 PVDF 膜表面。

（3）设置适合的曝光时间或连续曝光时间间隔，捕捉化学发光信号，分析图像数据。

五、结果处理

应用凝胶成像系统自带专业软件对实验结果条带的灰度值进行分析，对比 Marker 估算 GAPDH（三磷酸甘油醛脱氢酶）蛋白分子量。

六、思考题

该实验操作过程对温度有什么需要注意的？

实验十 肌糖原的酵解作用

一、实验目的

1. 学习鉴定糖酵解作用的原理和方法。
2. 了解糖酵解在糖代谢过程中的作用及生理意义。

二、实验原理

在动物、植物、微生物等生物机体内，糖的无氧分解几乎都按完全相同的过程进行。肌糖原的酵解作用，即肌糖原在缺氧的条件下，经过一系列的酶促反应最后转变成乳酸的过程。肌肉组织中的肌糖原首先与磷酸化合而分解，经过己糖磷酸酯、丙糖磷酸酯、丙酮酸等一系列中间产物，最后生成乳酸。

肌糖原的酵解作用是糖类供给组织能量的一种方式（见图6-18）。当机体突然需要大量能量，而又供氧不足（如剧烈运动）时，糖原的酵解作用可暂时满足能量消耗的需要。在有氧条件下，组织内糖原的酵解作用受到抑制，因此有氧氧化为糖代谢的主要途径。

本实验以动物肌肉组织中肌糖原的酵解过程为例。一般使用肌肉糜或肌肉提取液。在用肌肉糜时，必须在无氧条件下进行；而用肌肉提取液，则可在有氧条件下进行。因为催化酵解作用的酶系统全部存在于肌肉提取液中，而催化呼吸作用（即三羧酸循环和氧化呼吸链）的酶则集中在线粒体中。肌糖原的酵解作用总

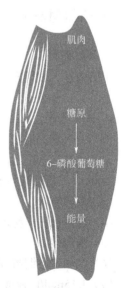

图 6-18　肌糖原的概述

反应式见图6-19。

$$1/n(C_6H_2O_5)_n + H_2O \longrightarrow 2CH_3CHOHCOOH$$

糖原　　　　　　　　乳酸

图6-19　肌糖原的酵解作用总反应式

糖原可用淀粉代替，淀粉存在于绿色植物的多种组织中（如种子、块茎、干果等）。糖原是动物和细菌细胞内糖及能源的一种储存形式，其作用与淀粉在植物中的作用一样，故有"动物淀粉"之称。糖原或淀粉的酵解作用，可由乳酸的生成来观测。在除去蛋白质与糖以后，乳酸可以与硫酸共热变成乙醛，后者再与对羟基联苯反应产生紫罗蓝色物质，根据颜色的显现而加以鉴定。乳酸的鉴定反应式见图6-20。

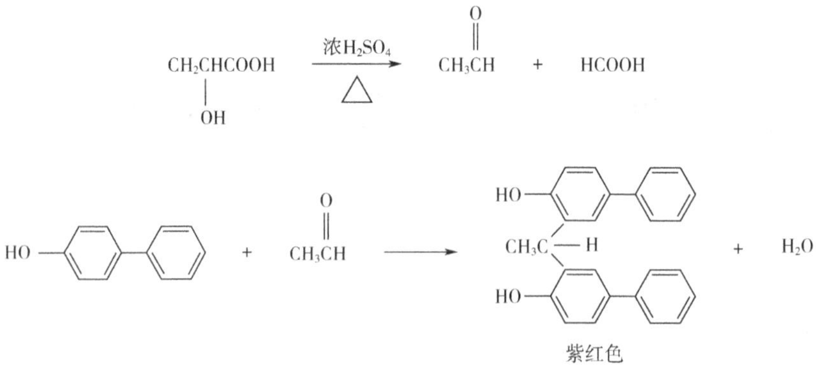

图6-20　乳酸的鉴定反应式

该法比较灵敏，每毫升溶液含1～5 μg乳酸即给出明显的颜色反应。若有大量糖类和蛋白质等杂质存在，则严重干扰测定结果，因此实验中应尽量除净这些物质。另外，测定时所用的仪器应严格清洗干净。

三、实验器材及试剂

1. 实验器材

兔肌肉糜、试管及试管架、微量移液器、滴管、量筒（10mL）、玻璃棒、恒温水浴、分析天平、剪刀及镊子、冰浴等。

2. 实验试剂

（1）0.5%糖原溶液（或0.5%淀粉溶液）。

（2）20%三氯乙酸溶液：500g刚开封的三氯乙酸溶解在227mL纯水中，可得100g/100mL三氯乙酸溶液，后续使用时根据实际需求稀释。

（3）液体石蜡。

（4）氢氧化钙（粉末）。

（5）浓硫酸。

（6）饱和硫酸铜溶液。

（7）1/15mol/L磷酸二氢钾溶液（pH7.4）：取磷酸二氢钾0.907g，加纯水溶解成100mL即可。

（8）对羟基联苯试剂。

四、实验步骤

1. 制备肌肉糜

将兔子杀死后放血，立即割取背部和腿部肌肉。在低温条件下，用剪刀尽量把肌肉剪碎成肌肉糜，低温保存备用（在临用前制备）。

2. 肌肉糜的糖酵解反应

（1）取 2 支试管，编号后各加入新鲜肌肉糜 0.5g。1 号试管为样品管，2 号试管为空白管。向 2 号空白管内加入 3mL 20%三氯乙酸，用玻璃棒将肌肉糜充分打散、搅匀，以沉淀蛋白质和终止酶的反应。然后分别向 2 支试管内各加入 3mL KH_2PO_4 溶液和 1mL 0.5%糖原溶液（或 0.5%淀粉溶液）。用玻璃棒充分搅匀，加少许液体石蜡隔绝空气，并将 2 支试管同时放入 37℃恒温水浴中保温 1h。

（2）1h 后取出试管，立即向 1 号管内加入 20%三氯乙酸 3mL，混匀。将各试管内容物分别过滤，弃去沉淀。量取每个样品的滤液 5mL，分别加入到 2 个试管中，然后向每管内加入饱和硫酸铜溶液 1mL，混匀。再加入 0.5g 氢氧化钙粉末，用玻璃棒充分搅匀后，放置 30min，并不时搅动，使糖完全沉淀。将每个样品分别过滤，弃去沉淀。见表 6-9。

表 6-9　肌糖原酵解反应实验

试剂	样品（1 号试管）	空白（2 号试管）
肌肉糜/g	0.5	0.5
20%三氯乙酸/mL	0.0	3.0
KH_2PO_4 溶液/mL	3.0	3.0
0.5%糖原溶液/mL	1.0	1.0
液体石蜡/mL	充分搅拌，加液体石蜡封口，37℃水浴 1h，吸出石蜡	
20%三氯乙酸/mL	3.0	0.0
饱和硫酸铜溶液/mL	1.0	1.0
氢氧化钙粉末/g	0.5	0.5

3. 乳酸的测定

（1）取 2 支洁净、干燥的试管，编号，每个试管加入浓硫酸 2mL，将试管置于冷水浴中。

（2）分别用小滴管取每个样品的滤液 1 滴或 2 滴，逐滴加入到已冷却的上述浓硫酸溶液中（注意滴管大小尽可能一致），随加随摇动试管，避免试管内的溶液局部过热。

（3）将试管内液体混合均匀后，放入沸水浴中煮 5min，取出后冷却，再加入对羟基联苯试剂 2 滴，勿将对羟基联苯试剂滴到试管壁上，混匀试管内容物，比较和记录各试管溶液的颜色深浅，并加以解释。

五、注意事项

1. 加液体石蜡隔绝空气，以试管高度的 3～5mm 为宜。

2. 在乳酸测定中，试管必须洁净、干燥，防止污染；2 支试管洗净烘干。

3. 所用滴管大小尽可能一致，减少误差，0.2mL/滴。若显色较慢，则可将试管放到漩涡混合仪上混匀，再比较各管颜色。

六、思考题

1. 本实验是否可以在 37℃保温前不加液体石蜡？为什么？

2. 本实验中影响显色的因素有哪些？

3. 在乳酸的测定过程中，为什么要先进行冰浴并随时注意冷却？

4. 在本实验中，怎样做才能尽可能减小实验误差得出理想的结果？

第七章

分子生物学实验

【课程简介】 ▶▶▶

分子生物学实验是生命科学与药学学院根据专业培养目标的不同，专门为生物科学及相关专业开设的综合性实验。本部分主要介绍分子生物学的基本操作技术与实验手段，包括植物、动物、微生物基因组 DNA 的提取与鉴定，哺乳动物组织总 RNA 的提取与鉴定，质粒 DNA 的提取与鉴定，PCR 扩增、分子杂交技术、限制性内切酶消化、分子克隆、表达载体构建等实验项目的原理及步骤。本部分课程设多个独立的综合实验项目，不仅涵盖了生物化学、分子生物学、基因工程原理等多学科的相关理论知识，而且实验内容涉及多种生命科学前沿技术和方法，充分体现了课程的前沿性。分子生物学实验主要面向高等院校，特别是应用型本科院校生物科学、生物工程等相关专业的学生及分子生物学初级研究者。课程设计从实验室开放和教学方法上采取了特殊的管理机制，既具有一定的理论体系，又具有通用性和指导性作用，旨在培养学生的创新能力和综合素质，并体现个性发展的培养目标。

【课程目标】 ▶▶▶

通过本门课程的学习，使学生对基因工程的全过程有系统、明确的认识，理解并掌握基因工程原理和操作方法，提高分析问题和解决问题的能力，开拓创新能力，为从事生物技术及其相关领域的科学研究工作打下基础。本课程的设计思路是将现代生物技术融入教学内容，强化技能的综合性、设计性训练，构建了综合实验课程体系，实现了实验内容综合化和科研渗入化的改革目标。其总任务是培养学生学会用科学研究的思维方法组织实验，将科学研究的方法引入实验课，培养学生科学研究和创新的能力。

课程内容主要包括两个方面：一是从亚克隆大肠杆菌碱性磷酸酶（alkaline phosphatase，phoA）基因直到最终表达出该基因产物并鉴定其活性的一个完整的过程。本实验中，用 PCR 扩增出 phoA（1416bp）基因片段，与 pET28（+）载体连接后转入 DH5α 菌中筛选鉴定。转化鉴定后的重组质粒至表达菌 BL21 中，并诱导其表达出 phoA 蛋白，提取并分离纯化蛋白质，检测、鉴定其酶学活性。二是各种生物材料的 RNA、基因组 DNA 的提取方法等。

实验一　PCR 扩增碱性磷酸酶基因（phoA）及琼脂糖凝胶电泳检测

一、实验目的

1. 学会利用聚合酶链反应（PCR）通过体外扩增获得目的 DNA 片段的方法。
2. 掌握琼脂糖凝胶电泳检测 DNA 片段的方法。

二、实验原理

聚合酶链反应（PCR）是利用 DNA 在体外 94℃ 高温时变性会变成单链，低温时引物与单链按碱基互补配对原则结合，再调温度至 DNA 聚合酶最适反应温度（72℃左右），DNA 聚合酶沿着磷酸到五碳糖（5′→3′）的方向合成互补链。最后在体外大量扩增目的 DNA 片段。

PCR 由变性—退火—延伸三个基本反应步骤构成。①模板 DNA 的变性：模板 DNA 经加热至 95℃（变性），使双链DNA 解离成为单链。②模板 DNA 与引物的退火（复性）：模板 DNA 经加热变性成单链后，温度降至 55℃ 左右，引物与模板 DNA 单链的互补序列配对结合。③引物的延伸：DNA 模板-引物结合物在 72℃、DNA 聚合酶（如 TaqDNA 聚合酶）的作用下，以 dNTP 为反应原料，靶序列为模板，按碱基互补配对与半保留复制原理，合成一条新的与模板 DNA 链互补的半保留复制链。经过重复循环变性—退火—延伸过程就可获得更多的"半保留复制链"，而且这种新链又可成为下次循环的模板。目的基因以 $2n$ 被扩增放大。

聚合酶链反应（PCR）通过体外扩增 DNA 片段，能迅速、高效地获得目的基因，是基因研究工作中一种非常有用的手段。

琼脂糖凝胶电泳是用琼脂糖作为支持介质的一种电泳方法。琼脂糖在凝聚时会形成网络结构，浓度越高，形成的孔径越小。DNA 分子在琼脂糖凝胶中泳动时有电荷效应和分子筛效应。DNA 分子在高于等电点的 pH 溶液中带负电荷，在电场中向正极移动。DNA 分子通过琼脂糖凝胶时会受到阻力，分子量大的 DNA 在泳动时受到的阻力大，DNA 的迁移率与分子量呈线性关系。凝胶电泳被广泛应用于 DNA 的研究中。

DNA 扩增及检测见图 7-1 所示。

+模板DNA
+dNTP
+扩增缓冲液
+引物

PCR扩增

电泳

观察、拍照

图 7-1　DNA扩增及检测

三、实验器材及试剂

（1）器材　PCR 扩增仪、灭菌 PCR 离心管。

（2）试剂　模板 DNA 片段、引物、DNA 聚合酶、10× 扩增缓冲液、dNTP 混合液、Milli-Q 超纯水、Gold view Ⅰ 型核酸染色剂、DNA 标准分子量。

四、实验步骤

1. PCR 扩增

（1）按表 7-1 加入相应的 PCR 组成体系，小心混匀。

表 7-1　PCR 组成体系　　　　　　　　　　　　　　　　单位：μL

组成成分	20μL 体系	50μL 体系
Milli-Q 超纯水	14.0	35.0
10×扩增缓冲液	2.0	5.0
10×dNTP	2.0	5.0
正向引物 F（20pmol/μL）	0.4	1.0
反向引物 R（20pmol/μL）	0.4	1.0
模板	0.8	2.0
DNA 聚合酶（2U）	0.4	1.0

（2）设置 PCR 程序，并在 PCR 仪上运行 PCR 程序：
反应条件：

$$94℃\quad 10s$$
$$55℃\quad 15s \quad\Big\}\ 30次循环$$
$$72℃\quad 120s$$

2. 琼脂糖凝胶电泳检测

（1）1%胶液的制备　称取 0.7g 琼脂糖，置于 200mL 三角烧瓶中，加入 70mL 1×TAE 稀释缓冲液，放入微波炉中加热至琼脂糖全部融化，取出混匀。加热时应盖上保鲜膜，以减少水分蒸发。为防止更多的三角烧瓶被 Gold view I 型核酸染色剂污染，所有组在配置胶液时都使用指定的三角烧瓶。

不同浓度琼脂糖凝胶的分离范围：

质粒3～5kb	0.7%
3～1kb	0.7%～1.0%
1～0.5kb	1.0%～1.5%
<0.5kb	2.0%

（2）胶板的制备　将胶槽置于制胶板上，插上样梳子，注意梳齿下缘应与胶槽底面留有1mm 左右的间隙。在冷却至 50℃ 左右的琼脂糖胶液中，按照 1∶10000 的比例加入 Gold view I 型核酸染色剂溶液，混匀，轻轻倒于电泳制胶板上，除掉气泡。待凝胶冷却凝固后，垂直轻拔梳子。将凝胶放入电泳槽内，加入 1×TAE，电泳缓冲液液面需高出琼脂糖凝胶面。电泳仪示意见图 7-2。

图 7-2　电泳仪示意图

（3）加样　将样品和样品缓冲液按 6∶1 进行混合，用微量移液器分别将样品加入凝胶的样品孔内，以 DNA 标准分子量为对照。注意，如果有多个样品，每加完一个样品，应更换一个枪头，以防污染。加样时勿碰坏样品孔周围的凝胶面。

（4）电泳　加样后的凝胶板立即通电进行电泳，样品由负极（黑色）向正极（红色）方向移动。当溴酚蓝移动到距离胶板下沿约 1 cm 处时，停止电泳。

（5）观察和拍照　电泳完毕，取出凝胶。在波长 254nm 的紫外灯下观察电泳胶板，拍照并保存。

五、注意事项

1. 实验完毕后，琼脂糖凝胶扔到指定的垃圾袋里，防止 Goldview I 型核酸染色剂污染周边环境。

2. 电泳缓冲液 TAE 溶液收集后重复使用。

六、思考题

1. 影响退火温度的因素有哪些？

2. 引物设计时需要遵循哪些原则？

实验二　质粒 DNA 的制备

一、实验目的

学习并掌握用 SDS 酶裂解法提取质粒 DNA 的原理和技术。

二、实验原理

质粒是一类双链、闭合、环状的 DNA 分子，是独立于细菌染色体之外的能够独立进行复制和遗传的辅助性遗传物质。质粒是进行分子生物学实验、基因工程及遗传工程改良物种等工作时最主要的 DNA 载体。提取质粒 DNA 的方法有多种，主要有碱裂解法、煮沸法等，各种不同的方法各有其优缺点。根据提取量不同分为微量提取、中量提取、大量提取。最常见的为碱裂解法，在该方法的提取过程中，SDS 能够破坏大肠杆菌的细胞膜、核膜，还能使组织蛋白与 DNA 分离；EDTA 则抑制细胞中 DNase 的活性；蛋白酶 K 将蛋白质降解成小肽或氨基酸。用氯仿/异戊醇抽提分离蛋白质，得到的 DNA 溶液经乙醇沉淀使 DNA 从溶液中析出，分离出完整的 DNA。分离过程中主要溶液有下面三种：

1. 溶液 I

重悬缓冲液使收集的大肠杆菌悬浮，其中 EDTA 是 Ca^{2+} 和 Mg^{2+} 等二价金属离子的螯合剂，通过螯合二价金属离子从而抑制 DNase 的活性，RNase A 消化 RNA。

2. 溶液 II

裂解缓冲液中 NaOH 能使大肠杆菌细胞溶解，释放 DNA，因为在强碱性的情况下，细胞膜发生了从双层膜结构向微囊结构的变化。SDS 在增强 NaOH 的强碱性的同时，还可以作为阴离子表面活性剂破坏脂双层膜。在裂解细胞的过程中，裂解时间不能过长，因为在强碱性条件下基因组 DNA 片段也会慢慢断裂成小片段；操作应温柔，防止基因组 DNA 断裂成小片段。

3. 溶液 III

中和缓冲液的作用是中和 NaOH 的强碱性和沉淀蛋白质。其中乙酸钾的钾离子能够置换 SDS 中的钠离子而形成十二烷基硫酸钾沉淀（potassium dodecylsulfate，PDS）。一个 PDS 平均结合两个氨基酸分子，从而使蛋白质被沉淀下来。

三、实验器材及试剂

1. 器材

离心机、灭菌离心管、试管、锥形瓶、微量移液器、灭菌吸头、水浴锅、电子天平、pH计、高压灭菌锅、一次性手套和口罩等。

2. 材料和试剂

（1）大肠杆菌菌保菌株 DH5α-pET28（+）。

（2）溶液 I：50mmol/L 葡萄糖/25mmol/L Tris-HCl/10mmol/L EDTA，pH8.0。

（3）溶液Ⅱ：0.2mol/L NaOH/1%SDS。

（4）溶液Ⅲ：3mol/L乙酸钾/2mol/L 乙酸/75%乙醇。

（5）氯仿/异戊醇（24∶1）。

（6）无水乙醇、70%乙醇、灭菌水。

（7）质粒提取试剂盒。

四、实验步骤

1. 质粒DNA提取（见图7-3）

（1）试剂盒方法（天根）

① 将菌保菌株 DH5α-pET28（+）均匀涂布在 LB（含 Kan+抗生素）平板上，37℃恒温培养12h。

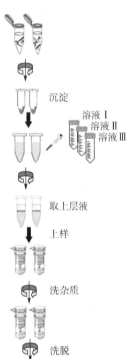

沉淀

溶液Ⅰ
溶液Ⅱ
溶液Ⅲ

取上层液

上样

洗杂质

洗脱

图7-3 质粒提取

② 用接种环挑选单菌落，接种到 4mL LB 液体培养基（含 Kan+）中，37℃摇床培养过夜。

③ 柱平衡步骤：向吸附柱 CP3 中（吸附柱放入收集管中）加入 500μL 的平衡液 BL，12000r/min 离心 1min，倒掉收集管中的废液，将吸附柱重新放回收集管中。

④ 取 1～5mL 过夜培养的菌液，加入离心管中，12000r/min 离心 1min，尽量吸除上清液。

⑤ 向沉淀中加入 250μL 溶液 Ⅰ（加 RNase A），使用移液器或涡旋振荡器彻底悬浮细菌沉淀。

⑥ 向离心管中加入 250μL 溶液 Ⅱ，温和地上下翻转 6～8 次使菌体充分裂解。

⑦ 向离心管中加入 350μL 溶液 Ⅲ，立即温和地上下翻转6～8 次，立即充分混匀，此时将出现白色絮状沉淀。12000r/min 离心 10min。

⑧ 将上一步收集的上清液用移液器转移到吸附柱 CP3 中（吸附柱放入收集管中），尽量不要吸出沉淀。12000r/min 离心 30～60s，倒掉收集管中的废液，将吸附柱 CP3 放入收集管中。

⑨ 可选步骤：向吸附柱 CP3 中加入 500μL 去蛋白液 PD，12000r/min 离心 30～60s，倒掉收集管中的废液，将吸附柱 CP3 重新放回收集管中。

⑩ 向吸附柱 CP3 中加入 600μL 漂洗液 PW（加无水乙醇），12000r/min 离心 30～60s，倒掉收集管中的废液，将吸附柱 CP3 放入收集管中。

⑪ 重复操作步骤⑧。

⑫ 将吸附柱 CP3 放入收集管中，12000r/min 离心 2min，将吸附柱中残余的漂洗液去除。

⑬ 将吸附柱 CP3 置于一个干净的离心管中，向吸附膜的中间部位滴加 50～100μL 洗脱缓冲液 EB，室温放置 2min，12000r/min 离心 2min 将质粒溶液收集到离心管中。

⑭ 检测质粒 DNA 浓度，-20℃冰箱保存。

（2）自配溶液方法

① 将菌保菌株 DH5α-pET28（+）接种至 5mL LB 液体培养基中，置于 37℃摇床振荡培养过夜。

② 取 1.5mL 上述菌液，室温 12000r/min 离心 5min，弃上清液。

③ 加入 200μL 溶液Ⅰ，振荡重悬细胞。

④ 加入 200μL 溶液Ⅱ，上下颠倒 4～6 次，彻底混匀，于 0℃中保温 5min。

⑤ 加入 300μL 溶液Ⅲ，振荡混匀。

⑥ 室温 12000r/min 离心 10min，吸取上清液至新的离心管。

⑦ 加入等体积的酚/氯仿/异戊醇混合液（25∶24∶1），轻轻颠倒混匀，室温 12000r/min 离心 10min，吸取上层液至新的离心管。

⑧ 加入等体积的氯仿/异戊醇混合液（24∶1），轻轻颠倒混匀，室温 12000r/min 离心 10min。

⑨ 吸取上层液，加入 2.5 倍体积的乙醇、1/10 体积的 3mol/L 乙酸钠，颠倒混匀。静置 10min，室温 12000r/min 离心 10min，弃上清液。

⑩ 用 1mL 70%乙醇洗涤沉淀，12000r/min 离心 5min。

⑪ 小心倒掉上清液，将离心管倒置，室温干燥 2min。

⑫ 加 20μL TE 溶解 DNA，置于 4℃或−20℃（长期保存）保存备用。

2. 琼脂糖凝胶电泳检测

取 5μL 样品，加入 1/10 体积凝胶加样缓冲液，混匀后用移液器加入到加样孔中，接通电源进行电泳。详细操作见本章实验一。

五、注意事项

实验中所用吸头和离心管等需要高温高压灭菌处理。

六、思考题

1. SDS 酶裂解法提取质粒 DNA 的基本原理是什么？
2. SDS 在提取 DNA 过程有哪几个作用？

实验三 DNA 片段酶切与琼脂糖凝胶电泳回收

一、实验目的

了解限制性内切酶的工作原理，掌握酶切技术与琼脂糖凝胶 DNA 片段回收方法。

二、实验原理

限制性内切酶（restriction endonuclease）全称为限制性核酸内切酶，是一种能将双股DNA切开的酶。在基因克隆与表达载体构建过程中，限制性内切酶是一个非常重要的环节。限制性内切酶能够识别双链DNA上特殊的碱基序列，并能在这个特殊位点上将双链DNA的糖类分子与磷酸之间的磷酸二酯键断开，于两条DNA链上各产生一个切口，且不破坏核苷酸与碱基，从而实现对双链DNA分子的特异性切割。

从琼脂糖凝胶中回收DNA的基本原理涉及到结合、清洗和洗脱等多个步骤。当琼脂糖凝胶在溶解缓冲液中完全溶解后，上样到一个"离心柱"上，它通过离心可使DNA分子特异性地结合到硅胶膜上，而其他的杂质则通过柱子到了收集管。由于凝胶溶解缓冲液中的高盐浓度，使得DNA可以结合到硅胶上。该缓冲液会破坏膜周围的水合结构，在强阴性的膜和阴性的DNA之间建立一个阳离子盐桥，剩余的杂质则被乙醇清洗去掉。再用水或低盐缓冲液加到柱子上，会打断阳离子盐桥而将DNA洗脱下来，这样DNA就从胶中被纯化出来。

三、实验器材及试剂

（1）器材　恒温箱、微量移液器、枪头、EP管、琼脂糖凝胶电泳装置、一次性手套和口罩等。

（2）试剂　碱性磷酸酶（phoA）基因的PCR产物、pET28（+）质粒、BamHI、XhoI、10×H缓冲液、BSA、ddH$_2$O、琼脂糖凝胶、DNA片段回收试剂盒等。

四、实验步骤

1. 酶切反应

经分析选用BamHI和XhoI两种限制性内切酶分别双酶切pET28（+）和含碱性磷酸酶（phoA）基因的PCR扩增片段，酶切反应体系见表7-2。

表7-2　酶切反应体系

试剂	用量/μL
pET28（+）	3.0
BamHI（10U/μL）	1.0
XhoI（10U/μL）	1.0
10×H缓冲液	2.0
ddH$_2$O	加至20

反应条件：37℃温育2h。

随后将酶切产物和上样缓冲液按6∶1进行混合，进行琼脂糖凝胶电泳。

2. 琼脂糖凝胶电泳

电泳检测参照本章实验一，将酶切产物进行1%琼脂糖凝胶电泳。在紫外灯下观察到pET28（+）和碱性磷酸酶（phoA）基因片段，表明酶切成功。

3. 酶切产物的切胶回收

按照琼脂糖凝胶DNA片段回收试剂盒说明书进行，详细步骤如下（见图7-4）：

（1）在紫外灯光下，观察琼脂糖凝胶中的 DNA 条带，然后使用手术刀迅速切取仅含有目标 DNA 条带的胶块，放入洁净无菌的 1.5mL 离心管中。

（2）向胶块中加入 3 倍体积溶胶液（如果凝胶重为 0.1g，其体积可视为 100μL，则加入 300μL 溶胶液），50～55℃水浴 5min，此时应间断振荡混合，使胶块充分溶解。

（3）将上一步所得溶液冷却至室温，然后加入 DNA 吸附柱中（吸附柱放入收集管中），离心 12000r/min 60s，弃滤液，将吸附柱重新放入收集管中。

（4）向吸附柱中加入 600μL 漂洗液（加无水乙醇），离心 12000r/min 1min，弃滤液，将吸附柱放入收集管中。

（5）重复漂洗一次。

（6）离心 12000r/min 2min，去除漂洗液。

（7）将吸附柱敞口置于室温数分钟，目的是将吸附柱中参与的漂洗液去除，防止漂洗液中乙醇影响后续的实验。

（8）将吸附柱安置于新的 1.5mL 离心管中，在吸附柱膜的中央处加入 30μL 灭菌水或 Elution 缓冲液，室温静置 1min，离心 12000r/min 1min。注：将灭菌水或 Elution 缓冲液加热至 60℃使用时有利于提高洗脱效率。

（9）回收产物标记后于-20℃冰箱保存。

五、注意事项

1. 所有用于酶切的仪器用具必须经过灭菌处理。

2. 所有试剂均用高压灭菌双蒸水配制。

3. 内切酶操作应在冰上进行，以保证酶的稳定避免失活。此外还得保证内切酶不被污染。

4. 使用溴化乙锭染色凝胶和在紫外灯前操作时，必须戴上手套和防护眼镜。将目的 DNA 从凝胶中切割出来后，要依据实验室安全条例步骤正确地处理凝胶和跑胶溶液。

六、思考题

1. 为什么酶切体系中限制性内切酶的量不能超过反应体系的 10%？

2. 影响限制性内切酶活性的因素有哪些？

3. 如果电泳结果显示出弥散状态，是什么原因导致出现这种情况？

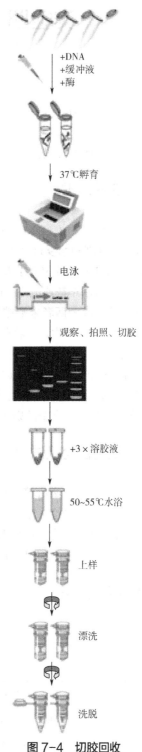

图 7-4　切胶回收

实验四　目的基因片段与载体的连接

一、实验目的

学会 DNA 片段体外连接、构建体外重组表达载体的原理与方法。

二、实验原理

DNA 连接酶（DNA ligase）也称 DNA 黏合酶，是生物体内重要的酶，其所催化的反应在 DNA 的复制和修复过程中起着重要的作用，在分子生物学中扮演一个既特殊又关键的角色，就是连接 DNA 链 3′-OH 末端和另一 DNA 链的 5′-P 末端，使二者生成磷酸二酯键，从而把两段相邻的 DNA 链连成完整的链。当载体 DNA 和外源 DNA 用同一种内切酶切割产生（同尾酶也可以），或者两者末端被接上一段互补的多聚体的尾巴，那么经退火后在含 Mg^{2+}、ATP 的连接缓冲液体系中，可将带有匹配末端的两个 DNA 片段重新连接起来，恢复相连两个碱基间的磷酸二酯键，将缺口补平形成一条完整的 DNA 分子。

DNA 连接酶的作用步骤：①T4 DNA 连接酶与辅助因子 ATP 形成酶-AMP 复合物（腺苷酰酶）；②酶-AMP 复合物再结合到具有 5′-磷酸基和 3′-羟基切口的 DNA 片段上，使 DNA 腺苷化；③形成一个新的磷酸二酯键，从而将两个碱基间的缺口连接起来。

三、实验器材及试剂

（1）器材　离心管、微量移液器、移液器枪头、金属浴、一次性手套和口罩等。注意：离心管、移液器枪头需要高压灭菌。

（2）试剂　含有匹配黏性末端的目的基因片段和载体，连接缓冲液（溶液Ⅰ）、TE 缓冲液（10mmol/L Tris-HCl，pH8.0，1mmol/L EDTA）等。

四、实验步骤

（1）在离心管中建立连接反应体系（见表 7-3）。

表 7-3　连接反应体系

试剂	用量
pET28（+）DNA	0.1μg
phoA DNA	0.4μg
溶液Ⅰ（2×）	5μL
ddH$_2$O	加至 10μL

（2）将经过限制性内切酶酶切的质粒载体 pET28（+）DNA 与 phoA DNA 片段混合制备成体积为 5μL 的 DNA 溶液。建议使用 TE 缓冲液溶解 DNA。注意：载体 DNA 与插入 DNA 的摩尔数比一般为 1：（1～3）。

（3）向上述 DNA 混合溶液中加入等体积的溶液 I，充分混匀。

（4）16℃反应 30min。

（5）反应液可直接用于细菌转化。

DNA 连接反应见图 7-5。

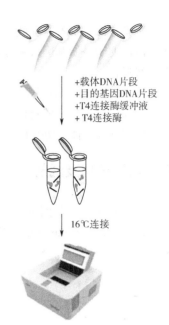

+载体DNA片段
+目的基因DNA片段
+T4连接酶缓冲液
+T4连接酶

16℃连接

图 7-5　DNA连接反应

五、注意事项

1. 连接缓冲液中含有 Mg^{2+}、ATP 作为辅助因子从而为连接反应提供能量，同时也含有一些保护和稳定连接酶活性的物质，如 DTT（二硫苏糖醇）可以防止酶氧化失活，也可加入 BSA（小牛血清白蛋白）使连接反应中维持一定浓度的蛋白质量，以防止因蛋白质浓度太低而使酶变性失活。

2. 37℃条件下有利于连接酶活性的发挥，但在这一温度下结合的黏性末端氢键不稳定，而且连接酶的活力也不能保持太久。因此，在实际操作时，折中采用催化反应与末端黏合相一致的温度，即以 12～16℃左右为宜，也可在较低温度如 4℃下连接，但连接时间要延长。

六、思考题

DNA 的连接方式有哪些？

实验五　大肠杆菌感受态制备与 DNA 转化

一、实验目的

学习掌握感受态细胞制备、热击法转化的原理和方法。

二、实验原理

感受态细胞（competent cell）是指通过理化方法处理，使其能够吸收周围环境中的DNA分子，使其处于最适摄取和容纳外来 DNA 的生理状态的细胞。

感受态细胞制备原理就是通过理化方法处理使细胞的通透性变大，在细胞膜表面出现一些孔洞，便于外源基因或载体进入感受态细胞。由于细胞膜的流动性，这种孔洞会被细胞自身所修复。

将重组 DNA 转入感受态细胞的过程就是转化。能进行转化的受体细胞必须是感受态细胞，它与受体菌的遗传特性、菌龄、外界环境等因素有关，一般是限制修饰系统的缺陷变异株，即不含限制性内切酶和甲基化酶的突变株。转化常用的方法有热击法、电穿孔法等。

三、实验器材及试剂

（1）器材　恒温水浴锅、离心机、离心管等。

（2）试剂　50mmol/L $CaCl_2$（无菌），大肠杆菌 DH5α、BL21（DE3），重组质粒 pET28-phoA。

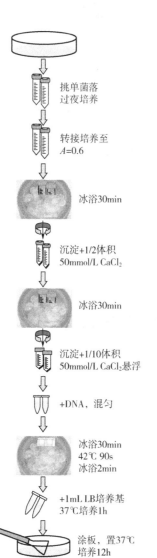

挑单菌落
过夜培养

转接培养至
A=0.6

冰浴30min

沉淀+1/2体积
50mmol/L $CaCl_2$

冰浴30min

沉淀+1/10体积
50mmol/L $CaCl_2$悬浮

+DNA，混匀

冰浴30min
42℃ 90s
冰浴2min

+1mL LB培养基
37℃培养1h

涂板，置37℃
培养12h

图7-6　感受态细胞制备

四、实验步骤

1. 细菌培养

本实验操作除离心外，均需在超净工作台中进行无菌操作。

从-80℃超低温冰箱取出大肠杆菌 DH5α、BL21（DE3）菌种，置于冰上。在超净工作台中用无菌接种环插入冻结的菌中（或吸取 30μL 菌种保存液），然后接入含 4mL 无抗生素 LB 培养基的试管中，37℃摇床培养过夜。然后 1：20 转接到装有无抗生素 LB 培养基的试管中，37℃摇床培养至A=0.6。

2. 感受态细胞制备

（1）取 40μL 过夜培养物转接于 4mL 无抗生素 LB 培养基中，在 37℃摇床上振荡培养约 2.5～3h，A_{550}约为 0.6 时置于冰上预冷备用。

（2）将 50mmol/L $CaCl_2$（无菌）溶液置于冰上预冷。以下步骤需在超净工作台和冰上操作。

（3）将 5mL 菌液转入离心管中，冰浴冷却 30min。

（4）4℃下离心 3000r/min 5min。

（5）弃去上清液，加入 2mL 预冷的 50mmol/L $CaCl_2$溶液，用移液枪轻轻上下吸动打匀，使细胞重新悬浮，在冰上放置 20～30min。

（6）4℃下离心 3000r/min 10min。

（7）弃去上清液，加入预冷的 50mmol/L $CaCl_2$溶液 0.2mL，用移液枪轻轻上下吸动打匀，使细胞重新悬浮。

（8）加入 30%甘油 0.2mL（终浓度 15%），用移液枪轻轻上下吸动打匀。

（9）100μL/管冰上分装至 1.5mL 离心管中，封口并标记，-80℃贮存备用。

感受态细胞制备见图 7-6。

3. DNA 转化

（1）将分装好的感受态细胞，从–80℃超低温冰柜中取出（可有效存放 6～12 个月）。每次使用时取 1 管，不可反复冻融。

（2）将制备好的感受态细胞与 10μL DNA（重组质粒 pET28-phoA）混合，冰浴 30min（相当于 0℃）。

（3）将离心管立即转移至 42℃水浴，进行短暂的热击刺激，持续时间大约 90s。

（4）再放入冰浴中，静置 2min。

（5）向离心管中添加无抗生素的 LB 培养基至 1mL 总体积，37℃摇菌 1h，使得细菌恢复正常生长状态，并开始表达质粒编码的、相对应的抗生素抗性基因。

（6）取出 200μL 均匀涂布于抗生素筛选平板上。

（7）将平板正面向上放置 30min，待菌液完全被培养基吸收后倒置培养皿，37℃培养 12h后每隔 2h 观察菌落生长情况，直至形成清晰单菌落。

五、注意事项

1. 操作过程中，取样、加样一定要确保在无菌环境下进行。
2. 在恢复抗性培养过程中，应添加无抗生素的 LB 培养基。

六、思考题

影响转化效率的因素有哪些？

实验六　阳性克隆的筛选和酶切鉴定

一、实验目的

学习掌握阳性克隆的筛选与酶切鉴定方法。

二、实验原理

含有重组DNA分子的克隆又称为阳性克隆，筛选阳性克隆的方法有菌落 PCR 法、限制酶筛选、测序和蓝白斑筛选等。

蓝白斑筛选：克隆载体一般都具有特定的筛选标记，可根据需要选择合适的抗生素。另外一些载体（如 PUC 系列质粒）带有β-半乳糖苷酶（lacZ）N 端α片段的编码区，该编码区中含有多克隆位点（MCS），可用于构建重组子。载体上的 LacZ基因，在含有异丙基硫代β-D-

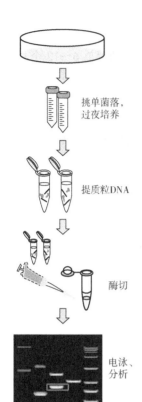

挑单菌落，
过夜培养

提质粒DNA

酶切

电泳、
分析

图 7-7 阳性克隆的筛选鉴定

半乳糖苷（IPTG）和 5-溴-4-氯-3-吲哚-β-D-半乳糖苷（X-gal）的平板培养基上，可进行蓝白斑筛选。其原理是筛选板中提供的无色 X-gal（乳糖类似物）被 β-半乳糖苷酶水解形成蓝色颜料（5，5′-二溴-4，4′-二氯靛蓝）。如果载体含有破坏 lacZ α 序列的 DNA 插入片段，则 α 肽不会被表达，X-gal 也不会被水解。因此，如果存在外源 DNA，则菌落将是白色的。

限制酶筛选：首先从过夜细菌培养物中分离质粒 DNA，然后根据给定序列中的限制性位点选择限制性内切酶，经过切割、琼脂糖凝胶电泳，确定质粒是否含有插入片段达到阳性克隆筛选的目的。

阳性克隆的筛选鉴定见图 7-7。

三、实验器材及试剂

（1）器材　恒温箱、水浴锅、恒温摇床、制冰机、试管、培养皿等。

（2）试剂　重组子、卡那霉素、LB 固体培养基、LB 液体培养基。

四、实验步骤

1. 重组质粒 pET28（＋）–phoA 的提取

（1）取无菌试管，加入 4mL 含有适量卡那霉素的 LB 培养基。

（2）挑取单克隆菌落，分别接种到小试管中，振荡培养过夜。

（3）取 1.5mL 菌液，12000r/min 离心 1min，弃去上清液。

（4）质粒 DNA 的提取方法参照本章实验二。

2. 重组质粒 pET28（＋）–phoA 的酶切

（1）反应液配制　终体积中 DNA 浓度宜保持在 0.1～0.4μg/μL，酶液的总体积不超过反应体系的 1/10。酶切反应体系见表 7-4。

表 7-4 酶切反应体系

试剂	用量/μL
重组质粒	6.0
BamHI（10U/μL）	0.5
XhoI（10U/μL）	0.5
10×H 缓冲液	1.0
ddH$_2$O	加至 10

（2）酶切反应　放置在金属浴中，反应条件为 37℃ 2h。

3. 琼脂糖凝胶电泳鉴定

电泳检测：将酶切产物进行 1% 琼脂糖凝胶电泳。在紫外灯下观察到 2700bp 大小的载体 pET28（+）片段及 1200bp 大小的蛋白酶 phoA 目的基因片段，表明酶切成功。

五、注意事项

1. 在操作过程中，取样、加样的量一定要准确。
2. 在进行双酶切反应时，选用两种酶共用的缓冲液。

六、思考题

1. 如何选择所用的酶？
2. 酶切反应过程中，为什么酶液的总体积不能超过反应体系的 1/10？

实验七　动物基因组 DNA 的提取

一、实验目的

熟练掌握动物基因组 DNA 的提取原理与方法。

二、实验原理

真核生物的基因组 DNA 是以染色体的形式存在于细胞核内，在分离提取的过程中需要将 DNA 与蛋白质、脂类和糖类等分离，还需要保持 DNA 分子的完整。提取基因组 DNA 的过程是将分散好的组织细胞在含 SDS（十二烷基硫酸钠）和蛋白酶 K 的溶液中消化分解蛋白质，再用酚和氯仿/异戊醇抽提分离蛋白质，加入一定量的异丙醇或乙醇，大分子的基因组 DNA 形成沉淀，可用玻棒将其取出，而小分子 DNA 则只形成颗粒状沉淀附于壁上及底部，从而达到提取的目的。在提取过程中，基因组 DNA 容易发生机械断裂，产生大小不同的片段，因此分离时应尽量在温和的条件下操作，如尽量减少酚/氯仿抽提、混匀过程要轻缓，以保证得到较长的 DNA 片段。

在提取缓冲液中，SDS 可以破坏细胞膜、核膜，并使组织蛋白与 DNA 分离，EDTA 则抑制细胞中 DNase 的活性，蛋白酶 K 降解蛋白质成小肽或氨基酸，使 DNA 分子完整地分离出来。常用的基因组 DNA 提取方法主要有 CTAB（十六烷基三甲基溴化铵）法、研磨法、玻璃珠法、冻融法、超声波法、异硫氰酸胍法、碱裂解法等。

三、实验器材及试剂

1. 器材

台式离心机、恒温水浴锅、移液器、紫外分光光度计（GeneQuant）、玻璃匀浆器等。

2. 试剂

（1）提取缓冲液：Tris（pH8.0）100mmol/L，EDTA（pH8.0）500mmol/L，NaCl 20mmol/L，SDS 10%，RNA 酶20μg/mL。

（2）蛋白酶 K：称取 20mg 蛋白酶 K 溶于 1mL 灭菌的双蒸水中，20℃备用。

（3）TE 缓冲液（pH8.0）：高压灭菌，室温贮存。

（4）无水乙醇、异丙醇、70%乙醇、酚/氯仿/异戊醇（25：24：1）。

四、实验步骤

（1）取动物组织块 100mg，剪碎后置于研钵中，加入液氮研磨，再加 1mL 提取缓冲液，转入 1.5mL 离心管中，加入蛋白酶 K（500μg/mL）20μL，混匀后放置在 50～65℃恒温水浴锅中水浴 30min，间歇振荡离心管数次。以 12000r/min 离心 5min，取上清液入另一离心管中。见图7-8。

（2）加 2 倍体积异丙醇，倒转混匀后，可以看见丝状物，用 100μL 吸头挑出，晾干，用 200μL TE 缓冲液重新溶解。

（3）加等量的酚/氯仿/异戊醇（25：24：1）振荡混匀，12000r/min 离心 5min。

（4）取上层溶液至另一管，加入等体积的氯仿/异戊醇，振荡混匀，12000r/min 离心 5min。

（5）取上层溶液至另一管，加入 1/2 体积的 7.5mol/L 乙酸铵、2 倍体积的无水乙醇，混匀后室温沉淀2min，12000r/min 离心 10min。

（6）小心倒掉上清液，将离心管倒置于吸水纸上，将附于管壁的残余液滴除掉。

（7）用 1mL 70%乙醇洗涤沉淀物 1 次，12000r/min 离心 5min。

（8）小心倒掉上清液，将离心管倒置于吸水纸上，将附于管壁的残余液滴除掉，室温干燥。

（9）加 200μL TE 缓冲液重新溶解沉淀物，加入 RNase 至终浓度为 50μg/mL，37℃保温 30min。经琼脂糖凝胶电泳和紫外分光光度计检测，然后置于−20℃保存备用。

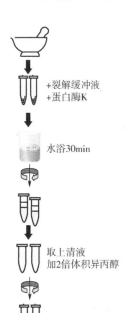

+裂解缓冲液
+蛋白酶 K

水浴30min

取上清液
加2倍体积异丙醇

+TE缓冲液溶解沉淀
+氯仿/异戊醇

+1/2体积的7.5mol/L乙酸铵
+2倍体积的无水乙醇

+TE缓冲液溶解沉淀

图 7-8　动物基因组 DNA提取

五、注意事项

1. 选择新鲜的实验材料，处理时间不宜过长。
2. 沉淀物太干燥，会使溶解变得很困难。
3. 分光光度分析DNA 的A_{280}/A_{260} 小于 1.8 说明不纯，含有蛋白质等杂质。在这种情况下，应加入 SDS 至终浓度为 0.5%，并重复步骤（2）～（8）。

六、思考题

基因组提取过程中，为什么要加入 RNase？

实验八　植物基因组DNA提取

一、实验目的

学习和掌握植物基因组DNA的抽提原理与方法。

二、实验原理

将植物组织采用机械研磨或液氮研磨，加入含抗氧化剂或强还原剂（如巯基乙醇）的抽提缓冲液。抽提液中的十二烷基肌酸钠（sarkosyl）、十六烷基三甲基溴化铵（hexadyltrimethyl ammomum bromide，CTAB）、十二烷基硫酸钠（sodium dodecyl sulfate，SDS）等离子型表面活性剂，能溶解细胞膜和核膜蛋白，使核蛋白解聚，从而使 DNA 得以游离出来。加入苯酚和氯仿等有机溶剂，能使蛋白质变性，离心后即可从抽提液中除去细胞碎片和大部分蛋白质、多糖和酚类物质。上清液中加入无水乙醇使 DNA 沉淀，沉淀 DNA 溶于 TE 溶液中，即得植物基因组DNA。

三、实验器材及试剂

1. 器材
高速离心机、烘箱、冰箱、水浴锅、高压灭菌锅等。
2. 试剂和材料
（1）实验材料：植物嫩叶。
（2）2%十六烷基三甲基溴化铵（CTAB）抽提缓冲溶液：称取 CTAB 4g 放入烧杯中，加入 5mL 无水乙醇和 100mL 蒸馏水，加热溶解。再依次加入 56mL 5mol/L NaCl、20mL 1mol/L Tris-HCl（pH8.0）、8mL 0.5mol/L EDTA，定容至 250mL 摇匀后，高压灭菌。降至室温后加入

2mL 1% 2-巯基乙醇，4℃保存。

　（3）异丙醇、75%乙醇等。

　（4）氯仿：异戊醇=24：1。

　（5）TE 缓冲液：pH8.0。

四、实验步骤

　（1）取少量植物嫩叶，置于事先预冷的研钵中，研磨至粉状。

　（2）取粉末 100mg，放到离心管中，加入 700μL 65℃水浴中预热的抽提缓冲液，轻轻搅动摇匀。

　（3）置于 65℃水浴中，每 10min 轻轻摇动一次，60min 后取出。

　（4）冷却 2min 后，加入等体积的氯仿/异戊醇（24：1），振荡 2～3min，使两者充分混合均匀。

　（5）10000r/min 离心 10min，吸取上清液至新的离心管中，加入等体积的异丙醇慢慢上下摇动，使异丙醇与水层充分混合。

　（6）10000r/min 离心 1min，倒掉液体，保留白色 DNA 沉淀。

　（7）加入 800μL 75%乙醇，将 DNA 沉淀悬起。

　（8）10000r/min 离心 1min，倒掉液体，自然风干 DNA。

　（9）加入 50μL TE 缓冲液，溶解 DNA。

　（10）取 2μL DNA 样品在 0.7%琼脂糖凝胶上电泳，检测 DNA 的分子大小。同时测定 A_{260}/A_{280}，检测 DNA 含量及质量。

　（11）置于 −20℃保存、备用。

五、注意事项

　1. 叶片磨得越细越好。

　2. 由于植物细胞中含有大量的 DNA 酶，因此，除在抽提液中加入 EDTA 抑制酶的活性外，第一步的操作应迅速，以免组织解冻，导致细胞裂解释放出 DNA 酶，使 DNA 降解。

六、思考题

　动物基因组 DNA 提取和植物基因组 DNA 提取步骤中有哪些异同？原因是什么？

实验九　微生物基因 DNA 的提取

一、实验目的

　熟练掌握微生物基因 DNA 提取的一般方法。

二、实验原理

大肠杆菌染色体 DNA 抽提首先收集对数生长期的细胞，然后用离子型表面活性剂十二烷基硫酸钠（SDS）破裂细胞。破裂细胞后经 RNase 消化除去 RNA，经苯酚、氯仿/异戊醇抽提除去蛋白质，经乙醇沉淀回收 DNA。革兰阳性菌在 SDS 处理前需要使用溶菌酶裂解细胞壁。破裂的细胞壁在 SDS 的作用下溶解，用蛋白酶 K 消化蛋白质，解离缠绕在染色体 DNA 上的蛋白质，然后加入一定量的乙酸钾，使蛋白质变性，经离心除去，加入核糖核酸酶消化 RNA，最后用乙醇回收 DNA。SDS 具有的主要功能是：①溶解细胞膜上的脂类和蛋白质，因而溶解膜蛋白而破坏细胞膜；②解聚细胞膜上的脂类和蛋白质，有助于消除染色体 DNA 上的蛋白质；③SDS 能与蛋白质结合成为复合物，使蛋白质变性而沉淀下来。

三、实验器材及试剂

1. 器材

电泳设备、恒温水浴锅、低速离心机、恒温振荡器、紫外检测仪、玻璃离心管、移液管、微量移液器、烧杯、玻璃棒、试管、三角瓶等。

2. 试剂

（1）实验材料：大肠杆菌、枯草杆菌。

（2）LB 培养液（含 1%蛋白胨，0.5%酵母粉，0.5%NaCl，pH7.5）。

（3）BY 培养液（含 1%蛋白胨，0.5%牛肉膏，0.5%酵母粉，0.5%葡萄糖，0.5%NaCl，pH7.5）。

（4）SET 溶液 [含 20%蔗糖，50mmol/L Tris-HCl（pH7.6），50mmol/L EDTA]。

（5）饱和酚、5mol/L 乙酸钾、蛋白酶 K 20mg/mL、TE 溶液、无水乙醇、溶菌酶（10mg/mL SET）、氯仿/异戊醇（24：1）、20%SDS 等。

四、实验步骤

1. 大肠杆菌染色体 DNA 的抽提

（1）挑取单菌落于 5mL LB 培养基中，37℃振荡培养过夜。

（2）将上述菌液按 1%接种于 10mL LB 培养基中，37℃摇床振荡培养 6～8 h。

（3）菌液在低速离心机上 4000r/min 离心 10min，弃去上清液，收集菌体沉淀。

（4）用 5mL SET 溶液悬浮菌体沉淀，加入 1mL 20% SDS，37℃下轻摇过夜裂解菌体。

（5）加入等体积的饱和酚，上下轻轻摇匀，放置 5min 后，在低速离心机上 3500r/min 离心 10min。

（6）取上层水相，加入 1/2 体积的饱和酚、1/2 体积的氯仿/异戊醇，上下翻转均匀，3500r/min 离心 10min。

（7）取上层水相，加入等体积的氯仿/异戊醇，重复第（6）步。

（8）取上层水相，沿着玻璃棒慢慢加入到 15mL 预冷无水乙醇中，并温和地搅拌以使 DNA 缠绕在玻璃棒上。

（9）将 DNA 用 75%乙醇洗涤、干燥、溶于 50mL TE 中，测浓度。

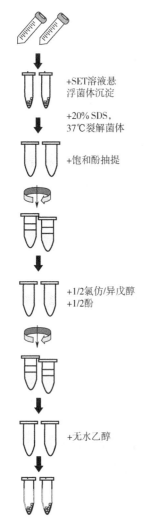

+SET溶液悬浮菌体沉淀

+20% SDS, 37℃裂解菌体

+饱和酚抽提

+1/2氯仿/异戊醇 +1/2酚

+无水乙醇

图7-9　微生物基因组DNA提取

2. 枯草杆菌染色体 DNA 的抽提

（1）挑取活化的 BR151 菌株于 20mL BY 培养液中，37℃摇床振荡培养过夜。

（2）在低速离心机上 3500r/min 离心 10min 收集过夜培养物，弃去上清液，收集菌体沉淀。

（3）加入 0.75mL 溶菌酶液，振荡悬浮菌体沉淀，室温孵育 30min。

（4）加入 0.15mL SDS 溶液、5μL 蛋白酶 K 溶液，37℃水浴 10～30min 后转入 75℃水浴 5min。

（5）加入 0.3mL 5mol/L 乙酸钾，轻轻翻转均匀，置于冰上 30min，期间不时摇动，10000r/min 离心 10min。

（6）取上清液，重复第（5）步。

（7）取上清液，缓慢加入 2 倍体积的无水乙醇，轻轻翻转均匀，挑取絮状沉淀，溶于 50μL TE 溶液中，测浓度。

（8）若无絮状沉淀，则将其于 -20℃放置 3h（或 -80℃放置 30min），取出 10000r/min 离心 10min，去上清液，晾干，加 50μL TE 溶解，测浓度。

微生物基因组 DNA 提取见图 7-9。

3. 染色体 DNA 制备样品浓度测定

（1）按本章实验一方法制备琼脂糖凝胶（浓度 0.6%）。

（2）分别取标准浓度的 λDNA 0.05μg、0.1μg、0.15μg、0.2μg，加相应的加样缓冲液混合好，点样。

（3）取 2μL 染色体 DNA 样品点样（冷冻离心获取的 DNA 样品取 50μL 点样），打开电泳仪电泳，待溴酚蓝进入凝胶 2cm 后，停止电泳，紫外灯下观察，估计样品 DNA 浓度。

（4）紫外光下观察 DNA 样品纯度，计算出制备的 DNA 总量和浓度。

五、注意事项

实验完毕后，琼脂糖凝胶扔到指定的垃圾袋里，防止 Gold view Ⅰ型核酸染色剂污染周边环境。

六、思考题

1. SDS 在抽提 DNA 过程中有哪些作用？
2. 本实验中未加入 RNase，那么样品中应出现什么情况？

实验十 动植物 mRNA 的提取及 cDNA 合成

一、实验目的

1. 掌握动植物 mRNA 的提取原理与方法。
2. 熟悉 cDNA 合成步骤。

二、实验原理

mRNA 是编码基因经过转录形成的合成蛋白质的前体，负责将遗传信息从 DNA 传递到核糖体上，然后在核糖体上生成基因所编码的蛋白质。RNA 聚合酶将基因转录为 mRNA 前体，然后被加工为成熟的 RNA，最后被翻译成蛋白质。

RNA 制备方法很多，如异硫氰酸胍热苯酚法、Trizol 等。苯酚（phenol）、异硫氰酸胍等物质可直接从细胞或组织中提取总 RNA（totoal RNA）。细胞在变性剂异硫氰酸胍作用下被裂解，核蛋白体上的蛋白质变性，核酸释放。释放的 DNA 和 RNA 在特定 pH 下由于溶解度不同而分别位于整个体系中的中间相和水相，使得 DNA 和 RNA 分离，再用有机溶剂沉淀、洗涤，最终得到纯净 RNA。总 RNA 中的 mRNA 3'末端含有多聚（A）+，在高盐缓冲液作用下，mRNA 被特异地吸附在 oligo（dT）纤维素上，在低盐溶液或蒸馏水中，mRNA 被洗下，可得到较纯的 mRNA。

cDNA 第一链的合成依赖于 RNA 的 DNA 聚合酶（反转录酶）的催化反应。常用的反转录酶有禽类成髓细胞病毒逆转录酶（AMV）和鼠白血病病毒反转录酶（MLV）。cDNA 合成最常用的起始 DNA 引物是与真核细胞 mRNA 分子 3'端 poly（A）结合的 12～18 核苷酸长的 oligo（dT）、六个核苷酸的随机引物。

cDNA 第二链的合成可以利用合成的单链 cDNA 3'端能够形成一短的发夹结构，为第二链的合成提供了现成的引物，第一链合成的 DNA∶RNA 杂交链变性后，利用大肠杆菌 DNA 聚合酶Ⅰ或反转录酶合成 cDNA 第二链，最后用 S1 核酸酶消化单链结构，即可获得 cDNA（自身引导法）。也可以利用合成第一链产生的 cDNA∶mRNA 杂交链，在 dNTP 存在下，利用 RNase H 在杂交链的 mRNA 链上造成切口和缺口，从而产生一系列 RNA 引物，使之成为合成第二链的引物，在大肠杆菌 DNA 聚合酶Ⅰ的作用下合成第二链（置换合成法）。合成的 cDNA 也可以经 PCR 扩增后再克隆入适当载体。

mRNA 分子容易受 RNA 酶的攻击反应而降解，加上 RNA 酶极为稳定且广泛存在，因而在提取过程中要严格防止 RNA 酶的污染，并设法抑制其活性，这是本实验成败的关键。所有的组织中均存在 RNA 酶，人的皮肤、手指、试剂、容器等均可能被污染，因此全部实验过程均需戴手套操作并经常更换（使用一次性手套）。

三、实验器材及试剂

1. 器材

研钵，冷冻台式高速离心机，低温冰箱，紫外检测仪，电泳仪，电泳槽等。

2. 试剂和材料

（1）实验材料：植物叶片或动物组织。

（2）无 RNA 酶灭菌水：用经高温烘烤的玻璃瓶（180℃ 2h）装蒸馏水，然后加入 0.01%（体积分数）DEPC（焦碳酸二乙酯），处理过夜后高压灭菌。

（3）75%乙醇：用 DEPC 处理水配制 75%乙醇（用高温灭菌器皿配制），然后装入经高温烘烤的玻璃瓶中，存放于低温冰箱中。

（4）1×柱色谱加样缓冲液：20mmol/L Tris-HCl（pH7.6），0.5mol/L NaCl，1mmol/L EDTA（pH8.0），0.1% SDS。

（5）洗脱缓冲液：10mmol/L Tris-HCl（pH7.6），1mmol/L EDTA（pH8.0），0.05% SDS。

四、实验步骤

1. 总 RNA 提取（Trizol 法）

（1）将新鲜的或超低温冻存的组织样品迅速转移至用液氮预冷的研钵中，用研杵研磨组织，其间不断加入液氮，直至研磨成粉末状。取 50mg 粉末状样品加入 1mL Trizol 室温放置 5～10min，使其充分裂解。

（2）加入 0.2mL 氯仿，盖紧离心管，用手剧烈摇荡离心管 15 s，室温放置 15min。

（3）12000r/min 离心 5min，取上层水相于一新的离心管（注意：不要吸取中间界面），加等体积异丙醇，室温放置 10～20min。

（4）4℃ 12000r/min 离心 10min，弃去上清液。

（5）加入 1mL 75%乙醇，涡旋混匀，4℃12000r/min 离心 5min。

（6）弃上清液，沉淀在室温干燥 3～5min（注意：不要过分干燥，否则会降低 RNA 的溶解度）。然后溶于无 RNA 酶灭菌水中，经 1%琼脂糖凝胶电泳，检测 RNA 的质量，保存于 −70℃备用。

2. mRNA 提取

（1）用 0.1mol/L NaOH 悬浮处理 0.5～1.0g oligo（dT）纤维素。

（2）将 oligo（dT）纤维素装入无菌的色谱柱中，用 5 倍柱床体积的灭菌水冲洗柱床。

（3）用 1×柱色谱加样缓冲液冲洗柱床，直到流出液的 pH 值小于 8.0。

（4）将上步中提取的 RNA 液于 65℃温育 5min。冷却至室温后加入等体积 2×柱色谱加样缓冲液。

（5）将样品加到 oligo（dT）纤维素柱，用 1 倍柱床体积的 1×柱色谱加样缓冲液洗柱一次。

（6）用 5 倍柱床体积的洗脱缓冲液进行洗脱，分管收集洗脱液。测定 A_{260}，合并含有 RNA 的洗脱组分。

（7）加入 1/10 体积的 3mol/L NaAc（pH5.2），2.5 倍体积的冰冷乙醇，混匀，在−20℃冷冻 30min。

（8）4℃ 12000r/min 离心 15min，弃去上清液，用 70%乙醇洗涤沉淀，4℃ 12000r/min 离心 5min。

（9）弃去上清液，沉淀空气干燥 10min，用 10μL DEPC 水溶解 RNA 贮存于−70℃备用。

3. cDNA 合成

按照反转录试剂盒 Reverse Transcriptase M-MLV 的使用说明书进行反转录反应。反应体系如下：

（1）cDNA 第一链的合成

① 制备 RNA/引物混合液

模板（总 RNA/ mRNA）	2μL
oligo（dT）引物	2μL
dNTP	4μL
超纯水（去 RNase 酶）	8μL

② 混匀，70℃保温 5min 后，迅速转至冰上冷却 2min 以上。

③ 冷却结束后，往离心管内添加以下成分：

模板/引物/dNTP/超纯水（去 RNase 酶）	16μL
10×RT 缓冲液	2μL
RNase 抑制剂	1μL
M-MLv 反转录酶	1μL

④ 42℃保温 1h，95℃高温 5min，使酶失活。反转录合成的 cDNA 可保存于−20℃备用。

（2）cDNA 第二链的合成

① cDNA 第二链合成可在第一链合成反应液中直接进行。取第一链反应液 20μL，再依次加入：

10×第二链缓冲液	10μL
DNA 聚合酶 Ⅰ	23U
RNase H	0.8U
无 RNA 酶去离子水加至终体积为	100μL

② 轻轻混匀，14℃温浴 2h（如需合成大于 3kb 的 cDNA，则需延长至 3～4h）。

③ 70℃处理 10min，低速离心后置冰上。

④ 加入 2U T4 DNA 聚合酶，37℃温浴 10min。

⑤ 加入 10μL 200mmol/L EDTA 终止反应。

⑥ 用等体积酚/氯仿抽提 cDNA 反应液，12000r/min 离心 5min。

⑦ 吸取上清液移至另一离心管，加入 1/10 体积的 3mol/L NaAc（pH5.2），混匀后再加入 2.5 倍体积的冰冷乙醇，−20℃放置 lh。

⑧ 4℃ 12000r/min 离心 10min，小心弃去上清液。用 70%乙醇洗涤沉淀。

⑨ 4℃ 12000r/min 离心 5min，弃上清液，室温晾干。

⑩ 加入 10～20μL TE 缓冲液溶解沉淀。

mRNA 提取和 cDNA 合成见图 7-10。

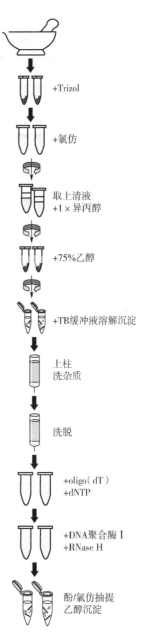

图 7-10　mRNA提取和cDNA合成

五、注意事项

1. 所用的玻璃器皿需置于干燥烘箱中 200℃烘烤 2h 以上。凡是不能用高温烘烤的材料如塑料容器等皆可用 0.1%焦碳酸二乙酯（DEPC）水溶液处理，再用蒸馏水冲净。

2. DEPC 是 RNA 酶的化学修饰剂，与氨水溶液混合会产生致癌物，因而使用时需小心。试验所用试剂也可用 DEPC 处理，加入 DEPC 至 0.1%浓度，然后剧烈振荡 10min，再煮沸 15min 或高压灭菌。

六、思考题

1. RNA 和 DNA 的提取和保存过程中，注意事项有何异同？为什么？
2. 简述 cDNA 和基因组 DNA 的含义。

第八章

细胞生物学实验

📚 **【课程简介】** ▶▶▶

    细胞生物学是一门研究细胞结构、功能及生命活动规律的科学，是现代生命科学的主干学科之一。细胞生物学实验是在理论课基础上培养学生了解与掌握基本的细胞生物学实验方法技能，提高学生实验操作、动脑思考、问题分析能力，最后通过学生的自主实验设计提升学生的综合素质，为其以后的科研能力提升提供前期基础。

✈ **【课程目标】** ▶▶▶

    1. 使学生具备独立完成细胞培养的一般操作能力。
    2. 使学生具备独立设计实验项目和完成实验项目的能力。

实验一　动物细胞培养的无菌准备及主要仪器设备的使用

一、实验目的

    1. 掌握无菌实验的一般步骤。

2. 掌握各种实验器材的清洗和消毒。

3. 掌握实验常用试剂、材料的准备和灭菌。

4. 主要仪器设备的使用操作。

二、实验原理

为了防止体外培养细胞污染，一切操作应最大可能地保证无菌，每一项工作都必须做到有条不紊和完全可靠。即便使用设备完善的实验室，若实验者粗心大意、技术操作不规范，也会导致污染。同时，实验中主要仪器设备的规范化使用也是实验成功的关键。

三、实验器材及试剂

（1）器材　离心机、超净工作台、天平、玻璃仪器、高压灭菌锅、移液器等。

（2）试剂　培养基、苯酚红、$NaHCO_3$、氯化钾（KCl）、青霉素、链霉素、台盼蓝等。

四、实验步骤

1. 动物细胞培养的无菌准备

（1）实验用器材的洗涤　在细胞培养中，体外细胞对任何有害物质都非常敏感。微生物产品附带杂质、上次细胞残留物及非营养成分的化学物质，均能影响培养细胞的生长。因此对新使用玻璃器皿和重新使用的培养器皿都要严格彻底地清洗，且要根据器皿的组成材料不同，选择不同的清洗方法。清洁液是由重铬酸钾、浓硫酸和蒸馏水按一定比例配制而成，其处理过程称为浸酸。清洁液对玻璃器皿无腐蚀作用，而其强氧化作用可除掉刷洗不掉的微量杂质。清洁液去污能力强，是清洗过程中关键的一环。浸泡时器皿要充满清洁液，勿留气泡或勿使器皿露出清洁液面。浸泡时间一般为过夜（12h），不应少于6h。清洁液可根据需要，配制成不同浓度，常用的有下列三种。

重铬酸钾（g）、浓硫酸（mL）、蒸馏水（mL）比例如下：

① 强清洁液 63∶1000∶200000；

② 次强清洁液 120∶200∶1000；

③ 弱清洁液 100∶100∶100。

清洁液配制时应注意安全，须穿戴耐酸手套和围裙，并保护好面部及身体裸露部分。配制过程中可使重铬酸钾溶于水中，然后慢慢加浓硫酸，并不停地用玻璃棒搅拌，使产生的热量挥发，配制溶液应选择塑料制品或正规的酸缸。配好后的清洁液一般为棕红色。

① 玻璃器材　细胞培养中，使用量最大的是玻璃器皿，故工作量最大的是玻璃器皿的清洗。一般玻璃器皿的清洗包括浸泡、刷洗、浸酸和冲洗四个步骤。清洗后的玻璃器皿不仅要求干净透明无油迹，而且不能残留任何物质。

a. 浸泡　用过的玻璃器皿，或是刚刚开封的玻璃器皿，都需要先用肥皂水浸泡 1～2h，以使附着物软化或被溶解掉。

b. 刷洗　浸泡后的玻璃器皿一般要用试管刷将器皿里外刷洗干净，以除去器皿表面附着较牢的杂质。刷洗次数太多，会损害器皿表面光泽度，所以应选用软毛刷和优质洗涤剂（如高级洗衣粉或洗洁精），绝对不能使用含沙粒的去污粉！洗刷时特别注意洗刷瓶角部位。可将洗涤剂倒入浸泡玻璃器皿的清水中，直接在水中进行刷洗，然后再用自来水冲洗 2～3 遍，把遗留的肥皂水洗净，放入烘箱烘干。

c. 浸酸　刷洗不掉的极微量杂质经过硫酸和重铬酸钾洗液的强氧化作用后，可被除掉。洗液对玻璃器皿无腐蚀作用，去污能力强，是清洗过程中关键的一环。浸泡时，器皿要充满洗液，勿留气泡。浸泡时间不应少于 6h，一般应浸泡过夜。注意，浸酸时要戴防酸手套，否则将损伤皮肤。

d. 冲洗　过夜后，从酸缸中将玻璃器皿捞出，放入盆中，要将器皿里的酸液控干，以免浪费酸液。捞出的器皿，要用自来水冲洗 10 遍以上，再用双蒸水冲洗 2～3 遍，然后放入烘箱中烘干。

② 胶塞和塑料盖子　使用过的胶塞和塑料盖子，先用肥皂水浸泡 1～2h，再用自来水冲洗 2～3 遍，把遗留的肥皂水洗净，然后放入烘箱烘干；再将胶塞和塑料盖子放入烧杯中，自来水烧开，保持沸腾煮 10～20min，然后换双蒸水同样保持沸腾 10～20min，然后放入烘箱烘干待用。

③ 塑料制品　塑料制品现多采用无毒并已经过特殊处理的包装，打开包装即可使用，多为一次性物品。必要时用 2% NaOH 浸泡过夜，用自来水充分冲洗，再用 5%盐酸溶液浸泡 30min，最后用自来水和双蒸水冲洗干净，晾干备用。

（2）实验用器材灭菌　泡完酸的实验用品，要想进行细胞培养和其他无菌实验，都要经过无菌处理才能使用。一般实验室常用的无菌处理方法有三种：

① 高压灭菌　即高压蒸汽消毒，是一种使用广泛、效果好的消毒方法。使用高压灭菌锅，于 121℃高压灭菌 25min。灭菌时，灭菌物品不能装得过满，保证其内气体的流通，以防止灭菌器内气体阻塞而出现危险。操作步骤如下。开盖：向左转动手轮数圈，直至转动到顶，使锅盖充分提起，拉起左立柱上的保险销，向右推开横梁移开锅盖。通电：接通电源，此时欠压蜂鸣器响，说明本锅内无压力，当锅内压力升至约 0.03MPa 时，蜂鸣器自动关闭。控制面板上的低水位灯亮，锅内属断水状态。加水：将纯水或生活用水直接注入蒸发锅内约 8L，同时观察控制面板上的水位灯，当加水至低水位灯灭、高水位灯亮时停止加水。当加水过多发现内胆有存水时，开启下排气阀放去内胆中的多余水量。放样：将待灭菌物品堆放在灭菌筐内，各包之间留有间隙，以利于蒸汽的穿透，提高灭菌效果。密封：把横梁推向左立柱内，横梁必须全部推入立柱槽内，手动保险销自动下落锁住横梁，旋紧锅盖。设定温度和时间：按一下确认键，进入温度设定状态，按上下键可以调节温度值；再次按下确认键，进入时间设定状态，按左键或上下键设置需要的时间；再次按动确认键，设定完成，仪器进入工作状态，开始加热升温。灭菌结束后，关闭电源，待压力表指针回落零位后，开启安全阀或排汽排水总阀，放净灭菌室内余气。若灭菌后需迅速干燥，须打开安全阀或排汽排水总阀，让灭菌器内的蒸汽迅速排出，使物品上残留水蒸气快速挥发。灭菌液体时严禁使用干燥方法。

② 过滤除菌　一般适用于不能高压灭菌的液体，可用滤器过滤除菌。滤器包括可以过滤大量液体（大约 1L）的大滤器，可以过滤小体积液体（100～200mL）的小滤器，以及一次性滤膜。过滤所用滤器和其他用品都应是无菌处理过的，才可用于过滤，过滤前要先将实验台用紫外线灯照射 30min。

③ 紫外线灭菌和环氧乙烷灭菌　紫外线灭菌用于空气、操作台表面和不能使用其他方法灭菌的培养器皿的灭菌。紫外线照射方便、效果好，经一定时间照射后，可以消灭空气中大部分细菌，培养室紫外线灯应距地面不超过 2.5m，且待灭菌物品不宜相互遮挡，照射不到的

地方起不到灭菌作用。实验台在使用前应使用紫外线灯照射 30min 左右。环氧乙烷灭菌前，待灭菌物品要用包布或牛皮纸包裹好。

2.细胞培养间清洁与消毒

（1）操作间消毒　无菌培养室每天都要用 0.2%新洁尔灭拖洗地面一次（拖布要专用），紫外线照射 30～50min。超净工作台台面每次实验前要用 75%乙醇擦拭，然后紫外线照射 30min。

注意：工作台面消毒时切勿将培养细胞和培养液同时照射紫外线；消毒时工作台面上用品不要过多或重叠放置，否则会遮挡射线降低消毒效果。一些操作用具，如移液器、废液缸、污物盒、试管架等，用 75%乙醇擦洗后置于台上然后进行紫外线照射。

（2）火焰灭菌　在无菌环境进行培养或做其他无菌工作时，首先要点燃酒精灯。以后一切操作，如安装吸管帽、打开或封闭瓶口等，都需在火焰近处并经过烧灼后进行。

注意：进行培养时，动作要准确敏捷，但又不必太快，以防空气流动，增加污染机会。不能用手直接接触已灭菌器皿，如已接触，要用火焰烧灼灭菌或取备品更换。

3. 细胞培养液的制备

（1）基础培养基　将可供配制 1L 培养基的袋装粉末溶于 1000mL 三蒸水，搅拌均匀，用 $NaHCO_3$ 调 pH 值至 7.2～7.4，用过滤器过滤灭菌，置于 4℃储存备用。

（2）含 10% FBS 培养基　将培养基与 FBS 按 9∶1 的体积比在无菌间里配制成含 10% FBS 的培养基，置于 4℃保存备用。

（3）缓冲溶液 PBS 配制　称量 KCl 0.2g，KH_2PO_4 0.2g，$Na_2HPO_4 \cdot 12H_2O$ 0.289g，NaCl 8.0g。量取 800mL 三蒸水，依次溶解上述物质，然后加三蒸水定容至 1000mL。高压灭菌后置于 4℃保存备用。

（4）缓冲溶液 D-Hank's　称量 KCl 0.4g，KH_2PO_4 0.06g，$Na_2HPO_4 \cdot 12H_2O$ 0.120g，NaCl 8.0g，$NaHCO_3$ 0.35g，苯酚红 0.01g。量取 800mL 三蒸水，依次溶解上述物质，然后加三蒸水定容至 1000mL，用 $NaHCO_3$ 或 HCl 调 pH 值至 7.2。高压灭菌后置于 4℃保存备用。

（5）7.5g/100mL $NaHCO_3$　称取 7.5g $NaHCO_3$，溶解于 100mL 三蒸水中，过滤灭菌后，置于 4℃储存备用。

（6）0.4g/100mL 台盼蓝　称取 0.4g 台盼蓝固体，溶于 100mL PBS 中，磁力搅拌 3h，过滤除去杂质待用。

（7）双抗　青霉素（100 万单位）、链霉素（80 万单位），分别用 10mL 三蒸水溶解，合并在一起，过滤灭菌，分装保存。其浓缩液浓度，青霉素 50000 U/mL，链霉素 40000U/mL。

4. 主要仪器设备的操作

高压灭菌锅、超净工作台、移液器、天平和离心机等主要仪器设备实际操作训练，及虚拟软件操作训练，按照说明书进行。

五、注意事项

注意实验操作的规范化操作方法。

六、思考题

是否所有细胞培养材料都需要进行消毒？

实验二　动物细胞培养及动物细胞计数

一、实验目的

1. 掌握动物细胞的培养一般方法。
2. 掌握细胞计数的一般方法。
3. 掌握离心机的使用方法。

二、实验原理

动物细胞培养的原理就是细胞增殖，可以获得大量细胞，为进一步细胞实验做准备。在动物细胞培养实验过程中，要求对细胞的数量进行定量，所以要进行细胞计数。计数结果以每毫升细胞数表示。当待测细胞悬液中细胞均匀分布时，通过测定一定体积悬液中细胞的数目，即可换算出每毫升细胞悬液中的细胞数目。

三、实验器材及试剂

（1）器材　超净工作台、倒置显微镜、血细胞计数板、离心机、试管、吸管、移液枪、离心管、枪头、枪头盒、培养皿、培养瓶等。

（2）试剂　PBS 缓冲液、胰酶、EDTA 等。

四、实验步骤

1. 动物细胞培养操作

① 取出培养的细胞，用吸管将培养瓶中的培养基吸出，弃掉，向培养瓶中加入 PBS 缓冲液 5mL，平衡 30s，弃去缓冲液。如此重复三次，将残留的培养基清洗干净，以免其阻碍酶的消化。

② 向培养瓶中加入 1.5mL 酶液（0.25%胰酶与 0.04% EDTA 以 1∶1 比例混合配制而成），然后放入 37℃培养箱中，消化 2min 左右。

③ 取出培养瓶，放到显微镜下观察，细胞皱缩，开始变形，慢慢脱离瓶底，就可以终止消化。向培养瓶中加入 3mL 含有血清的培养基终止消化，用吸管轻柔地按照一定的顺序吹打瓶底，将细胞从瓶底吹下。

④ 细胞计数、分瓶，加入一定量的培养基，放到培养箱中继续培养，待用。

2. 动物细胞计数

血细胞计数板由一块厚玻璃制成，板上刻度分为 9 个大方格，每个大方格长宽各为 1mm，其面积为 $1mm^2$。

玻璃板中间有横沟将其分为三个狭窄的平台，两边的平台较中间的平台高 0.1mm，所以加盖玻片后的深度为 0.1mm，故每一大方格的容积为 $0.1mm^3$（0.1μL）。中央大方格被双线等分成 25 个中方格，每个中方格又划分为 16 个小方格（图 8-1）。

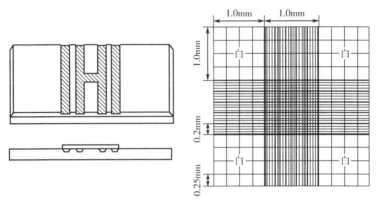

图 8-1　血细胞计数板

（1）具体步骤

① 将计数板及盖玻片擦拭干净，并将盖玻片盖在计数板上。

② 将细胞悬液吸出少许，滴加在盖玻片边缘，使悬液充满盖玻片和计数板之间，静置 3min，注意盖玻片下不要有气泡，也不能让悬液流入旁边槽中。

③ 计算四大格细胞总数，压线细胞只计左侧和上方的。然后按公式计算：

$$细胞数（mL）=（四大格细胞总数/4）×10^4$$

【说明】公式中除以 4，是因为计数了 4 个大格的细胞数。公式中乘以 10^4 是因为计数板中每一个大格的体积为 1.0mm（长）×1.0mm（宽）×0.1mm（高）=0.1mm³，而 1mL=1000mm³（注意：镜下偶见有两个以上细胞组成的细胞团，应按单个细胞计算，若细胞团占 10% 以上，说明分散不好，需重新制备细胞悬液）。

（2）细胞活力测定

① 取细胞悬液 0.5mL 加入试管中。

② 加入 0.5mL 0.4% 台盼蓝染液，染色 2～3min。

③ 吸取少许悬液涂于载玻片上，加上盖玻片。

④ 镜下取几个任意视野分别计死细胞和活细胞数，计算细胞活力。

死细胞能被台盼蓝染上色，镜下可见深蓝色的细胞；活细胞不被染色，镜下呈无色透明状。

（3）结合细胞活力的细胞计数

① 制备计数用的细胞悬液：用吸管吸 5 滴细胞悬液到一新管中，加入 5 滴台盼蓝染液，活细胞不会被染色，加入染液后在显微镜下区别活细胞和死细胞。

② 将细胞悬液滴入计数板。

③ 数出四角的四个大格中没有被染液染上色的细胞数目。

④ 计算原细胞悬液的细胞数：

$$细胞悬液的细胞数（mL）=（四个大格子细胞数/4）×2×10^4$$

【说明】公式中除以 4，是因为计数了 4 个大格的细胞数；公式中乘以 2 是因为细胞悬液与染液是 1∶1 稀释。

五、注意事项

1. 进行细胞计数时，要求悬液中细胞数目不低于 10^4 个/mL，如果细胞数目很少要进行离心再悬浮于少量培养液中。
2. 要求细胞悬液中的细胞分散良好，否则影响计数准确性。
3. 取样计数前，应充分混匀细胞悬液，尤其多次取样计数时更要注意每次取样都要混匀，以求计数准确。
4. 细胞计数的原则是数上不数下，数左不数右。
5. 操作时，注意盖玻片下不能有气泡，不能让悬液流入旁边的槽中，否则要重新计数。

六、思考题

细胞计数的原理是什么？

实验三　细胞的传代培养和形态观察

一、实验目的

1. 掌握消化法细胞传代培养的原理。
2. 学习细胞传代培养操作。

二、实验原理

动物细胞培养成功后，细胞生长增殖形成单层细胞后，会进一步扩展汇合，覆盖整个培养瓶底，细胞会因生存空间不足或密度过大，发生接触抑制，并引起营养物质枯竭和代谢产物积累，发生细胞中毒，影响正常生长。这时需要进行分离培养，细胞由原培养瓶按 1：2 或 1：3 稀释后传到新的培养瓶的过程称之为传代。80%汇合或刚汇合细胞是理想的传代阶段。

消化法细胞传代培养，是用一定含量的胰蛋白酶来进行消化，使贴壁的单层细胞脱离下来，形成分散的细胞悬液，然后用新鲜的培养液进行稀释、分装和培养。

三、实验器材及试剂

（1）器材　超净工作台、倒置显微镜、培养箱、血细胞计数板、离心机、试管、吸管、移液枪、离心管、枪头、枪头盒、培养瓶等。

（2）试剂　培养液、PBS 缓冲液、胰酶、EDTA、HeLa 细胞、NIH3T3 细胞等。

四、实验步骤

1. 培养细胞的形态和生长情况观察

倒置显微镜下观察培养细胞的长势及密度，根据细胞密度决定传代的稀释倍数。同时可对比观察教师事先准备的污染细胞、死亡细胞，并对培养细胞的密度有一定感性的认识。

贴壁细胞一般有两种形状，即上皮细胞形和成纤维细胞形。上皮细胞形细胞呈扁平的不规则多角形，圆形核位于中央，生长时常彼此紧密连接成单层细胞片，如 HeLa 细胞。成纤维细胞形细胞的形态与体内成纤维细胞形态相似，胞体呈梭形或不规则三角形，中央有圆核，胞质向外伸出 2～3 个长短不同的突起，细胞群常借原生质突连接成网，如 NIH3T3 细胞。

贴壁细胞在生长状态良好时，细胞内颗粒少，看不到有空泡，细胞边缘清楚，培养基内看不到悬浮的细胞和碎片，培养液清澈透明；而当细胞内颗粒较多、透明差、空泡多时，表明生长较差。当瓶内培养基混浊时，应想到细菌真菌污染的可能。悬浮细胞当边缘清楚、透明发亮时，生长较好；反之，则较差或已死亡。由于培养基内有 pH 指示剂的存在，因此它的颜色往往可以间接地表明细胞的生长状态。呈橙黄色时，细胞一般生长状态较好；呈淡黄色时，则可能是培养时间过长，营养不足，死亡细胞过多；如呈紫红色，则可能是细胞生长状态不好，或已死亡。实际上，一种细胞在培养中的形态并不是永恒不变的，它随营养、pH、生长周期而改变，但在比较稳定的条件下形态基本是一致的。在贴壁细胞培养中，镜下折光率高，圆而发亮的一般被认为是分裂期细胞。肿瘤细胞有重叠生长的特征。

动物培养细胞的形态观察步骤：

① 将细胞培养瓶从 37℃二氧化碳培养箱（或温箱）中取出，注意观察细胞培养液的颜色和清澈度。然后，将细胞培养瓶平稳地放在倒置显微镜载物台上，此时应注意不要将瓶翻转，也不要让瓶内的液体接触瓶塞或流出瓶口。

② 打开倒置镜光源，通过双筒目镜将视野调到合适的亮度。

③ 调节载物台的高度进行对焦，在看到细胞层后，再用细调节器将物像调清楚，注意观察细胞的轮廓、形状和内部结构。在观察时，最常使用的是 10×物镜。

2. 细胞的传代培养

在做传代细胞培养之前，先将培养瓶置于显微镜下，观察培养瓶中的细胞是否已长成致密单层，如已长成致密单层，即可进行细胞的传代培养。根据细胞生长的特点，传代方法有 3 种：

（1）悬浮生长细胞传代　离心法传代：离心（1000r/min 5min）弃去上清液，沉淀物加新培养液后再混匀传代。

（2）半悬浮生长细胞传代（如 SF9 细胞）　此类细胞部分呈现贴壁生长现象，但贴壁不牢，可用直接吹打法使细胞从瓶壁脱落下来，进行传代。

（3）贴壁生长细胞传代　采用酶消化法传代，常用的消化液有 0.25%胰蛋白酶液。

各种传代细胞的传代方法基本相同，只是各种细胞所需的营养液成分有所差别，现以贴壁细胞传代为例介绍细胞传代的基本方法。

① 传代前的准备工作　细胞室及工作台经紫外线照射 30min。预热培养用液：培养液、PBS、胰酶恒温水浴箱 37℃预热备用；用 75%乙醇擦拭经紫外线照射的超净台和双手。取预热好的培养用液：放入超净台前，要用 75%乙醇擦拭装培养液的瓶子外壁。从培养箱中取出细胞：注意取出前细胞培养瓶的盖子要旋紧，用 75%乙醇擦拭显微镜后，进行观察。

② 传代具体步骤　用吸管将培养瓶中的培养基吸出，弃掉，向培养瓶中加入 PBS 缓冲液

5mL，平衡1min，弃去缓冲液。如此重复两次，将残留的培养基清洗干净，以免其阻碍酶的消化。

向培养瓶中加入 1.5mL 酶液（0.25%胰酶与 0.04% EDTA 以 1∶1 比例混合配制而成），然后放入 37℃培养箱中，消化 2min 左右。

取出培养瓶，放到显微镜下观察，细胞皱缩，开始变形，慢慢脱离瓶底，就可以终止消化。向培养瓶中加入 3mL 含有血清的培养基终止消化，用吸管轻柔地按照一定的顺序吹打瓶底，将细胞从瓶底吹下。

收集细胞悬液到一个离心管中，1000r/min、5min，离心分离细胞。

取出试管，弃去上清液，向试管中加入培养基 1mL，用吸管吹打细胞，呈单细胞悬液，吸取单细胞悬液，滴加到血细胞计数板上进行细胞计数。

调整细胞密度约 $1×10^5$个/mL，接种到培养瓶中，培养瓶侧面要标明培养细胞名称、代数、实验人姓名、接种日期，然后放入 37℃培养箱中培养。此后每隔三天长到 80%～90%融合进行下一次传代。

五、注意事项

1. 要保证实验中的无菌操作，就必须特别注意一些操作上的细节，比如：培养液等不要过早开瓶；加液时取液用的移液管、吸管勿碰用过的培养瓶瓶口；要勤过火焰，尤其是瓶口；手要握在移液器刻度之上的位置；超净台中物品的摆放要合理，尽量避免双手交叉取物；若有动作失误，勿存侥幸心理，应及时更换移液管等。

2. 对于贴壁细胞的传代培养，胰酶的消化步骤是关键，要注意胰酶的消化时间也不能过长，否则不但造成细胞数目的损失，也会对细胞造成损伤，使细胞不易贴壁生长。

3. 可根据细胞的密度、生长速度及实验周期的要求等适当调整细胞的接种密度。但细胞接种密度过低，也会造成细胞生长极为缓慢甚至停止生长。

六、思考题

1. 将细胞传代培养整个操作过程连贯思考一遍，总结要想保证传代培养成功，需要注意哪些环节和细节？

2. 若细胞消化不足或消化时间过长应如何操作才能尽可能保证细胞的数目？

3. 发现细胞有污染时，为了以后的培养实验，应该做哪些工作？

实验四　细胞的冻存

一、实验目的

1. 掌握细胞冻存的原理。

2. 熟悉体外培养细胞冻存技术。

二、实验原理

细胞培养的传代及日常保存过程中，在培养器具、培养液及各种准备工作方面都有大量的耗费，而且细胞一旦离开活体开始原代培养，它的各种生物特性都将逐渐发生变化并随着传代次数的增加和体外环境条件的变化而不断有新的变化。因此及时进行细胞冻存十分必要。细胞冷冻储存在-70℃冰箱中可以保存一年之久；细胞储存在液氮中，温度达-196℃，理论上储存时间是无限的。

细胞冻存的基本原则是慢冻，这样可以最大限度地保存细胞活力。标准冷冻速度开始为-1～-2℃/min，当温度低于-25℃时可加速，到-80℃之后可直接投入液氮内（-196℃）。

目前细胞冻存多采用甘油或二甲基亚砜（DMSO）作为保护剂，这两种物质能提高细胞膜对水的通透性，加上缓慢冷冻可使细胞内的水分渗出细胞外，减少细胞内冰晶的形成，从而减少由于冰晶形成造成的细胞损伤。

三、实验器材及试剂

（1）器材　超净工作台、离心机、试管、吸管、移液枪、离心管、枪头、枪头盒、培养瓶、冻存管、-80～-70℃超低温冰箱、液氮冻存罐等。

（2）试剂　胎牛血清、DMSO、无血清培养基等。

四、实验步骤

细胞的冻存：

（1）冷冻步骤

① 按传代方法将消化好的细胞离心，弃去上清液，加冻存液。

② 用吸管轻轻吹打成单细胞悬液，分装入冻存管中，冻存管中细胞的终密度为 10^7～10^8 个/mL，每管细胞悬液为 1～1.5mL。

③ 用记号笔做好标记，包括细胞名称、细胞代数、冻存日期、操作人。

④ 将冻存管放入-80℃冰箱，过夜，然后将冻存管移入液氮罐中。

（2）冻存液配制　10% DMSO + 60%无血清培养基+30%胎牛血清。

（3）分级冷冻

① 先将冻存管放入普通冰箱冷藏室（4～8℃），约 40min。

② 接着将冻存管置于普通冰箱冷冻室（-20～-10℃），30～60min。

③ 将冻存管转入低温冰箱（-30℃），放置 30min 左右。

④ 然后将冻存管转移到超低温冰箱（-80～-70℃），过夜。

⑤ 最后将冻存管投入液氮罐。

（4）冻存记录　记录内容包括：冻存日期、细胞代号、冻存管数、冻存过程中的降温情况、冻存位置以及操作人员。

（5）冻存结果　如此冻存的细胞，其存活率可达 90%以上。

五、注意事项

1. 在使用 DMSO 前，不要对其进行高压灭菌，因其本身就有灭菌作用。高压灭菌反而会破坏其分子结构，以致降低冷冻保护效果。常温下，DMSO 对人体有毒，故在配制时应戴手套。

2. 在将细胞冻存管投入液氮时，动作要小心、轻巧，以免液氮从液氮罐内溅出。若液氮溅出，可能对皮肤造成冻伤。操作过程中最好戴防冻手套、面罩、工作衣或防冻鞋。

3. 应注意控制冻存细胞的质量。既要在冻存前保证细胞具有高活力，还要确保无微生物污染，这样的细胞才具有冻存价值。

4. 另外，在每批细胞冻存一段时间后，要复苏 1～2 管，以观察其活力以及是否受到微生物的污染。

5. 冻存管宜采用塑料冻存管，不宜使用玻璃瓶。因为在复苏时，需要从−196℃的液氮中取出冻存管，立即投入 37～40℃温水中，温差过大，玻璃瓶容易爆炸而发生危险。

6. 细胞冻存悬液一旦融解后，要尽快离心除去冷冻保护液，防止冷冻保护剂对细胞产生毒性。实验人员在复苏细胞过程中，同样应具有自我保护意识，避免被液氮冻伤。

六、思考题

细胞冷冻技术的关键是什么？

实验五　细胞的复苏

一、实验目的

1. 掌握细胞复苏的原理。
2. 熟悉冻存细胞的复苏技术。

二、实验原理

细胞复苏的基本原则是快速融化，这样可以保证细胞外结晶在很短的时间内即融化，避免由于缓慢融化使水分渗入细胞内形成胞内再结晶对细胞造成损伤，从而最大限度地保存细胞活力。复苏细胞时直接将装有细胞的冻存管投入 37～40℃热水中迅速解冻。

三、实验器材及试剂

（1）器材　超净工作台、倒置显微镜、生化培养箱、血细胞计数板、离心机、试管、吸管、移液枪、离心管、枪头、枪头盒、培养瓶、冻存管、−80～−70℃超低温冰箱、液氮冻存罐等。

（2）试剂　DMEM、胎牛血清、PBS、胰酶、EDTA、DMSO、无血清培养基、HeLa 细胞等。

四、实验步骤

① 从液氮罐中取出冻存管，迅速放入 37~40℃水浴中，不断摇动使其尽快融化。

② 用酒精棉球擦拭冻存管以减少污染。

③ 吸出细胞悬液，注入离心管中，离心（1000r/min 5min）。

④ 弃去上清液后，加入培养液吹打成单细胞悬液。

⑤ 接种。

⑥ 放入培养箱中，以后按常规进行培养。

五、注意事项

在使用 DMSO 前，不要对其进行高压灭菌，因其本身就有灭菌作用。高压灭菌反而会破坏其分子结构，以致降低冷冻保护效果。常温下，DMSO 对人体有毒，故在配制时应戴手套。

六、思考题

细胞复苏技术的关键是什么？

实验六　动物细胞盖玻片单层培养及细胞骨架和细胞核观察

一、实验目的

1. 掌握细胞核和细胞质的染色方法。

2. 观察细胞核和细胞质形态。

二、实验原理

大多数细胞总重量的 70% 是水，对可见光几乎透明，无法形成反差，所以在一般光学显微镜下几乎看不清未经处理的细胞。为看清细胞内含物，必须对细胞样品进行一些特殊的处理，染色的目的就是给细胞的不同组分带上可区别的颜色特征。

苏木精（Hematoxylin）-伊红（Eosin）染色法，简称 HE 染色法。HE 染色法采用两种染料即碱性染料苏木精和酸性染料伊红分别与细胞核和细胞质发生作用，使细胞的微细结构通过颜色改变而改变它的折光率，从而在光镜下能清晰地呈现出细胞图像。该染色过程既有化学反应，又有物理作用参与。从化学反应看，组织细胞内含有酸性物质和碱性物质，细胞的酸性物质与碱性染料的阳离子结合，而碱性物质与酸性染料的阴离子结合，最终使细胞中的酸性物质被碱性的苏木精染成蓝色，而碱性物质被酸性染料伊红染成红色。其结果细胞核呈蓝色，细胞质呈红色。从物理现象看，主要有吸附、吸收之说。HE 染色提供良好的核质对比染色，是细胞化学染色最常用的一种方法。

考马斯亮蓝染色法，是一种显示细胞骨架、细胞内微丝的染色方法。考马斯亮蓝 R-250，是一种蛋白质染料，能非特异性地显示细胞骨架蛋白。

吉姆萨（Giemsa）染色液，经染色后，染色质呈现红色，而细胞质为蓝色。

三、实验器材及试剂

（1）器材　培养瓶、培养皿、滤纸、盖玻片、载玻片、倒置显微镜、移液枪、枪头等。

（2）试剂　乙醇、冰醋酸、盐酸、HE 液、考马斯亮蓝染色液、吉姆萨染色液、二甲苯、中性树胶、PBS、胰酶等。

四、实验步骤

1. 细胞爬片

① 将小盖玻片放到六孔培养板内。

② 对于贴壁生长细胞，采用胰酶消化，调整细胞浓度约为 $1×10^5$ 个/mL，滴加于盖玻片上（置于 24 孔板或 6 孔板中）。

③ 置于 CO_2 培养箱中进行培养。

④ 培养一定时间后待细胞融合度达到 80% 左右，取出细胞爬片，用 PBS 洗涤 3 次，待进行进一步实验操作。

2. 细胞骨架和细胞核观察

（1）HE 染色

① HE 染色相关液体配制：

a. 固定液：70% 乙醇 70mL + 冰醋酸 5mL + 36% 甲醛 5mL。

b. 苏木精明矾染液：称取苏木精粉 0.5g、铵明矾 0.5g 溶解于 70mL 蒸馏水中，然后取碘酸钠 $NaIO_3$ 0.1g、水 5mL，再加入甘油 30mL 和冰醋酸 2mL，混合均匀，滤纸过滤，备用。

c. 伊红染液：称取 0.5g 水溶性伊红染液，溶于 100mL 蒸馏水中。

d. 稀盐酸乙醇溶液：用 75% 乙醇配制 1% 盐酸。

e. 系列浓度的乙醇（70%、80%、90%、95%、100%）、二甲苯、中性树胶。

② HE 染色步骤

a. 样品制备：对于贴壁生长细胞，采用胰酶消化，调整细胞浓度约为 $1×10^5$ 个/mL，滴加于盖玻片上（置于 24 孔板或 6 孔板中），培养相应时间后，取出细胞爬片，用 PBS 洗涤 3 次。

b. 样品固定：95%乙醇固定 20min，PBS 洗涤 2 次，每次 1min。

c. 染核：苏木精染液染色 2～3min，自来水洗涤。

d. 分色：镜下观察，若细胞核染色过深，用 1%盐酸乙醇溶液分色数秒，自来水洗涤。

e. 染细胞质：浸入伊红染液染色 1min，自来水洗涤。

f. 依次经过 70%、80%、90%乙醇各 1 次，95%乙醇 2 次和 100%乙醇 3 次逐级脱水，每次 1min。

g. 通过二甲苯 3 次，每次 1min，中性树胶封片。

若细胞用 4%多聚甲醛固定，则染色时间相应延长，苏木精染色 12～15min，伊红染色 5min。结果：细胞核蓝紫色，细胞质桃红色。

（2）吉姆萨染色

a. 准备染液　吉姆萨粉 0.5g，甘油 33mL，将吉姆萨粉置于研钵内先用少量甘油与之充分混合，研磨至无颗粒；然后与剩余甘油混合在一起，56℃保温 2h 后，加入 33mL 纯甲醇，保存于棕色瓶内。

用 pH6.81～7.38 的 Sorensen 缓冲液，按 1∶9 比例取吉姆萨染液和 Sorensen 缓冲液混合配成染色液。

b. Sorensen 缓冲液的配制：

pH6.81：Na_2HPO_4（1/15mol/L）50mL ＋ KH_2PO_4（1/15mol/L）50mL。

pH6.98：Na_2HPO_4（1/15mol/L）60mL ＋ KH_2PO_4（1/15mol/L）40mL。

pH7.17：Na_2HPO_4（1/15mol/L）70mL＋ KH_2PO_4（1/15mol/L）30mL。

pH7.38：Na_2HPO_4（1/15mol/L）80mL ＋ KH_2PO_4（1/15mol/L）20mL。

c. 染色液布满于玻片上，注意不要有气泡，用染色缸染色亦可，染 10～15min。

d. 用自来水冲去玻片上多余的染料，自然干燥，二甲苯透明，光学树脂胶封固。

e. 吉姆萨染色后在光镜下观察细胞核呈紫红色或蓝紫色，细胞质呈粉红色。

染色液宜现用现配，保存时间不超过 48 h。缓冲液 pH 值要准确，否则影响染色效果。用染色缸染色前应先用小片滤纸刮除液面的氧化后，再进行染色。染色完毕将标本浸入水中洗除染液。

（3）考马斯亮蓝染色

① 考马斯亮蓝（R-250）染液配制

a. 固定液：0.1mol/L 磷酸二氢钠 14.0mL，0.1mol/L 磷酸氢二钠 36.0mL，加蒸馏水 50.9mL，混合后再加 25%戊二醛 50.0mL。

b. 染色液：甲醇 46.5mL，冰醋酸 7.0mL，加蒸馏水 46.5mL，混合后加考马斯亮蓝染料 0.02 g。

② 考马斯亮蓝染色的步骤

a. 细胞准备：采用支持物盖玻片培养法，待细胞长满 70%～80%。

b. 将有细胞的盖玻片从培养瓶中取出，投入固定液中固定 15min。

c. 先置蒸馏水中漂洗 2min，再用蒸馏水冲洗两次，每次 1min。

d. 置入考马斯亮蓝染液中染色 60min。

e. 先置蒸馏水中漂洗 2min，再用蒸馏水冲洗两次，每次 1min。

f. 置入含甲醇、冰醋酸液的碟皿中（不含染料），在倒置显微镜下观察可见细胞质内微丝逐渐明显，背景清亮时终止。

g. 按 "c" 方法漂洗。

h. 用 70%、80%、90%、95%、100% 乙醇逐级脱水。

i. 用二甲苯透明。

j. 用树胶封固。

染色清晰的关键在第 f 步，要特别注意。染色片镜下观察，细胞内微丝呈现蓝色。

五、注意事项

注意实验操作的染色时间。

六、思考题

为什么吉姆萨染色需要加入缓冲溶液？

实验七　MTT 法测定动物细胞生长曲线

一、实验目的

1. 了解 MTT 检测细胞增殖的原理。
2. 掌握 MTT 检测细胞增殖的方法并绘制细胞生长曲线。

二、实验原理

噻唑蓝（MTT），分子式 $C_{18}H_{16}BrNsS$，是一种黄颜色的染料。

MTT 比色法，是一种检测细胞存活和生长的方法。其检测原理为活细胞线粒体中的琥珀酸脱氢酶能使外源性 MTT 还原为水不溶性的蓝紫色结晶甲䐶（Formazan）并沉积在细胞中，而死细胞无此功能。二甲基亚砜（DMSO）能溶解细胞中的甲䐶，用酶联免疫检测仪在 490 nm 波长处测定其吸光度值，可间接反映活细胞数量。在一定细胞数范围内，MTT 结晶形成的量与细胞数成正比。该方法已广泛用于一些生物活性因子的活性检测、大规模的抗肿瘤药物筛选、细胞毒性试验以及肿瘤放射敏感性测定等。其特点是灵敏度高、经济。

三、实验器材及试剂

（1）器材　酶标仪（紫外分光光度计）、培养板、倒置显微镜、移液枪、枪头等。

（2）试剂　MTT、DMEM、PBS 缓冲液、DMSO、无血清培养基等。

四、实验步骤

1. MTT 溶液的配制

通常，此法中的 MTT 浓度为 5mg/mL。因此，可称取 MTT 0.5g，溶于 100mL 磷酸盐缓冲液（PBS）或无酚红的培养基中，用 0.22μm 滤膜过滤，以除去溶液里的细菌，于 4℃避光保存即可。在配制和保存过程中，容器最好用铝箔纸包住；也可关闭超净台上的日光灯来避光。

需要注意的是，MTT 法只能用来检测细胞相对数和相对活力，不能测定细胞绝对数。在用酶标仪检测结果时，为了保证实验结果的线性，MTT 吸光度值最好在 0～0.7 范围内。MTT 最好现用现配，过滤后 4℃避光保存两周内有效，或配制成 5mg/mL 于−20℃长期保存，为避免反复冻融，最好采取小剂量分装，用避光袋或是黑纸、锡箔纸包住避光以免分解。

注意：一般都把 MTT 粉分装在 EP 管里，用的时候现配，直接往培养板中加，没必要一次配很多。当 MTT 变为灰绿色时就绝对不能再用了。MTT 有致癌性，操作时应小心，并戴好手套。配制好的 MTT 需要无菌，MTT 对菌很敏感；往 96 孔板加样时不避光也没有关系，毕竟时间较短，或者可以把操作台上的照明灯关掉。

2. MTT 法实验步骤

（1）接种细胞　消化培养瓶中的细胞，获得细胞悬液，细胞悬液用培养基 DMEM 稀释到 3×10^4 个/mL，把稀释好的细胞液加到 96 孔板中，每孔 200μL。

（2）培养细胞　每日观察记录细胞生长状态，加 MTT 检测细胞活性。

（3）呈色　每孔加 20μL MTT，孵育 4 h 终止培养，小心吸去孔板内的培养基，每孔加 150μL DMSO 后，用酶标仪在 490nm 波长下检测每孔的吸光度值。

（4）比色　选择 490nm 波长，在酶联免疫检测仪上测定各孔吸光度值，记录结果，以时间为横坐标，吸光度值为纵坐标绘制细胞生长曲线。

五、注意事项

1. 选择适当的细胞接种浓度。

2. 避免血清干扰：一般选小于 10% 的胎牛血清的培养液进行试验。在呈色后尽量吸尽孔内残余培养液。

3. 设与试验平行不加细胞只加培养液的空白对照。其他试验步骤保持一致，最后比色以空白调零。

4. MTT 实验吸光度值最后要在 0～0.7 之间，超出这个范围就不是直线关系。

5. 一般每孔以 6000 个细胞为宜，即细胞浓度约为 3×10^4 个/mL，MTT 加 20μL，作用 4h 后洗掉上清液，注意不要将甲臜洗掉，然后每孔加 150μL DMSO，然后测吸光度值。

6. 加 DMSO 之前要尽量去掉培养液，便于 DMSO 溶解甲臜颗粒进行比色测定。

六、思考题

为什么 MTT 试剂需要避光保存？

实验八 细胞迁移分析——划痕实验

一、实验目的

1. 了解什么是细胞迁移。
2. 掌握细胞迁移的验证方法。

二、实验原理

细胞划痕（修复）法是简捷测定细胞迁移运动与修复能力的方法，类似体外伤口愈合模型，在体外培养皿或平板培养的单层贴壁细胞上，用微量枪头或其他硬物在细胞生长的中央区域划线，去除中央部分的细胞，然后继续培养细胞至实验设定的时间（例如 72h），取出细胞培养板，观察周边细胞是否生长（修复）至中央划痕区，以此判断细胞的生长迁移能力。实验通常需设定正常对照组和实验组，实验组是加了某种处理因素或药物、外源性基因等的组别，通过不同组别间细胞对划痕区的修复能力，可以判断各组细胞的迁移与修复能力。

三、实验器材及试剂

（1）器材 培养板、倒置显微镜、移液枪、枪头等。
（2）试剂 培养基、PBS 缓冲液等。

四、实验步骤

（1）先用记号笔在 6 孔板背后用直尺比着均匀地画横线，大约每隔 0.5～1cm 一道，横穿过孔。每孔至少穿过 5 条线。

（2）向孔中加入约 5×10^5 个细胞，具体数量因细胞种类不同而异，接种原则为过夜后融合率达到 100%。

（3）第二天用枪头比着直尺，尽量垂直于背后的横线划痕，枪头要垂直，不能倾斜（不同孔之间最好使用同一只枪头）。

（4）PBS 洗细胞 3 次，去除划下的细胞，加入无血清培养基。

（5）放入 37℃、5% CO_2 培养箱，培养。可按 0h、6h、12h、24h 时间点取样，拍照（具体时间依实验需要而定）。

（6）统计方法：使用 Image J 软件打开图片后，随机划取 6～8 条水平线，计算细胞间距离的均值。

五、注意事项

1. 在用 PBS 缓冲液冲洗时，注意贴壁慢慢加入，以免冲散单层贴壁细胞影响实验结果。

2. 一般做划痕实验，都是使用无血清或者低血清（＜2%）培养基，否则细胞增殖就不能忽略。

3. 按照 6 孔板背后画线的垂直方向划痕，可以形成若干交叉点，以此作为固定的检测点，以解决前后观察时位置不固定的问题。

六、思考题

为了验证实验药物对细胞迁移的作用效果，该如何设计实验？

实验九　抗癌药物对肿瘤细胞增殖的影响（设计性实验）

一、实验目的

1. 了解生物学研究的基本思路。
2. 掌握设计实验的基本原则。

二、实验原理

本实验属于自主设计实验，主要研究抗癌药物对癌细胞增长速率的影响，观察给药后细胞凋亡的形态变化等。通过本次实验设计，使学生了解细胞生物学研究的基本思路、掌握设计实验的基本原则。

三、实验器材及试剂

（1）器材　培养板、倒置显微镜、移液枪、枪头、酶标仪（紫外分光光度计）等。
（2）试剂　PBS 缓冲液、MCF7 细胞等。

四、实验步骤

（1）给药浓度筛选。
（2）药物对细胞活性影响检测。
（3）给药后细胞迁移率的检测。
（4）给药后细胞凋亡的形态学观察。

（5）给药后细胞周期和细胞凋亡检测。

五、注意事项

采用流式细胞仪检测时，在细胞收集过程中，应注意细胞消化时间，以免造成正常细胞损伤成碎片。

六、思考题

为了更快速筛选抗癌药物的合适给药浓度，如何设计药物浓度梯度？

第九章

微生物学实验

【课程简介】

　　微生物学实验是面向高等院校生物科学、生物工程等相关本科专业学生开设的一门专业基础实验课程，是微生物学教学的重要环节。本课程不仅与微生物学理论课程的相关知识紧密结合，而且也是学习后续专业课程和进行科研工作的基础。课程内容主要包括培养基的配制与灭菌、微生物的分离与接种技术、微生物的菌落计数、微生物的染色及形态观察、细菌生长曲线的测定等，其中无菌操作技能和无菌概念的建立是微生物学实验中最基础、最重要的内容。课程结合新形势下人才培养的要求设计和安排授课，训练学生掌握基本实验技能，加深学生对微生物学理论知识的理解，培养学生实事求是的工作态度和认真细致的工作作风。

【课程目标】

　　通过本门课程的学习，使学生掌握微生物学实验技术的基本操作，提高学生动手操作能力，培养学生观察、思考、分析问题、解决问题的能力，养成实事求是、严肃认真的科学态度以及创新精神、创新思维和创新能力。

实验一　培养基的配制与灭菌

一、实验目的

1. 以 YPD 培养基为例，学习和掌握常用培养基的配制原理和方法。
2. 了解消毒和灭菌的原理，掌握高压蒸汽灭菌的方法和基本操作步骤。

二、实验原理

微生物的生长繁殖需要适合的培养条件，由于微生物种类繁多，对培养条件的要求也是各不相同，尤其是培养基的组成，对微生物的生长和代谢有着非常重要的影响。另外根据不同的实验需要，为了达到不同的实验目的，需要选择不同类型的培养基和培养条件。针对需要培养的不同微生物，虽然培养基的具体成分可能差别较大，但是常用培养基中通常包括微生物生长繁殖需要的氮源、碳源、生长素、无机盐和水分等。培养基的 pH 对于微生物的生长繁殖非常重要，需要控制在合适的范围内，可以通过加入一定量的缓冲盐进行控制，同时需要保持合适的渗透压。培养基根据组成分为合成培养基、半合成培养基和天然培养基；根据状态分为液体培养基、固体培养基和半固体培养基；根据用途分为基础培养基、选择培养基和鉴别培养基。

任何一种培养基一经制成就应及时彻底灭菌，以备纯培养用。一般培养基的灭菌采用高压蒸汽灭菌。高压蒸汽灭菌是生物实验中应用最广、效果最好的一种湿热灭菌方法。在密闭的蒸锅内，由于压力提高，水的沸点也随之提高。在 0.1MPa 压力下，灭菌锅中的温度可达 121℃，在此条件下，可以很快杀死各种微生物。采用高压蒸汽灭菌时应注意，一定要完全排除锅内的空气，使锅中全部为水蒸气，这样才能保证锅内实际温度和理想温度一致，达到灭菌效果。本实验以 YPD 培养基为例，学习培养基配制与灭菌的一般方法和操作步骤。

三、实验器材及试剂

（1）试剂　酵母粉、蛋白胨、葡萄糖、琼脂。
（2）仪器　试管、三角瓶、烧杯、量筒、玻璃棒、天平、高压蒸汽灭菌锅、牛皮纸、记号笔、线绳、纱布、牛角匙等。

四、实验步骤

1. YPD 培养基的配置

按照 YPD 培养基的配方比例，依次准确地称取 10g 酵母粉、20g 蛋白胨、20g 葡萄糖放入烧杯中，然后在烧杯中加入 900mL 水；如果配制固体培养基，需加入 20g 琼脂。用玻璃棒充分搅匀，将药品完全溶解，补水定容至 1000mL。

2. 分装

培养基成分充分溶解并混匀后可以分装在试管或三角瓶等容器中。液体培养基的分装高度以试管高度的 1/4 左右为宜。三角瓶分装可以根据实际需要而定，但是通常以不超过三角瓶容积的一半为宜，如果发酵培养采用摇床振荡培养，则需要根据微生物需氧量的要求酌情减少装液量，通常微生物需氧量越大，则装液量越小。配置固体斜面培养基时，分装试管的装液量以不超过管高的 1/5 为宜。

3. 加塞和包扎

培养基分装于试管或三角瓶中后，应将试管口或三角瓶口塞上棉塞或硅胶塞等，以防止培养基污染，同时也要保证具有一定的通气性能，以维持微生物生长所必需的氧。试管加塞后，将其用线绳捆好，再包扎一层牛皮纸，以防止灭菌时冷凝水润湿棉塞。注意标明所配置培养基的名称、配置人、配制日期等信息。三角瓶瓶口加塞后，在瓶口外需包一层牛皮纸，用线绳以活结形式扎好，使用时容易解开，同样注明培养基名称、配置人、配制日期等信息。

4. 灭菌

将配置好的培养基按以下步骤，于 0.1MPa 121℃条件下高压蒸汽灭菌 20min。

（1）检查水位　灭菌前首先检查灭菌锅水位是否合适。灭菌锅水位过低，可能会造成灭菌锅烧干，引起炸裂事故；灭菌锅水位过高，则会引起灭菌物积水。

（2）装料　将包扎好的待灭菌物品放在灭菌桶中，注意不要装得过满。

（3）加盖　盖好锅盖，两两对称拧紧螺旋。

（4）加热排气　加热后水蒸气与空气一起从排气孔排出，待锅内沸腾并有大量蒸汽自排气阀冒出时，排出的气流很强并有嘘声时，维持 2~3min 以排除冷空气。如灭菌物品较大或不易透气，应适当延长排气时间，确保空气充分排除，然后关闭排气阀。

（5）保压　排气阀关闭后，压力上升，当达到 0.1MPa、温度 121℃时，保持 20min 即可达到彻底灭菌。

（6）自然降压　切断电源后，压力逐渐下降，当压力表降至"0"处，同时温度降至 100℃以下后，开盖，取出灭菌物品。

5. 斜面的制作

将已灭菌装有 YPD 固体培养基的试管冷至 50℃左右（降温的目的是防止斜面上冷凝水太多），将试管口端置于木棒或其他合适高度的器具上，所形成的斜面长度以不超过试管长度 1/2 为宜。

6. 无菌检查

将已灭菌培养基放入 37℃恒温箱中培养 24~48h，以检查灭菌是否彻底。

五、思考题

1. 培养基有哪几种类型？
2. 简述制备培养基的一般步骤。
3. 简述高压蒸汽灭菌的原理及注意事项。
4. 怎样检查培养基灭菌是否彻底？

实验二　微生物的分离与接种技术

一、实验目的

1. 掌握微生物的几种接种技术。
2. 明确无菌操作的重要性，掌握无菌操作的基本环节。

二、实验原理

微生物在自然界中多呈混杂状态存在，为获得所需菌种，必须从混杂的微生物中将其分离出来。微生物的分离方法有很多，但基本原理类似，即将待分离的样本进行一定的稀释后，进行培养，使其长成单个菌落。这个过程中离不开接种，接种即将微生物的培养物或含有微生物的样品移植到培养基上的操作技术。接种技术的关键是要严格进行无菌操作，如操作不慎引起污染，则实验结果就不可靠，影响下一步工作的进行。微生物的分离与接种技术是微生物实验中最基本的操作技术。

由于实验目的及培养基种类等的不同，实际操作过程中所采用的接种方法也不相同。斜面接种、液体接种、固体接种和穿刺接种均以获得生长良好的纯种为目的。在分离培养微生物时，要充分考虑待分离微生物对培养基和培养条件的要求，选择适宜的培养条件。在分离、接种及培养过程中，均要严格进行无菌操作，所有用到的器具均需经过灭菌，接种工具在使用前后都要经过灭菌，在无菌超净台上或无菌室中进行，防止染菌。

三、实验器材及试剂

（1）菌种　酿酒酵母（*Saccharomyces cerevisiae*）。

（2）培养基　液体、斜面和平板 YPD 培养基。

（3）其他用品　无菌超净台、酒精灯、打火机、记号笔、试管架、接种环、移液器、三角形接种棒等接种工具。

四、实验步骤

1. 平板划线分离法

（1）右手拿接种环（如同手握钢笔），在酒精灯火焰上将接种环充分灼烧，以达到灭菌目的。待接种环冷却后，根据样品的预估浓度，挑取适量菌种。

（2）平板划线的方式有很多，其中一种有效的方法是将平板划分成 ABCD 四个区域，A区域面积最小，作为待分离样本的菌源区，B 和 C 作为过渡区，D 区面积最大，获得单菌落的机会较多。平板划线时，首先划 A 区，将平板倒置于酒精灯旁，左手拿平皿底并使平板与桌面垂直，培养基朝向酒精灯，右手拿接种环先在 A 区划 3～4 条连续的平行线（线条多少应依据挑菌量的多少而定）。划完 A 区后，将接种环置于酒精灯火焰上充分灼烧，以杀灭残菌，避免影响后面各区的分离效果。待接种环冷却后，开始划 B 区域，即用接种环通过 A 区（菌源区）将菌带到 B 区，随即划 3～4 条致密的平行线。以此类推，按照同样方法再作 C 区和 D 区的划线。划线完毕后，盖上培养皿盖，倒置于 30℃培养箱中培养 48h 后观察结果。

2. 斜面接种法

（1）斜面接种是用接种环从已生长好的菌种斜面上挑取少量菌种移植到另一支新鲜斜面培养基上的一种接种方法。将菌种斜面（简称菌种管）与待接种的新鲜斜面（简称接种管）两支大试管握在左手中，斜面面向操作者，并应斜持试管呈 45°角，使操作者能清楚地看到两支试管。提前用右手松动两支试管的塑料管盖或棉塞，以便接种时易于拔出。

（2）右手持接种环柄（如同手握钢笔），在酒精灯火焰上充分灼烧，以达到灭菌目的。然后将接种环有可能进入试管的部分全用火焰灼烧一遍，尤其是连接镍铬丝的螺口部分，要彻底灼烧以免灭菌不彻底。用右手无名指、小指和手掌边分别拨出菌种管和接种管两支试管的棉塞，并将试管口慢慢通过火焰上方灭菌，切勿烧得过久、过热。

（3）接种环充分自然冷却后，插入菌种管内，刮取少许菌苔然后取出，在火焰旁迅速插入接种管。在试管中由下往上做 Z 形划线。接种完毕，取出接种环，并迅速塞上棉塞。灼烧接种环后，放回原处，并塞紧棉塞。接种后的斜面置于 30℃培养箱中培养 24h。

3. 液体培养基接种法

（1）由斜面培养物接种至液体培养基时，接种环在酒精灯火焰处充分灼烧后，置于空气中冷却，然后用接种环从斜面上沾取少许菌苔，直接接种到液体培养基中并振摇几次，或者在液体培养基的液面与试管交界处的内壁上轻轻研磨，使菌体均匀分散在液体培养基中。

（2）由液体培养物接种至液体培养基时，可用接种环、接种针、无菌滴管、注射器、移液枪等沾取或吸取少许液体移至新液体培养基即可。

（3）接种液体培养物时要注意菌液勿溅在工作台上。实验过程中所有使用过的吸头或滴管，应立即放入盛有消毒液的容器内。接种后，液体培养基置于摇床中，于 30℃培养 12h。

4. 其他要求

用以上各方法分离或接种后的培养基应注明菌名、日期和接种者。

五、注意事项

实验中所用培养基、试管、吸头和离心管等均需要进行高温高压灭菌处理。

六、思考题

1. 平板培养时，为什么要把培养皿倒置？
2. 划线分离时，为什么每次都要将接种环上的残余物灼烧？
3. 操作液体培养基接种时，用过的无菌吸管或枪头应如何处理？

实验三 平板菌落计数

一、实验目的

学习采用稀释涂布法进行平板菌落计数的基本原理和技术。

二、实验原理

平板菌落计数法的原理是根据微生物在固体培养基培养后，所形成的单菌落是由一个单细胞繁殖而成的，也就是说，一个单菌落代表一个单细胞。因此，采用平板菌落计数法测定时，首先需将待测样品经一系列浓度稀释，再取一定量的稀释液接种到固体平板培养基上，并涂布均匀，经过培养，由每个单细胞生长繁殖而形成肉眼可见的菌落，统计菌落数，计算待测样品中的含菌数。由于待测样品往往不易完全分散成单个细胞，所形成的单菌落也可能来自样品中的 2～3 个甚至是更多的细胞，因此平板菌落计数的结果往往偏低。平板菌落计数法的缺点是操作较为繁琐，所需时间较长，测定结果往往偏低；优点是该方法能够测出样品中的活菌数，所以经常用于食品、水源、生物制品等含菌指数或污染度的检测。

三、实验器材及试剂

（1）菌种和试剂 大肠杆菌悬液、LB 培养基等。

（2）器材及其他用具 1mL 无菌吸头、5mL 无菌吸头、移液器、无菌培养皿、无菌水、无菌离心管、离心管架、记号笔、无菌超净台、恒温培养箱等。

四、实验步骤

（1）取制备好的 LB 平板培养基 9 个，分别标记 10^{-5}、10^{-6}、10^{-7}稀释度各三套。另取 7 个 5mL 无菌离心管，分别标记为 10^{-1}、10^{-2}、10^{-3}、10^{-4}、10^{-5}、10^{-6}、10^{-7}，每个离心管中加入 4.5mL 无菌水。用无菌枪头精确吸取 0.5mL 已充分混匀的大肠杆菌的菌悬液，加入到 10^{-1}离心管中，此即为 10 倍稀释。将 10^{-1}离心管充分振荡混匀，用无菌枪头精确吸取 0.5mL 菌液至 10^{-2}离心管中，此即为 100 倍稀释。以此类推，制备各浓度梯度的稀释液。

（2）分别吸取 10^{-5}、10^{-6}、10^{-7}稀释度的菌悬液各 0.1mL，加入对应标记的平板培养基中，每个稀释度做 3 个平行。用无菌涂布棒将菌液涂布均匀，放置 5min。

（3）将大肠杆菌平板倒置于 37℃培养箱中培养 48h。选择每个平板上长有 30～300 个菌落的稀释度进行平板计数，算出同一稀释度三个平板上的菌落平均数，并按下列公式进行计算：

每毫升中菌落形成单位（cfu）=同一稀释度三次重复的平均菌落数×稀释倍数×10

计数结果填入下表：

稀释度	10^{-5}				10^{-6}				10^{-7}			
	1	2	3	均值	1	2	3	均值	1	2	3	均值
cfu/平板												
菌液浓度												

五、思考题

1. 试比较平板菌落计数法和显微镜下直接计数法的优缺点。

2. 同一待测样品，采用平板菌落计数法和血细胞计数板两种方法同时计数，所得结果是否一样？为什么？

3. 要使平板菌落计数准确，需要掌握哪几个关键？为什么？

实验四　酵母的计数和形态观察

一、实验目的

1. 明确血细胞计数板的原理，并掌握使用血细胞计数板进行微生物计数的方法。
2. 观察酵母菌的形态特征和出芽生殖方式，学习区分酵母菌死、活细胞的实验方法。

二、实验原理

酵母菌是不运动的单细胞真核微生物，多呈圆形、卵圆形或圆柱形，细胞大小比细菌大。酵母菌的繁殖方式分为无性繁殖和有性繁殖两种，以无性繁殖为主。大多数酵母菌以出芽方式进行无性繁殖，少数为裂殖；有性繁殖是通过接合产生子囊和子囊孢子。本实验是通过染色法制备酵母水浸片来观察其形态和芽殖方式。

美蓝是一种无毒性的染料，利用美蓝染色的方法不仅能够观察酵母的细胞形态，同时还可用来鉴别酵母菌的死细胞和活细胞。其原理为：美蓝的氧化型呈蓝色，还原型为无色。由于酵母细胞的新陈代谢作用，细胞内具有较强的还原能力，因此，用美蓝对酵母活细胞染色时，能使美蓝由蓝色的氧化型变为无色的还原型。相反，对于死细胞或代谢作用微弱的衰老细胞，美蓝染色后呈蓝色或淡蓝色，以此鉴别死、活细胞。

血细胞计数板法是一种常用的微生物计数方法。血细胞计数板是一块特制的载玻片，由H形凹槽分为2个同样的计数池。计数池两侧各有一支持柱，将盖玻片覆盖其上，形成高0.10mm的计数池。计数池有长、宽各3.0mm的方格，分为9个大方格，每个大方格长、宽各为1.0mm。中央大方格用双线分成25个中方格，位于正中及四角的5个中方格是计数区域，用单线划分为 16 个小方格。

三、实验器材及试剂

（1）菌种　酿酒酵母（*Saccharomyces cerevisiae*）平板菌落及菌悬液。

（2）试剂　0.1%吕氏碱性美蓝染色液。

（3）器材　显微镜、擦镜纸、血细胞计数板、载玻片、盖玻片、无菌滴管等。

四、实验步骤

1. 美蓝浸片观察

（1）在载玻片中央滴加一滴 0.1%吕氏碱性美蓝染液，然后按照无菌操作规范，挑取在平板上培养 48h 的酿酒酵母少许，或用无菌滴管吸取一滴酵母菌的菌悬液，放在吕氏碱性美蓝染液中，使菌体与染液均匀混合。注意液滴不可过多或过少。

（2）用镊子取一个盖玻片，先将盖玻片的一边与液滴接触，然后慢慢将整个盖玻片放下，使其盖在菌液上。盖片时应注意，不能将盖玻片直接平放上去，以免产生气泡。

（3）将制好的水浸片放置 3min 后镜检。先用 10×低倍镜观察，然后换用 40×高倍镜观察酿酒酵母的形态和出芽情况，并根据颜色来鉴别死细胞与活细胞。染色约 0.5h 后，再次进行镜检观察，注意死细胞数量是否增加。

2. 酵母菌计数

（1）将酵母菌的菌悬液用生理盐水稀释至适当的浓度。

（2）取洁净的血细胞计数板一块。加样前，先对血细胞计数板的计数室进行镜检观察，确认洁净无菌。用无菌滴管将摇匀的菌悬液滴加在计数区上，然后加盖盖玻片。

（3）加样后，静置约 5min，使细胞沉降到计数板上，不再随液体漂移。将血细胞计数板放置于显微镜的载物台上夹稳，先在 10×低倍镜下找到计数区后，再换用 40×高倍镜观察并计数。

（4）计数时要注意以下几点：光线强弱要适当；计数时数上线、不数下线，数左线、不数右线，以减少误差，即位于本格上线和左线上的细胞计入本格，本格下线和右线上的细胞按规定计入相应的格中；一般样品稀释度要求每个小格子里约有 5～10 个菌体；对于出芽的酵母菌，芽体达到母细胞大小一半时，即可作为两个菌体计算；使用完毕后，将计数板在水龙头下用水冲洗干净，切勿用硬物洗刷。

（5）每个样品重复计数 2～3 次，按公式计算出每毫升菌悬液所含细胞数量。

25 格×16 格血细胞计数板计算公式为：

$$细胞数/mL=80 小格内细胞个数/80×400×10000×稀释倍数$$

五、实验结果

1. 绘图说明所观察到的酵母菌形态特征。

2. 计算每毫升酵母菌悬液所含细胞数量，以及 0.5h 后死细胞增加的数量。

六、思考题

1. 美蓝染色方法鉴别酵母菌死、活细胞的原理是什么？

2. 血细胞计数板的构造和计数方法是什么？根据实验体会，请说明用血细胞计数板法计数产生误差的原因来自于哪些方面？如何尽量避免和减少误差？

实验五　细菌染色技术和形态观察

一、实验目的

1. 学习细菌涂片、染色的基本原理和技术。
2. 掌握细菌的革兰氏染色方法，认识细菌的形态特征。
3. 巩固学习显微镜的使用方法，掌握油镜镜头的使用与保护。

二、实验原理

染色技术在细菌的研究中是一个基本而又重要的操作技术。细菌细胞小而且透明，直接将其悬浮于水滴中进行显微观察，难以看清其形态结构。通常细菌采用普通光学显微镜观察时，首先将其染色，经染色后的细菌细胞与背景形成鲜明的对比，在显微镜下更易于识别。用于微生物染色的染料是一类苯环上带有发色基团和助色基团的有机化合物。碱性染料是最常用的染色剂，例如美蓝、结晶紫、沙黄、孔雀绿等都属于碱性染料。

细菌的简单染色是利用单一染料进行染色的方法，该方法操作简便，适用于菌体一般形状和排列的观察。常用碱性染料进行染色，这是因为细菌细胞通常带负电荷，而碱性染料在电离后带正电荷，容易与细菌结合使细菌着色。

革兰氏染色法是 1884 年丹麦病理学家 C. Gram 所创立的。该方法能将所有的细菌分为革兰氏阳性（G⁺）和革兰氏阴性（G⁻）两大类，这两类细菌细胞壁的结构和组成不同，革兰氏染色技术是细菌学上最常用、最重要的鉴别染色方法。碘作为媒染剂，能与结晶紫结合成结晶紫-碘的复合物，从而增强了染料与细菌的结合力。革兰氏阳性细菌的细胞壁比较厚，通常为 $20\sim80nm$，主要由肽聚糖形成致密的网状结构，类脂质含量低，用乙醇脱色时细胞壁脱水，使肽聚糖层的网状结构孔径缩小、透性降低，从而使结晶紫-碘的复合物不易被洗脱而保留在细胞内，经脱色和复染后仍保留初染剂的蓝紫色。革兰氏阴性菌则不同，其细胞壁比较薄，通常为 $2\sim3nm$，且其类脂质含量高，所以当用乙醇进行脱色处理时，类脂质被乙醇溶解，细胞壁透性增大，使结晶紫-碘的复合物随之被洗脱出来，用复染剂复染后，细胞被染上复染剂的红色。

三、实验器材及试剂

（1）菌种　枯草芽孢杆菌（*Bacillus subtilis*）、八叠球菌（*Sporosarcina psychrophila*）、大

肠杆菌（*Escherichia coli*）。

（2）染色剂　吕氏碱性美蓝染液、结晶紫染色液、卢戈氏碘液、95%乙醇、番红液等。

（3）仪器或其他用具　显微镜、酒精灯、香柏油、二甲苯、载玻片、接种环、擦镜纸、生理盐水等。

四、实验步骤

（一）简单染色

1. 涂片

取一块洁净的载玻片，将其在酒精灯火焰上微微加热，目的是除去上面的油脂，待载玻片冷却后，滴一滴生理盐水于其中央，从平板上挑取少许菌苔于水滴中，接种环上残余菌用酒精灯灼烧去除，再用接种环将菌涂抹混匀，制成直径大约为1cm的菌膜。涂片时要注意：载玻片要洁净，不能有油脂污染，这样菌体才能涂抹均匀；取菌量不能过大，以免造成菌体重叠。

2. 干燥

干燥时，可以采用室温自然干燥，也可以将涂面朝上在酒精灯火焰上方稍微加热，使其干燥。但切勿离火焰太近，因为温度太高会破坏菌体形态。

3. 固定

将已干燥好的涂片菌体面朝上，在火焰上连续通过三次，固定菌体细胞，此时杀死大部分细菌，并使菌体蛋白质凝固，菌体标本牢固于玻片上，以免在染色或水洗过程中被冲掉，同时，还能增加菌体对染料的结合力，使涂片易于着色。

4. 染色

滴加吕氏碱性美蓝染液1滴于涂片上，染液的添加量以刚好覆盖涂片薄膜为宜，染色1～2min即可。

5. 水洗

斜置载玻片，倾去染液，自来水细水流从载玻片上端轻轻流下进行冲洗，直至从涂片上流下的水无色为止。水洗时要注意，不要用水直接冲洗涂菌面；自来水的水流不宜过快，以免将薄膜冲掉。

6. 干燥

可以采用自然干燥或用吸水纸吸干，也可以用电吹风吹干，但注意不能用力擦菌体，以免菌体被擦掉。

7. 镜检

待制片标本干燥后，先用低倍镜和高倍镜观察，将典型部位调整到视野中央，再用油镜进行观察。

（二）革兰氏染色

1. 涂片

取一洁净的载玻片，按照"（一）简单染色"中步骤1～3挑取少量菌体涂片，干燥、固定。涂片时要注意，以选取处于生长活跃期的菌为宜，因为菌龄过长，死亡或细胞壁受损的革兰氏阳性菌会形成阴性反应。同时，菌不要涂得过厚，以免在脱色环节不易完全脱色造成假阳性结果。固定时要注意，火焰固定不能过热，以玻片不烫手为宜，否则菌体细胞易变形。

2. 初染

在涂片处滴加结晶紫染色液，添加量以刚好将菌膜覆盖为宜，染色 1～2min，倾去染色液，用自来水细水流冲洗，直至洗出液为无色，将载玻片上水甩净。注意在水洗时，自来水的水流切勿过大，以免将菌体冲掉。

3. 媒染

滴加卢戈氏碘液媒染约 1min，然后水洗。滴加染色剂时要注意，一定要覆盖整个菌膜，否则可能会影响实验结果造成假象。

4. 脱色

用滤纸轻轻地吸去玻片上的残水，将玻片倾斜，用滴管流加 95%乙醇脱色，直至流出的乙醇无紫色时，立即水洗，以终止脱色。乙醇脱色是革兰氏染色操作的关键环节，对检验结果起着至关重要的作用。若乙醇脱色不足，革兰氏阴性菌会被误染成阳性菌；若脱色过度，革兰氏阳性菌会被误染成阴性菌。通常乙醇脱色时间为 10～30s。

5. 复染

在涂片上滴加番红液，复染 2～3min，水洗后自然晾干，也可以用吸水纸轻轻吸干。注意在染色过程中，不可使染液干涸。

6. 镜检

干燥后，在油镜下进行观察。根据显色情况判断两种菌体染色反应性。菌体被染成蓝紫色的是革兰氏阳性菌（G+），被染成红色的为革兰氏阴性菌（G-）。

五、实验结果

1. 根据观察结果，绘出三种细菌的形态图。
2. 说明三株细菌的革兰氏染色结果。

六、思考题

1. 涂片染色前，固定的目的是什么？固定时要注意什么问题？
2. 为什么不能选择菌龄过长的菌进行革兰氏染色观察？
3. 革兰氏染色过程中，需要注意哪些问题？
4. 使用油镜时，应特别注意哪些问题？

实验六　放线菌的形态观察

一、实验目的

1. 掌握观察放线菌形态的基本方法。

2. 观察并了解放线菌的形态特征。

二、实验原理

放线菌是指能形成分支丝状体或菌丝体的一类革兰氏阳性菌。常见的放线菌大多能形成菌丝体，菌丝体分为两部分，即潜入培养基中的营养菌丝（或称基内菌丝）和生长在培养基表面的气生菌丝。有些气生菌丝分化成各种孢子丝，呈螺旋形、波浪形或分支状等。有些放线菌只能产生营养菌丝而不能产生气生菌丝，在显微镜下观察时，气生菌丝色暗，营养菌丝较透明。放线菌的孢子可以在油镜下进行观察，常呈圆形、椭圆形、柱形或杆形。气生菌丝及孢子的形状和颜色常作为分类的重要依据。

为了观察放线菌的形态特征，常见的方法有插片法、玻璃纸法和印片法。本实验中采用插片法对放线菌形态进行观察。插片法适合进行营养菌丝、气生菌丝和孢子菌丝的比较观察。插片法的原理及技术方法为，将放线菌接种在琼脂平板上，插上无菌盖玻片后进行培养，使得放线菌菌丝沿着培养基表面与盖玻片的交接处生长并附着在盖玻片上，培养后取出盖玻片进行镜检即可。插片法的优点是既能够保持放线菌的自然生长状态，也可以观察放线菌不同生长期的形态特征。

三、实验器材及试剂

（1）菌种　细黄链霉菌（*Streptomyces microflavus*）和弗氏链霉菌（*Streptomyces fradiae*）的斜面培养物。

（2）试剂　石炭酸复红染液、高氏 1 号培养基。

（3）仪器及其他用具　无菌平皿、无菌超净台、恒温培养箱、显微镜、载玻片、盖玻片、酒精灯、香柏油、玻璃棒、接种铲、小刀、镊子等。

四、实验步骤

（1）将灭菌后的高氏 1 号培养基融化并冷却至 50℃左右，倒入无菌培养皿中，每皿倒 15mL 左右，凝固后备用。

（2）接种环用酒精灯火焰充分灼烧后冷却，挑取菌种斜面培养物（孢子）在琼脂平板上划线接种。

（3）用酒精灯火焰灼烧镊子，以达到灭菌目的，冷却后，用其将无菌盖玻片以 45°倾斜角插入平皿培养基琼脂内，插片数量可根据需要而定，将插片平皿倒置于 28℃恒温培养箱中进行培养。

（4）培养 3～5 天后，小心取出盖玻片，把有菌的一面朝上，放在载玻片上，置显微镜下观察。观察时，宜选用稍暗光线，先用低倍镜找到适当视野，再用高倍镜观察；如果用油镜观察，需要将有菌的一面朝下，用胶纸将盖玻片固定在载玻片上再进行观察。一般情况是气生菌丝颜色较深，并比营养菌丝粗 2 倍左右。另外，也可以稍微加热固定，再用石炭酸复红染液染色约 1min，然后用洗瓶将石炭酸复红染液洗掉，自然风干，观察放线菌形态。

五、实验结果

绘图说明所观察到的放线菌的形态特征。

六、思考题

1. 镜检时，如何区分放线菌的营养菌丝和气生菌丝？
2. 插片法培养和观察放线菌的优点是什么？

实验七　霉菌的形态观察

一、实验目的

1. 学习并掌握观察霉菌形态的基本方法。
2. 观察并比较几种常见霉菌的基本形态特征。
3. 学习并掌握制备水浸片的技术。

二、实验原理

霉菌不是真菌分类中的名词，而是丝状真菌的统称。霉菌的形态相比于细菌和酵母菌更为复杂，个体更大。霉菌可产生复杂分支的菌丝体，分为基内菌丝和气生菌丝，气生菌丝生长到一定阶段后分化产生繁殖菌丝，由繁殖菌丝产生孢子。霉菌菌丝体（尤其是繁殖菌丝）及其孢子的形态特征是识别不同种类霉菌的重要依据。霉菌菌丝和孢子的宽度通常比细菌粗很多，是细菌菌体宽度的几倍甚至是几十倍，因此，可用低倍和高倍显微镜观察。

观察霉菌的形态有多种方法，常用的有直接制片观察法、载玻片培养观察法和玻璃培养观察法。由于霉菌菌丝细胞容易收缩变形，孢子容易飞扬，所以在制霉菌标本时，常用乳酸-石炭酸溶液作为介质，其具有保护细胞不变形的作用，溶液本身呈蓝色，有一定的染色效果，并且还能杀菌防腐，不易干燥，使制片能保持较长时间。本实验直接挑取生长在平板中的霉菌菌体，经乳酸-石炭酸染色制成水浸片观察其形态结构。

三、实验器材及试剂

（1）菌种　培养 3 天的青霉（*Penicillium*）、曲霉（*Aspergillus*）、毛霉（*Mucor*）的平板培养物。

（2）试剂　乳酸-石炭酸棉蓝染色液。

（3）仪器及其他用具　无菌吸管、平皿、载玻片、盖玻片、解剖针、镊子、显微镜等。

四、实验步骤

1. 霉菌的菌落特征观察

在平板培养基上，霉菌的菌落形态较大，质地疏松，呈现蛛网状、绒毛状、棉絮状或毛毡状。注意观察并记录三种霉菌的菌落特征，包括菌落大小、表面形态、颜色、与培养基结合程度、是否具有臭味等。

2. 制片观察

取洁净的载玻片，在载玻片中央滴加一滴乳酸-石炭酸棉蓝染色液，用解剖针从霉菌菌落边缘挑取少量带有孢子的霉菌菌丝置于载玻片上的染色液中，用解剖针小心地将菌丝分散开。小心盖上盖玻片，注意不要产生气泡。用记号笔标记菌株名称。先将制片置于低倍镜下观察，必要时换高倍镜观察。注意挑取菌丝以及制片时要特别小心，尽可能保持霉菌的自然生长状态。

五、实验结果

1. 根据镜检观察到的结果，绘制青霉、毛霉及曲霉的形态图。
2. 列表比较青霉、毛霉及曲霉在形态结构上的异同。

六、思考题

1. 为什么用乳酸-石炭酸溶液制作霉菌水浸片？
2. 霉菌菌丝与假丝酵母的菌丝有什么区别？

实验八　细菌生长曲线的测定

一、实验目的

1. 了解细菌生长曲线的特点及测定原理。
2. 学习用比浊法测定细菌的生长曲线。

二、实验原理

细菌的生长曲线是指将少量细菌接种到一定体积的新鲜液体培养基中，在适宜条件下进行培养，定时取样并测定培养液中的菌体浓度或菌体数量，以培养时间为横坐标，以细菌数目的对数或生长速率为纵坐标作图，所绘制的曲线称为该细菌的生长曲线。典型的细菌生长曲线包括四个时期，即延缓期、对数生长期、稳定期和衰亡期。每个时期的长短因菌种的遗传性、接种量和培养条件的不同而有所不同。不同的细菌在相同的培养条件下其生长曲线不同，同样的细菌在不同的培养条件下所绘制的生长曲线也不相同。因此，细菌生长曲线的绘制，可以使我们了解各种细菌及其在不同培养条件下的生长规律，对于科学研究和工业生产都具有非常重要的指导意义。

测定微生物的数量有多种不同的方法，可根据要求和实验室条件选用。其中比浊法是一种快捷简便而又常用的方法。比浊法测定菌体数量的原理是，在一定范围内，微生物细胞浓度与透光度成反比，与吸光度（A值）成正比，因此可利用分光光度计测定菌悬液的吸光度来计算菌液的浓度，并将所测的A值与其对应的培养时间作图。相对于酵母菌或霉菌，通常细菌的繁殖速度较快。例如在合适的条件下，一定时期的大肠杆菌每20min就会分裂一次。本实验采用比浊法测定大肠杆菌的菌体数量，以培养时间为横坐标，以A值为纵坐标，绘出大肠杆菌的生长曲线。

三、实验器材及试剂

（1）菌种　大肠杆菌（*Escherichia coli*）。
（2）培养基　LB 液体培养基。
（3）仪器设备　分光光度计，比色杯（1cm），恒温摇床，无菌超净台，无菌吸管，试管，三角瓶（250mL）等。

四、实验步骤

（1）配制 100mL LB 液体培养基，装在 250mL 三角瓶中，于 121℃灭菌 20min 后备用。
（2）在 100mL LB 液体培养基中接入 1mL 大肠杆菌过夜培养液（培养 10～12 h），然后将三角瓶放在 37℃ 150r/min 的摇床中振荡培养。
（3）测定A值前，将待测定的培养液振荡，使细胞均匀分布。分别在摇瓶振荡培养的0h、1h、2h、3h、4h、5h、6h、7h、8h、9h、10h 取样，注意取样需要在无菌工作台中进行，每次取样 1mL，然后测定在 600 nm 波长下的吸光度值，对于样品中细胞密度大的液体培养基需要进行一定浓度的稀释，经稀释后，使其A值在 0.2～0.8 之间比较合适，经稀释后测得的样品A值要乘以稀释倍数，即为培养液实际的A值。分光光度计测定吸光度时，用未接种的 LB 培养基作空白对照。

五、实验结果

1. 将测定的A值填入下表：

培养时间/h	0	1	2	3	4	5	6	7	8	9	10
A_{600}											

2. 以上述表格中的时间为横坐标，A_{600}值为纵坐标，绘制大肠杆菌的生长曲线。

六、思考题

1. 采用比浊法和平板菌落计数法测定菌体数量，所绘制的细菌生长曲线会有区别吗？为什么？

2. 本实验中绘制的大肠杆菌生长曲线分为几个时期？特征如何？

3. 次级代谢产物一般在哪个时期大量积累？根据菌体生长繁殖的规律，采用哪些措施可使次级代谢产物较多地积累？

实验九　噬菌体分离与纯化技术

一、实验目的

1. 学习分离、纯化噬菌体的基本原理，掌握双层琼脂平板法培养噬菌体的方法，并观察噬菌斑。

2. 通过综合性实验，培养学生独立安排实验、分析问题和解决问题的能力，进一步掌握微生物实验的基本原理和技术，培养无菌意识。

二、实验原理

噬菌体是以细菌为寄主的一类专性寄生的非细胞微生物，目前对于噬菌体的研究大多集中在人和动物传染性疾病的防治方面，自然界中凡有寄主细胞存在的地方，均可发现其特异的噬菌体的存在，亦即噬菌体是伴随着宿主细菌的分布而分布的，例如粪便与阴沟污水等往往是各种肠道细菌尤其是大肠杆菌的栖居地，因此能容易地分离到各种肠杆菌噬菌体；再如乳牛场有较多的乳酸杆菌，也容易分离到乳酸杆菌噬菌体等。

噬菌体感染宿主细胞后，其 DNA 或 RNA 侵入细菌细胞后进行复制、转录、基因表达、装配形成完整的噬菌体颗粒，继而导致细胞裂解，噬菌体即从中释放出来。因此，如果在细菌的液体培养过程中，发现培养液由混浊状态逐渐变为清亮或较清亮，此现象可指示在培养物中有噬菌体存在。利用这一特性，在样品中加入敏感菌株与液体培养基，进行培养，使噬菌体增殖、释放。在有宿主细菌生长的固体琼脂平板上，噬菌体可裂解细菌或限制被染细菌的生长而形成透明的空斑，称噬菌斑，一个噬菌体产生一个噬菌斑，利用这一现象可将分离到的噬菌体进行纯化与测定噬菌体的效价。

本实验是从阴沟污水中分离大肠杆菌（Escherichia coli）噬菌体，刚分离出的噬菌体常不纯，表现在噬菌斑的形态、大小不一致等，然后再采用琼脂双层平板作进一步纯化。

三、实验器材及试剂

（1）菌种　大肠杆菌（*Escherichia coli*）。

（2）阴沟污水。

（3）培养基　牛肉膏蛋白胨培养基（液体）、下层琼脂培养基（采用牛肉膏蛋白胨固体培养基，1.5%～2.0%琼脂）、上层琼脂培养基（采用牛肉膏蛋白胨半固体培养基，0.7%琼脂）、牛肉膏蛋白胨2倍浓缩培养液。

（4）仪器或其他用品　移液器及吸头、灭菌玻璃涂布器、离心管、离心机、无菌过滤器（孔径0.22μm）、无菌试管、恒温水浴锅。

四、实验步骤

（一）噬菌体的分离

1. 大肠杆菌液体培养

用接种环从大肠杆菌斜面试管中挑取少量菌苔，接种到装有10mL牛肉膏蛋白胨液体培养基的无菌试管中，于37℃培养12h。

2. 增殖培养

将制备好的大肠杆菌培养液1mL、20mL阴沟污水、10mL牛肉膏蛋白胨2倍浓缩培养液装入已灭菌的三角瓶中，于37℃培养12h。

3. 制备裂解液

将上述培养好的混合物倒入一只50mL无菌离心管中，于6000r/min离心10min，上清液小心地转移到另一无菌离心管中。

4. 验证实验

所制备的裂解液经37℃培养12h，经无菌检查没有细菌，此为噬菌体裂解液。

5. 噬菌体检测

在牛肉膏蛋白胨固体平板上，加入0.1mL大肠杆菌菌液，用无菌涂布棒将菌液均匀地涂布在培养基表面，加入数滴裂解液于平板中，于37℃培养12～24h。如果在滴有裂解液的地方形成了透明噬菌斑，则可以证明裂解液中具有大肠杆菌噬菌体。

（二）噬菌体的纯化

1. 稀释裂解液

按10倍梯度稀释法用无菌水将噬菌体裂解液依次稀释至10倍、100倍、1000倍、10000倍。

2. 制备双层平板

提前将上层琼脂培养基融化并置于50℃恒温水浴锅中保温。在5mL 50℃的上层琼脂培养基中，分别加入稀释裂解液0.1mL与0.2mL大肠杆菌菌液，混合均匀后，倒入下层培养基上，铺匀，于37℃培养24h后观察噬菌斑。

3. 纯化

观察平板上的噬菌斑的形态是否一致。若平板上噬菌斑的形态均一，用接种针挑取单个噬菌斑（小心挑取，不接触其他噬菌斑并连带少量菌苔），接入牛肉膏蛋白胨液体培养基，37℃培养12h。于6000r/min离心10min并用0.22μm无菌过滤膜过滤除菌，即得到纯化的噬菌体。若平板上的噬菌斑形态不均一，可反复重复步骤1～2作进一步纯化直至出现的噬菌斑形态一致为止。

五、实验结果

观察并比较平板上出现的噬菌斑的形态特征并绘图。

六、思考题

1. 如何获得纯化的噬菌体？
2. 本实验中所用的几种培养基的区别与作用分别是什么？

第十章

人体解剖学实验

【课程简介】 ▷▷▷

　　人体解剖学是研究人体正常形态结构的科学，是生物科学专业和与药学相关专业的重要的基础课程。任务是通过教学使学生掌握人体各系统、器官的配布、形态结构和重要毗邻关系等基本理论知识，为学习生物科学及药学等课程奠定基础。本实验课程从运动系统、消化系统和呼吸系统、泌尿系统和生殖系统、心血管系统、感官（眼耳）和周围神经系统、中枢神经传导通路和内分泌系统六个方面，介绍人体的构成，以及各器官的功能。

【课程目标】 ▷▷▷

　　1. 基本理论知识
　　（1）了解人体各系统、器官结构配布的总规律；正常、变异和畸形的概念；解剖学方位术语；形态与功能的关系，形态结构与发生、发展的关系，内部结构与体表标志的关系等。
　　（2）掌握人体各系统器官的组成、形态、位置、结构特点及其简要的功能意义；常用的骨性、肌性、大血管、神经干体表投影和重要脏器的体表定位等。
　　2. 基本技能
　　（1）自学能力：实验课由学生对照教材观察标本、模型、挂图等，掌握所要求的观察内容。通过独立观察分辨器官结构，加深对理论的理解，培养学生的动手动脑能力。

（2）基本技能：人体表面解剖标志的摸认，正确和系统地观察、分析、综合和描述人体各器官的形态结构。

（3）通过选择性的思考题与病例讨论，培养学生分析问题和解决问题的能力。

3. 基本素质

（1）态度：培养学生热爱祖国，立志献身生物科学与药学事业，树立良好的职业道德，全心全意为人民服务；培养严谨、实事求是的科学作风，牢固树立科学的发展观。

（2）智力：在教学中对学生进行多种能力的培养，即观察标本能力、形象思维能力、自学能力、阅读能力、分析综合能力、描述表达能力、创新能力。

（3）体质：培养学生养成良好的卫生习惯，加强体育锻炼，增强体质。

实验一　运动系统

一、实验目的

1. 熟悉全身骨的名称、位置及主要结构；熟悉肌的构造（肌腹、肌腱）；熟悉各肌起止点及肌作用的分析方法；了解腋窝、股三角、腘窝和腹股沟管。

2. 掌握椎骨的构造；各部椎骨的形态特点；颅底内面观，肩胛骨、胸骨、肱骨、髋骨和股骨的形态结构；椎骨间连结、颞下颌关节、肩关节、肘关节、髋关节和膝关节的结构特点及运动。

3. 了解重要的骨性标志；腕关节、踝关节、胸锁关节和足弓；重要的肌性标志。

二、实验原理

揭示人体运动系统的形态和结构特征。

三、实验器材

人体骨骼模型。

四、实验步骤

（1）全身骨架标本示教颅骨脑颅骨 8 块、面颅骨 15 块的名称、位置；躯干骨胸骨、肋骨和椎骨的名称、位置（见图10-1和图10-2）；上肢骨肩胛骨、肱骨、尺骨、桡骨和手骨诸骨的名称、位置；下肢骨髋骨、股骨、胫骨、腓骨和足部诸骨的名称、位置。

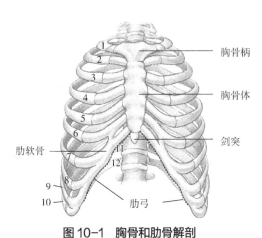

图10-1　胸骨和肋骨解剖

1～12分别表示第1肋至第12肋

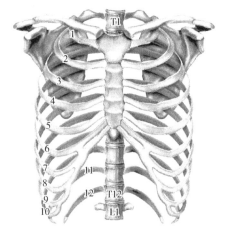

图10-2　肋骨与锥体解剖

1～12分别表示第1肋至第12肋，T1为第1胸椎椎体，

T12为第12胸椎椎体；L1为第1腰椎椎体

（2）游离骨椎骨标本示教椎体、椎弓、关节突、棘突、横突。上肢骨标本示教肩胛骨形态（面、缘、角、肩胛冈、肩峰），学生自己观察肱骨、尺骨、桡骨。下肢骨标本示教股骨的形态及股骨头、颈、体，大、小转子，内、外侧髁，学生自己观察髋骨、胫骨、腓骨。

（3）摸认骨性标志，枕外隆突、下颌角、棘突、胸骨角、肋弓、剑突、肩峰、尺骨、鹰嘴、髂嵴、耻骨结节、大转子、髌骨、内踝、外踝、跟结节。

（4）椎骨间连结标本示教椎间盘（纤维环、髓核）、关节突关节、黄韧带、棘上韧带和棘间韧带。

（5）颅的连结标本示教颞下颌关节的关节盘、关节面及关节囊。

（6）上肢关节标本示教肩关节的结构特点，关节面呈头大盂小，囊薄而松弛，囊内有肱二头肌腱通过，关节唇加深关节窝，关节囊除下壁外，有喙肱韧带和肌纤维加入，有助于关节的稳固性。肘关节、腕关节学生自己观察（图10-3）。

（7）下肢关节标本示教膝关节，三块骨参与形成关节面，关节囊前后松弛、囊内有前后交叉韧带，胫、腓侧副韧带，内、外侧半月板，滑膜襞。骨盆、髋关节学生自己观察。

（8）头颈肌标本示教面部表情肌、咀嚼肌。示教颈浅肌，重点是胸锁乳突肌，颈深肌的前、中斜角肌及其形成的间隙。

（9）上肢肌标本示教肢带肌、臂肌（前、后群）、前臂肌（前、后群）和手肌（三群）。重点是三角肌、肱二头肌、肱三头肌、肱桡肌、指伸肌，指浅、深屈肌和腋窝。

（10）躯干肌标本示教重点是背阔肌、斜方肌、竖脊肌、胸大肌、胸小肌、肋间内肌、肋间外肌、腹外斜肌、腹内斜肌、腹横肌、腹直肌和腹股沟管。

（11）下肢肌标本示教髋肌、大腿肌（内侧、前、后群肌）、小腿肌（前、后、外侧群）和足肌。重点是髂腰肌、臀大肌、股四头肌、半腱肌、半膜肌、股二头肌、小腿三头肌和腘窝、股三角。

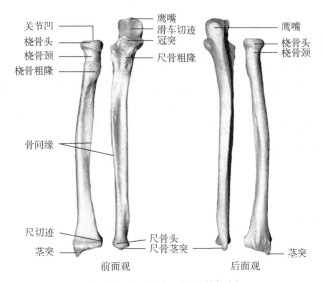

图 10-3　上肢骨与关节解剖

（12）活体摸认胸锁乳突肌、三角肌、胸大肌、臀大肌、肱二头肌、股四头肌和小腿三头肌。

五、注意事项

注意运动系统的形态和结构特征。

六、思考题

请用所学的解剖学知识解释如下现象：

1. 小儿长骨骨折常折而不断；颅骨骨折多呈凹陷性（像被压凹了的乒乓球）。

2. 某女，75 岁，因病卧床半年多，营养状态差。护士帮她从仰卧位翻身时，右手伸向患者左肩后方用力一拍，此时被被子压着的左上肢发出响声，患者同时呼痛。X 射线检查证实其左肱骨上中 1/3 交界处斜形骨折。

3. 某男，70 岁，心脏病发作，呼吸心搏骤停，护士急按其胸前壁做心外按摩，抢救成功后发现该患者左侧第 5、6 肋骨骨折。

实验二　消化系统和呼吸系统

一、实验目的

1. 熟悉消化系统的组成、消化道（上、下消化道）和消化腺（肝、胰）；熟悉呼吸系统的组成。

2. 掌握牙、舌的形态，唾液腺的位置及导管开口部位。咽的位置、分部及其结构。食道的分部及三个狭窄。胃的形态、位置，十二指肠的分部，空、回肠的结构特点，盲肠、阑尾的位置，阑尾根部的体表投影，结肠的分部及特点，肛管的黏膜结构。肝的位置、形态。肝外胆道的组成。胰的形态、位置。鼻旁窦的位置及开口部位，喉的位置，甲状软骨、环状软骨的形态，喉腔的结构。左、右主支气管的特点，肺的形态，壁胸膜的分部和肋膈隐窝。

3. 了解纵隔的概念及分区。

二、实验原理

揭示消化系统和呼吸系统各器官、结构间的毗邻和联属。

三、实验器材

人体消化系统模型、人体呼吸系统模型。

四、实验步骤

（1）模型标本示教口腔至肛管各级消化道的名称、位置，肝、胰的位置及形态。

（2）头颈部矢状切标本示教鼻咽、口咽、喉咽及其结构（图10-4）。十二指肠、胰标本示教十二指肠的分部及十二指肠大乳头，胰头、体、尾及胰管。空、回肠游离标本示教环状襞、淋巴滤泡。回盲部标本示教回盲瓣、阑尾的形态。结肠游离标本示教结肠带、结肠袋和肠脂垂。肛管标本示教肛柱、肛瓣、齿状线、肛窦等。

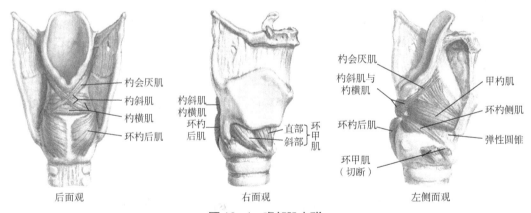

图10-4　喉部肌肉群

（3）游离肝标本示教肝的形态，二面、四缘、分叶，肝门及其结构。肝外胆道，胆囊、肝管、肝总管和胆总管。

（4）模型标本示教呼吸系统的鼻腔、喉、气管、主支气管，肺，胸膜（壁胸膜、脏胸膜、肋膈隐窝）。纵隔的境界。

（5）呼吸系统游离标本示教鼻腔（鼻甲、鼻道、鼻旁窦及其开口），喉、甲状软骨、环状软骨、喉腔（两对皱襞、喉前庭、喉中间腔、声门下腔）。左、右主支气管比较，肺的形态、分叶、肺门及其结构。

五、注意事项

注意消化系统和呼吸系统各器官、结构间的毗邻和联属。

六、思考题

患者主诉：转移性右下腹疼痛，即先表现为脐周钝痛，后转移至右下腹疼痛，伴有恶心。体检：体温 38.7℃，脉搏 90 次/min，右下腹肌紧张、压痛及反跳痛明显。血液检查：中性粒细胞比率 0.85，淋巴细胞比率 0.15。临床诊断：急性阑尾炎，需立即手术。试述阑尾解剖学特点。

问题思考：

1. 阑尾手术切口应如何选择？
2. 阑尾位于何处？阑尾本身的位置变化通常有哪些？
3. 手术切口（麦氏切口）需经过哪些层次结构？
4. 打开腹膜腔后，如何区分大、小肠？
5. 手术中如何寻找阑尾？
6. 切除阑尾时，在何处结扎阑尾的血管？叙述其动脉来源。

实验三　泌尿系统和生殖系统

一、实验目的

1. 掌握肾的位置、形态、结构；输尿管的分部、生理性狭窄，膀胱的分部及膀胱三角；女性尿道的开口部位；睾丸的构造，输精管的分部及结扎部位；前列腺的位置及毗邻；男性尿道的分部、狭窄、弯曲；卵巢和子宫的形态、位置及固定装置，输卵管的分部、结扎部位；腹膜和腹膜腔的概念。

2. 熟悉男性生殖系统的组成，各器官的名称、位置及功能；女性生殖系统的组成，各器官的名称、位置及功能；阴道穹的概念；阴道前庭、尿道口与阴道口的位置关系；腹膜形成的结构（网膜、系膜、腹膜陷凹）。

3. 了解阴茎的构造。

二、实验原理

展现泌尿系统与生殖系统各器官、结构间的毗邻和联属。

三、实验器材

人体泌尿系统解剖模型。

四、实验步骤

（1）泌尿系统游离标本示教肾的形态（两端、两面、两缘，肾门及其结构，肾蒂），肾的结构（皮质、髓质，肾柱、肾锥体，肾大、小盏，肾盂）（图10-5）。膀胱的形态（尖、底、体、颈）及膀胱三角。女性盆部矢状切标本示教膀胱的位置、女性尿道及开口部位。

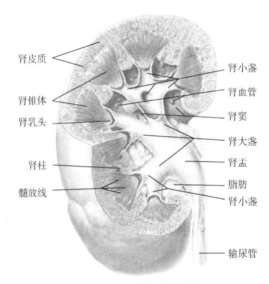

图10-5　右肾冠状切面

（2）男性盆部矢状切标本及男性生殖器游离标本示教各器官的名称、位置及功能。睾丸小叶、精曲小管，输精管的分部，男性尿道的三部，三个狭窄、两个弯曲。前列腺与直肠、膀胱颈、尿生殖膈的位置关系。阴茎头、体、根及三个海绵体。

（3）女性盆部矢状切标本及游离女性生殖器标本示教各器官的名称、位置及功能。卵巢的端、面、缘、2条韧带。子宫底、体、颈及内腔，4条韧带及作用。输卵管的分部及结扎部位。阴道穹与直肠子宫陷凹的位置关系及临床意义。

（4）模型示教壁腹膜、脏腹膜和腹膜腔。肠系膜，大、小网膜。子宫直肠陷凹、膀胱直肠陷凹。

五、注意事项

注意观察泌尿系统与生殖系统各器官、结构间的毗邻和联属。

六、思考题

比较男性和女性尿道的特点。

实验四　心血管系统

一、实验目的

1. 熟悉心的位置及毗邻关系；头颈部的颈内静脉、颈外静脉。
2. 掌握心的形态、内腔结构，心的血管。了解心壁的构造；主动脉的分部及分支；头颈部、胸部、腹部、上肢、下肢的动脉干及主要分支、分布；上腔静脉的位置及属支，左、右头臂静脉（属支颈内静脉、锁骨下静脉，静脉角及意义）；下腔静脉及属支，左、右髂总静脉，肾静脉、肝静脉等；上、下肢浅静脉的起始及注入；肝门静脉的组成、属支及其与上、下腔静脉的吻合部位、临床意义；全身表浅的淋巴管及淋巴结；脾在体的位置及形态结构。胸导管的起始及注入。
3. 了解头颈部、四肢的常用压迫止血点。

二、实验原理

揭示心的位置及毗邻关系。

三、实验器材

人体心脏解剖模型、人体动脉解剖模型和人体静脉解剖模型。

四、实验步骤

（1）模型标本示教心位于中纵纵隔内，与肺、膈、胸膜、胸骨的位置关系。

（2）心的模型及游离标本示教心的外形（1尖、1底、2面、3缘、4条沟），4腔重点是右半心（右心房2部，3个入口，1个出口，卵圆窝）、右心室（2部、1个入口、1个出口、三尖瓣复合体、隔缘肉柱）。与左半心作比较。心脏前面观与后面观见图10-6。

（3）心的模型及心血管模型示教左、右冠状动脉的走行、主要分支，冠状窦的位置及主要属支。

（4）模型标本示教主动脉的升主动脉、主动脉弓（弓上3大分支）、胸主动脉（主要分支为肋间后动脉）、腹主动脉（分支肾动脉、腹腔干和肠系膜上、下动脉），左、右髂总动脉及其延续关系。

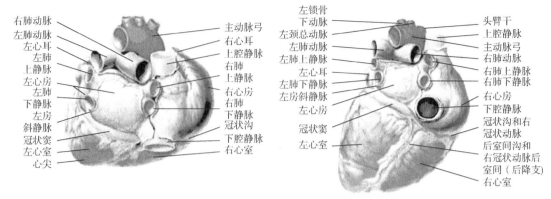

图 10-6　心脏前面观与后面观

（5）头颈部标本示教颈总动脉和颈内、外动脉，颈外动脉的分支（甲状腺上动脉、舌动脉、面动脉、上颌动脉、颞浅动脉）。

（6）上肢标本示教锁骨下动脉、腋动脉及其分支（胸外侧动脉、肩胛下动脉）、肱动脉及其分支的肱深动脉，尺、桡动脉，掌浅弓、掌深弓及其延续关系。

（7）腹盆部标本示教腹腔干的分支（脾动脉、肝总动脉、胃左动脉），供应结肠上区的器官。肠系膜上动脉的分支（空回肠动脉、回结肠动脉、右结肠动脉、中结肠动脉），供应空回肠、大肠右侧半。肠系膜下动脉的分支（左结肠动脉、乙状结肠动脉、直肠上动脉），供应大肠左侧半。盆部壁支：闭孔动脉、臀上动脉、臀下动脉；脏支：阴部内动脉、子宫动脉、膀胱上动脉。

（8）下肢标本示教髂外动脉（分支腹壁下动脉）、股动脉（分支股深动脉）、腘动脉及其分支的胫前动脉延续为足背动脉，胫后动脉延续为足底内、外侧动脉。

（9）模型标本示教上腔静脉及属支，左、右头臂静脉。下腔静脉及属支，左、右髂总静脉、肾静脉。肝门静脉及属支，脾静脉、肠系膜上静脉、肠系膜下静脉、胃左静脉等。颈内静脉、颈外静脉。

（10）四肢静脉标本示教上肢浅静脉的头静脉、贵要静脉和肘正中静脉起始及注入。下肢浅静脉的大隐静脉、小隐静脉起始及注入。

（11）淋巴系统模型示教全身表浅的淋巴管及淋巴结。主要有下颌下淋巴结、腮腺淋巴结、耳淋巴结、锁骨上淋巴结、腋淋巴结、肘淋巴结、腹股沟淋巴结和腘窝淋巴结。

（12）模型标本示教胸导管，起自乳糜池，注入左静脉角。脾在体的位置、毗邻。游离脾观察其形态（面、缘、脾切迹、脾门及其结构）。

五、注意事项

注意观察心的位置及毗邻关系；颈总动脉和颈内、外动脉，颈外动脉的分支。

六、思考题

比较动脉系统与静脉系统的差异。

实验五　感官（眼耳）和周围神经系统

一、实验目的

1. 掌握眼球的构造，眼球外肌；鼓室六壁及其毗邻关系；骨迷路的耳蜗、前庭、骨半规管的形态；膜迷路的蜗管（Cortis 器）、椭圆囊、球囊、膜半规管的形态；膈神经的行程及分布；臂丛的组成、位置，腋神经、正中神经、尺神经、肌皮神经和桡神经的分布；十二对脑神经的名称，III～XII对脑神经在脑干的附连部位、重要分支及分布；交感神经和副交感神经的低级中枢，节前纤维和节后纤维的分布概况。

2. 熟悉眼睑的层次结构及视力调节；外耳、中耳、内耳的位置关系；椭圆囊斑、球囊斑、壶腹嵴；声波的传导及位置觉感受器；胸神经前支的节段性分布；腰丛的组成及位置。掌握股神经和闭孔神经的分布；骶丛的组成及位置。掌握阴部神经、坐骨神经的分支分布。

3. 了解颈丛的位置。熟悉颈丛皮支的分布；内脏神经的概念、区分及分布概况。

二、实验原理

揭示眼球的构造，眼球外肌；展现颈丛神经的位置。

三、实验器材

人体眼球模型和人体耳蜗、前庭、骨半规管模型；人体周围神经模型。

四、实验步骤

（1）眼球模型示教眼球壁的 3 层膜、7 部，眼房、晶状体、玻璃体。

（2）头颈部标本示教眼睑的 5 层结构。

（3）眼球外肌标本及模型示教眼球外肌及其起止。

（4）耳放大模型示教外耳、中耳、内耳的位置关系。

（5）颞骨放大模型及颞骨鼓室切开标本示教鼓室 6 个壁及毗邻结构。

（6）内耳放大模型示教骨迷路与膜迷路的关系；骨迷路的耳蜗、前庭、骨半规管的形态；膜迷路的蜗管、椭圆囊、球囊、膜半规管和听觉感受器（螺旋器），位置觉感受器的椭圆囊斑、球囊斑、壶腹嵴。

（7）头颈胸部标本示教颈丛，颈丛的皮支（耳大、枕小、颈横、锁骨上神经），膈神经的走行、分布，肋间神经和肋下神经的走行及分布。

（8）上肢标本示教臂丛（C5～8、T1 前支，上、中、下干，内侧、外侧、后束）及其分支，腋神经、尺神经、桡神经、正中神经、肌皮神经的走行及分布。

（9）腹盆下肢标本示教腰丛的位置，股神经、闭孔神经的走行及分布；骶丛的位置；阴部神经、坐骨神经穿出梨状肌下孔，经股后部下行至腘窝，分出胫神经和腓总神经，分布于小腿和足部。

（10）脑神经模型及标本示教动眼神经分布于除上斜肌、外直肌外的眼球外肌；滑车神经至上斜肌，展神经至外直肌；三叉神经分为上颌神经、下颌神经和眼神经，分布于面部皮肤、口鼻黏膜、牙、舌前 2/3 等；面神经（鼓索，管外 5 组分支）分布于舌前 2/3 味觉，面部表情肌；舌咽神经舌支、咽支至舌、咽部；迷走神经观察颈部神经干，舌下神经至舌；副神经至胸锁乳突肌和斜方肌。

（11）内脏神经模型及标本示教交感干、内脏大小神经、椎旁神经节、椎前神经节；副交感神经的睫状神经节、下颌下神经节等。

五、注意事项

注意观察交感神经和副交感神经的低级中枢，节前纤维和节后纤维的分布概况。

六、思考题

比较交感神经和副交感神经支配的范围。

实验六　中枢神经传导通路和内分泌系统

一、实验目的

1. 掌握脊髓的位置、外形及内部构造；脑干的外部形态。熟悉脑干的内部结构；背侧丘脑、下丘脑和后丘脑的位置及功能；大脑半球的分叶及各叶重要的脑沟、回；内部构造的皮质、髓质、内囊；脑、脊膜的硬膜、蛛网膜和软膜的结构特点、形成结构；脑血供的来源、分布；大脑动脉环；内分泌系统的组成及各内分泌腺的位置。

2. 熟悉第四脑室的位置及连通；小脑的位置、分叶，小脑扁桃体。了解小脑的内部构造；间脑的位置、分部；第三脑室的位置及连通；侧脑室的形态及连通。

3. 了解感觉传导通路的深感觉传导通路（内侧丘系）、浅感觉传导通路（脊髓丘系、三叉丘系）；锥体系的运动传导通路（皮质脊髓束、皮质核束）。

二、实验原理

揭示脊髓的位置、外形及内部构造；展现脑干的内部结构。

三、实验器材

人体脊髓模型和人体脑干模型。

四、实验步骤

（1）模型标本打开椎管后壁示教脊髓的位置及外形。脊髓游离标本观察2个膨大、脊髓圆锥、终丝、脊神经前后根丝、前正中裂及5条沟。脊髓横断面示教灰质（前后角、灰质连合、中央管）和白质（3个索）。

（2）脑干模型及标本示教中脑、脑桥、延髓的分界。脑干腹侧观示教锥体、锥体交叉、橄榄，舌下神经，舌咽神经、迷走神经、副神经根，脑桥延髓沟，展神经、面神经、前庭蜗神经根，基底动脉沟，小脑中脚、三叉神经根，大脑脚、脚间窝、动眼神经根等。脑干背侧观示教薄束结节、楔束结节、小脑下脚、菱形窝、小脑上脚、上丘、下丘、滑车神经根。

（3）脑干内部构造模型示教脑神经核（躯体运动、躯体感觉、内脏运动、内脏感觉）、薄束核、楔束核、锥体束、内侧丘系、三叉丘系、脊髓丘系。

（4）脑矢状切标本示教观察第四脑室的围成及连通。

（5）脑模型及标本示教观察小脑位于脑桥、延髓的背面和端脑枕叶的下方。

（6）脑标本及脑干模型示教观察间脑位于两侧大脑半球之间，向后连于中脑。背侧丘脑呈一对卵圆形的灰质团块，前端尖细称为丘脑前结节，后端横行膨出称为丘脑枕，上面和内侧面游离称为脑室面，分别参与围成侧脑室和第三脑室，其内有众多的神经核团。腹后内侧核、腹后外侧核为上行传导通路的最后中继站。下丘脑位于背侧丘脑的前下方，包括视交叉、视束、漏斗、灰结节、乳头体等。背侧丘脑后外侧有内、外侧膝状体，与听、视觉传导有关。第三脑室位于两侧背侧丘脑、下丘脑之间，前端借室间孔连通侧脑室，借中脑水管连通第四脑室。

（7）端脑模型及标本示教观察大脑半球上外侧面的额叶、顶叶、枕叶、颞叶和岛叶。额叶的中央前回，额上、中、下回。顶叶的中央后回，顶上、下小叶，缘上回、角回。颞叶的颞上、中、下回。大脑半球内侧面的楔叶、距状沟、胼胝体、扣带沟。侧脑室标本可见顶叶内的中央部向前深入额叶为前角，向后伸入枕叶为后角，伸向颞叶为下角，借室间孔连通第三脑室。大脑水平切面观察大脑皮质，内部为白质，白质内有基底核、背侧丘脑、尾状核、豆状核、屏状核、倒置呈"V"形的内囊。

（8）运动传导通路模型示教观察。A 皮质核束：起自中央前回下1/3（上运动神经元）至脑干脑神经运动核（下运动神经元），发出脑神经至头面部的骨骼肌（面神经核下部、舌下神经核只接受对侧皮质核束支配，其余运动神经核接受双侧支配）。B 皮质脊髓束：起自中央前回上2/3和中央旁小叶前部，通过脑干下行，在延髓下部，大部分纤维交叉形成皮质脊髓侧束，小部分纤维不交叉形成皮质脊髓前束，纤维不断离开纤维束至脊髓灰质前角，再由前角发出纤维经脊神经到达骨骼肌。

（9）脑动脉标本示教观察颈内动脉分出大脑前动脉（分布于大脑上外侧面）、大脑中动脉（分布于大脑内侧面大部分）。两侧椎动脉汇合成基底动脉，发出大脑后动脉（分布于大脑内侧面的枕叶）。由颈内动脉，大脑前、后动脉，前、后交通动脉共同组成大脑动脉环。椎基底动脉供应脊髓、脑干、小脑、间脑大部分。

（10）观察各内分泌腺的位置。

五、注意事项

注意观察脊髓的位置、外形及内部构造；注意观察脑干的内部结构。

六、思考题

简述脑干损伤的临床表现。

第十一章

生物科学综合实验

📖 【课程简介】 ▶▶▶

　　生物科学综合实验是生命科学与药学学院根据专业培养目标的不同，为生物科学专业特设的综合性实验。该课程包括多个独立的实验项目，不仅涵盖了生物化学、分子生物学、基因工程原理、细胞生物学等多学科的相关理论知识，而且实验内容涉及多种生命科学前沿技术和方法，充分体现了课程的前沿性。

　　本实验采取线下实操+线上视频+虚拟仿真的教学形式以及开放式的管理模式，即在教师的指导下，学生独立思考、自行安排实验进度，制订可行的实验计划，认真操作、整理和分析实验结果，最后以科研论文的形式完成实验报告。通过本课程的学习和实践，使学生对基因工程和细胞生物学实验的全过程有系统、明确的认识，理解并掌握基因工程及细胞生物学常见实验的原理和操作方法，提高学生分析和解决问题的能力，为从事生物科学及其相关领域的研究工作打下基础。

　　该课程的设置旨在将优质科研资源转化为教学内容，构建以"基础性—综合设计性—研究创新性"为理念的阶梯式教学体系，从"科教融合、协同育人"的角度构建一套有利于生物科学专业学生个性化发展的培养方案。

✈ 【课程目标】 ▶▶▶

　　整套实验围绕 Mastl 基因的克隆、重组、筛选、鉴定、转染、检测这一研究顺序进行操作。整个实验过程涉及多种基因操作的基本技术及细胞培养转染实验，而且各个实验之间具有很强的连贯性。本课程设置在第四学年第一学期，旨在帮助学生整合生物化学、分子生物学、基因工程原理、细胞生物学等多学科的研究思路，培养学生探究未知问题的科研思维，为今后从事科学研究打下坚实的基础。

【教学设计】

随着我国高等教育的大力发展，高校成为培养和造就创新人才的主力军基地。特别是对于生命科学这样的理科专业来说，理论教学和实验教学是培养学生创新意识和科研能力的重要组成部分，其中，实验教学对于培养学生的实践和创新能力至关重要。然而，由于部分院校缺乏对实验教学的重视，导致大部分学生不具备科研探索能力。在这样的背景下，致力于培养大学生的创新能力、自主研究能力、基础强化能力和学科交叉能力显得尤为重要。

因此，生命科学与药学学院专业实验中心将顺应形势发展的需要，构建以基础强化为目的、以科研创新为导向、以学科交叉为出发点和以自主探究为核心的纵向四体系课程，并采用现代网络技术规范管理实验室，从而为社会培养出新一代复合、创新型实验人才。

本章节中，以pEGFP-Cl-Mastl真核表达载体的构建及其在复制压力下对肿瘤细胞恶性增殖的影响为例，详细讲解具体的实验原理及操作过程，以供部分院校参考使用。

实验一　pEGFP-Cl-Mastl 真核表达载体的构建

一、实验目的

1. 学习和掌握聚合酶链反应的原理及体外扩增获得目的 DNA 片段的方法。
2. 学习及掌握琼脂糖凝胶电泳检测 DNA 片段的原理和方法。
3. 学习及掌握碱裂解法提取质粒 DNA 的原理和方法。
4. 掌握限制性内切酶作用原理及琼脂糖凝胶试剂盒回收 DNA 片段的方法。
5. 学习掌握真核表达载体构建的原理与方法。

6. 学习掌握感受态细胞的制备、重组质粒的热击转化、阳性克隆的筛选鉴定等方法。

二、实验原理

1. 聚合酶链反应的原理

聚合酶链反应（polymerase chain reaction，PCR）是指在DNA聚合酶催化下，以母链DNA为模板，以特定引物为延伸起点，通过变性、退火、延伸等步骤，体外复制出与母链模板DNA互补的子链DNA的过程。当模板DNA加热至95°时会变性成单链，待温度降至55℃左右，引物与模板DNA单链通过碱基互补配对的方式结合。再调温度至DNA聚合酶最适反应温度（72℃左右）时，以dNTP为反应原料、靶序列为模板，按碱基互补配对与半保留复制原理，DNA聚合酶沿着5'-3'的方向合成一条新的与模板DNA链互补的半保留复制链。PCR仪实际是基于DNA聚合酶制造的一款温控设备，它能很好地控制变性、复性和延伸温度。

2. 碱裂解法提取质粒DNA的原理

质粒存在于许多细菌以及酵母菌等生物中，是细胞染色体外能够自主复制的很小的环状DNA分子。质粒DNA提取主要包括以下几个问题：①如何将大肠杆菌细胞裂解释放质粒DNA；②如何分离质粒DNA和基因组DNA；③如何去除蛋白质和其他杂质。碱裂解法是最为常用的质粒提取方法之一，其原理是：在强碱性条件下，染色体DNA和蛋白质变性，将质粒DNA释放到上清液中。在pH中性，并有高浓度盐存在的条件下，质粒DNA复性，仍为可溶性状态，染色体DNA交联形成不溶性网状结构。在去垢剂SDS作用下，染色体DNA与变性蛋白质和细胞碎片结合形成沉淀，离心去除沉淀，回收复性的质粒DNA。经过苯酚、氯仿抽提，RNA酶消化和乙醇沉淀等步骤去除残余蛋白质和RNA。

3. 琼脂糖凝胶电泳检测DNA片段的原理

琼脂糖是从海藻中提取出来的一种杂聚多糖，加热易溶于水，待冷却后可形成孔径为50～200nm的凝胶。在电场强度一定、电泳介质相同时，不同大小、形状和构象的DNA分子在琼脂糖凝胶中具有不同的迁移率，从而使不同分子大小的DNA分子分离。琼脂糖凝胶制备容易，分离范围广。通过使用DNA染料嵌合到DNA分子的双链中，在紫外光照射下，结合有染料分子的DNA呈现荧光。琼脂糖凝胶电泳是最基本的核酸检测手段，用于分离纯化核酸分子、鉴定分子大小、筛选重组子等。

生理条件下，DNA分子糖-磷酸骨架中的磷酸基团呈多聚阴离子状态，在电场中向正极方向迁移。由于糖-磷酸骨架在结构上重复，等量的双链DNA几乎带等量的净电荷，因此，当电场强度一定、电泳介质相同时，DNA分子的电泳速率就取决于其分子的大小和构型。对于构型相似的分子，分子越大、迁移速率越慢。

4. 限制性内切酶的作用原理

限制性内切核酸酶是一类识别DNA上特定核苷酸序列，并产生切割反应的内切核酸酶的总称。限制性内切酶消化产生的DNA末段为5'黏性末端、平末端和3'黏性末端三类。在基因操作中，限制性内切酶作为"剪刀"对DNA起剪切作用。

5. 感受态细胞的制备原理

转化是指质粒或重组质粒被导入受体细胞，表达相应的标记基因，并在一定的培养条件下，长出转化子的过程。将对数生长期的大肠杆菌细胞置于冰浴的$CaCl_2$低渗溶液中，细胞壁通透性增强，细胞膨胀成球形，重组DNA形成抗DNase的羟基-钙磷酸复合物并黏附于细胞表面，42℃热击后，细胞吸收 DNA 复合物，经数小时培养后成功表达目标基因。

6. 阳性克隆的筛选鉴定原理

菌落 PCR 是直接以菌体热解后暴露的 DNA 为模板进行PCR 扩增，是一种可以快速鉴定菌落是否含有目的基因的阳性菌落方法。使用目的基因的引物进行 PCR，最后所获得的 PCR 产物即为目的基因。

三、实验器材及试剂

（1）器材　PCR 扩增仪、小型台式高速离心机、-80℃超低温冰箱、湿热高压灭菌锅、电热恒温培养箱、无菌超净工作台、微量移液器、恒温水浴锅、冰箱、水平琼脂糖凝胶电泳系统等。

（2）试剂　具体试剂名称及配制方法如表 11-1 所示。

表 11-1　试剂名称及配制方法

溶液名称	配制方法
LB 液体培养基	胰化蛋白胨（10g）、酵母提取物（5g）、NaCl（10g），加 200mL ddH$_2$O 搅拌至完全溶解，然后以 5mol/L NaOH 调 pH 至 7.0～7.4，用 ddH$_2$O 定容至 1 L，121℃高压灭菌 20min。使用时加入卡那霉素，终浓度为 50μg/mL
LB 固体平板培养基	胰化蛋白胨（10g）、酵母提取物（5g）、NaCl（10g）、琼脂粉（15 g）加 200mL ddH$_2$O 搅拌至完全溶解，然后以 5mol/L NaOH 调 pH 至 7.0～7.4，用 ddH$_2$O 定容至 1L，121℃高压灭菌 20min。待培养基温度降到 55℃时，手可触摸，此时可以加入抗生素，充分摇匀后每个皿倒入 15～20mL 培养基。倒入培养皿后，打开盖子，通无菌空气，在紫外灯下照 15min。之后，合好盖子，用封口胶封边平板，并倒置。平板放于 4℃保存，一个月内使用
卡那霉素储存液	无菌水配置 50mg/mL，分装后-20℃保存，使用时按照 1:1000 比例稀释
重悬液（P1）	50mol/L 葡萄糖，10mmol/L EDTA，25mmol/L Tris，pH8.0，RNA 水解酶（20μg/mL），4℃储存
裂解液（P2）	0.2mol/L NaOH，1% SDS，室温储存
中和溶液（P3）	将 60mL 乙酸钾（5mol/L）、11.5mL 冰醋酸、28.5mL H$_2$O 混匀即可配置体积为 100mL 的 P3 缓冲液
50×TAE	Tris（24.2g），EDTANa$_2$-2H$_2$O（3.72g），加适量水，搅拌并稍微加热溶解后，加 5.71mL 冰醋酸，加水至 100mL
溴化乙锭溶液	将溴化乙锭（EB）配置成 10mg/L，用铝箔或黑纸包裹容器，室温储存，使用时按照 1:10000 比例稀释

四、实验步骤

1. 质粒 pEGFP-C1 的小量制备及电泳鉴定

（1）质粒 pEGFP-C1 的制备

① 将甘油储存的 DH5α-pEGFP-Cl 菌株均匀涂布在含卡那霉素抗性的 LB 固体培养基上，37℃恒温培养 24h。

② 挑选单个菌落，然后将其置于 5mL LB 液体培养基（含卡那霉素）中，37℃摇床振荡

培养过夜。

③ 取大约 1mL 培养过夜的细胞菌液，12000r/min 离心 1min，弃去上清液。

④ 向菌体中加入 150μL P1 溶液，重悬细胞。

⑤ 向离心管中加入 150μL P2 溶液，上下颠倒 4～6 次，彻底混匀，室温静置 1min。

⑥ 向离心管中加入 150μL P3 溶液，上下颠倒 4～6 次，此时将出现白色絮状沉淀。冰上静置 2min 后，12000r/min、4℃离心 10min。

⑦ 收集上清液，并加入 900μL 无水乙醇（100%），上下颠倒 4～6 次，彻底混匀。−20℃冰箱中静置 2h 后，12000r/min、4℃离心 10min。

⑧ 弃掉上清液，自然风干沉淀。

⑨ 加入 30μL 超纯水，溶解沉淀物。

⑩ Nanodrop 检测质粒 DNA 浓度，并将其命名为 pEGFP-C1，−20℃冰箱保存。

（2）质粒 pEGFP-C1 的电泳检测

① 琼脂糖凝胶液（1%）的制备：称取 0.4g 琼脂糖，置于锥形瓶中，加入 40mL TAE（1×）稀释缓冲液，放入微波炉中加热至琼脂糖完全融化。加热时应盖上保鲜膜，以减少水分蒸发。

② 胶板的制备：将点样梳子垂直插入电泳胶模的一端，待琼脂糖凝胶液冷却至 50～60℃时，以 1∶10000 的比例加入溴化乙锭核酸染色剂，混匀，轻轻倒入电泳胶模中，去除气泡。待凝胶冷却凝固后（凝固时间最好多于 40min），垂直拔出梳子，将凝胶及电泳胶模放入电泳槽内，添加 TAE（1×）缓冲液至没过胶板为止。

③ 点样：在点样板上混合 DNA 样品（5μL）和上样缓冲液（1μL）。用微量移液器分别将样品加入点样孔中，且不破坏点样孔周围的凝胶。如果有多个样品，点样前要记录样品顺序。每加完一个样品，应更换枪头，以防污染。

④ 电泳：点样结束后，盖上电泳槽，100～150V 恒压电泳，使 DNA 样品沿着水平电泳槽的负极（黑色）向正极（红色）方向移动。当溴酚蓝移动到距离胶板下沿约 1 cm 处时，停止电泳（约 40min）。

⑤ 观察和拍照：电泳完毕，取出凝胶。在波长为 254 nm 的紫外灯下观察电泳条带，拍照并保存。

2. Mastl 基因编码区的克隆、电泳鉴定及产物纯化

（1）按表 11-2 加入相应的 PCR 反应体系，小心混匀。

表 11-2　PCR 反应体系

组成成分	20μL 体系	50μL 体系
Milli-Q 超纯水	14.0μL	35.0μL
10×扩增缓冲液（含Mg^{2+}）	2.0μL	5.0μL
10×dNTP	2.0μL	5.0μL
正向引物 F1（20pmol/L/μL）	0.4μL	1.0μL
反向引物 R1（20pmol/L/μL）	0.4μL	1.0μL
模板	0.8μL	2.0μL
DNA聚合酶（2U）	0.4μL	1.0μL

（2）设置 PCR 程序，并在 PCR 仪上运行 PCR 程序：

94℃预变性5min
94℃变性 10s
55℃退火 15s ⎫
72℃延伸 2min ⎬ 25 次循环
72℃彻底延伸 10min

（3）琼脂糖凝胶电泳鉴定　具体操作详见质粒 pEGFP-C1 的电泳检测步骤。琼脂糖凝胶液的浓度需根据目的基因的 DNA 分子大小来决定。本次实验建议使用浓度为 2%～3% 的琼脂糖凝胶液。

（4）PCR 产物纯化　为去除反应液中的各种酶蛋白、引物、dNTP 等，得到高质量的 DNA 纯化产物用于酶切、测序等后续研究，本实验采用 SanPrep 柱式 PCR 产物纯化试剂盒从 PCR 反应液中纯化回收 DNA 片段，具体操作流程如图 11-1 所示。

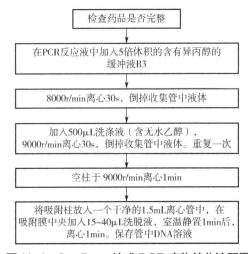

图 11-1　SanPrep 柱式 PCR 产物纯化流程图

3. DNA 双酶切反应

（1）反应体系：

组分	体积
Mastl/pEGFP-C1	30μL
缓冲液	5μL
限制性内切酶Ⅰ（10U/μL）	2.5μL
限制性内切酶Ⅱ（10U/μL）	2.5μL
ddH₂O	10μL

注：反应条件为 37℃ 2h，终体积中 DNA 浓度宜保持在 0.1～0.4μg/μL。

（2）琼脂糖凝胶电泳鉴定酶切产物

① 琼脂糖凝胶液的制备　分别称取 0.8g、0.4g 琼脂糖，置于锥形瓶中，各加入 40mL

TAE（1×）稀释缓冲液，放入微波炉中加热至琼脂糖完全融化，即可配置成浓度分别为1%和2%的琼脂糖凝胶用于 Mastl 基因和 pEGFP-C1 质粒鉴定及胶回收。

② 胶板的制备　将点样梳子垂直插入电泳胶模的一端，待琼脂糖凝胶液冷却至 50～60℃时，以 1：10000 的比例加入溴化乙锭核酸染色剂，混匀，轻轻倒入电泳胶模中，去除气泡。待凝胶冷却凝固后（凝固时间最好多于 40min），垂直拔出梳子，将凝胶及电泳胶模放入电泳槽内，添加 TAE（1×）缓冲液至没过胶板为止。

③ 点样　在点样板上混合所有双酶切 DNA 样品（50μL）和上样缓冲液（9μL）。用微量移液器分别将样品加入点样孔中，且不破坏点样孔周围的凝胶。

④ 电泳　点样结束后，盖上电泳槽，100～150V 恒压电泳，使 DNA 分子沿水平电泳槽的负极（黑色）向正极（红色）方向移动。当溴酚蓝移动到距离胶板下沿约 1cm 处时，停止电泳（约 40min）。

⑤ 观察和拍照　电泳完毕，取出凝胶。在波长为 254nm 的紫外灯下观察电泳条带，拍照并保存。

（3）DNA 切胶回收　为了去除杂质，得到高质量的 DNA 回收产物用于连接等后续实验，本实验采用 SanPrep 柱式 DNA 胶回收试剂盒，具体操作流程如图 11-2 所示。

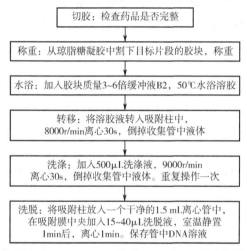

图 11-2　SanPrep 柱式 DNA 胶回收流程图

4. 目的基因片段与载体的连接

组分	体积
质粒 pEGFP-C1	30μL
Mastl 目的基因	5μL
1μL 连接缓冲液（10×）	2.5μL
1μL DNA 连接酶	2.5μL

注：反应条件为 16℃、30min，然后置于冰上，或者低温保存。质粒总量为0.1μg，目的基因总量为0.4μg。

5. 感受态细胞的制备（要求无菌操作）

（1）吸取 DH5α 菌种保存液（约 30μL），接入含有 5mL LB 培养基（不含抗生素）的试管中，37℃振荡培养过夜。

（2）取 50μL 过夜培养菌液转置新的含有 5mL LB 无抗性培养基中，37℃振荡培养约 3h（A_{550}在 0.6 时菌种数量最佳）。

（3）收集菌液，冰上静置 10min。

（4）4℃、3000r/min 离心 5min。

（5）弃去上清液，加入 1mL 预冷的 $CaCl_2$ 溶液，用移液枪轻轻重悬细胞，冰上静置 30min。

（6）4℃、3000r/min 离心 10min。

（7）弃去上清液，加入 200μL 预冷的 $CaCl_2$ 溶液，用移液枪轻轻重悬细胞。

（8）加入 200μL 浓度为 30% 的甘油（终浓度为 15%），用移液枪轻轻重悬细胞。

（9）分装、封口、标记，并放入 -80℃ 冰箱备用。

6. 感受态细胞的转化（要求无菌操作）

（1）将 LB 固体平板培养基（含卡那霉素）置于 37℃ 摇床中静置预热。

（2）将 pEGFP-C1-Mastl 重组质粒及感受态 DH5α 细胞置于冰上。

（3）取 1～2μL pEGFP-C1-Mastl 加入含有 200μL 感受态 DH5α 细胞的 EP 管中，冰上静置 15min。

（4）42℃ 热击 90s 后，迅速转移至冰上，放置 2min。

（5）加入 200μL 含卡那霉素的 LB 液体培养液，37℃ 振荡培养 1h。

（6）将全部菌液涂布至 LB 固体平板培养基中，37℃ 摇床中静置培养过夜。

7. 转化克隆的筛选和鉴定

（1）用高压灭菌的牙签或枪头挑取单个菌落的 1/2 部分置于 PCR 反应管中，剩余部分转移至含有 1～3mL LB 液体培养液（含卡那霉素）的试管中，并于 4℃ 低温保存。

（2）加入 PCR 体系（20uL），进行 PCR 反应。

（3）琼脂糖凝胶电泳观察结果。

（4）如琼脂糖凝胶电泳结果显示有目的 DNA 条带，即可初步考虑该菌落为阳性克隆菌落。

8. 重组质粒的扩增和提取

（1）经转化克隆筛选鉴定后，将含有重组质粒序列的 DH5α 细胞置于 37℃ 摇床中振荡培养过夜。

（2）收集菌液，12000r/min 离心 1min，弃去上清液。

（3）向菌体中加入 150μL P1 溶液，重悬细胞。

（4）向离心管中加入 150μL P2 溶液，上下颠倒 4～6 次，彻底混匀，室温静置 1min。

（5）向离心管中加入 150μL P3 溶液，上下颠倒 4～6 次，此时将出现白色絮状沉淀。冰上静置 2min 后，12000r/min、4℃ 离心 10min。

（6）收集上清液，并加入 900μL 无水乙醇（100%），上下颠倒 4～6 次，彻底混匀。-20℃ 冰箱中静置 2h 后，12000r/min、4℃ 离心 10min。

（7）弃掉上清液，自然风干沉淀。

（8）加入 30μL 超纯水，溶解沉淀物。

（9）Nanodrop 检测重组质粒 DNA 浓度，测序分析后将其命名为 pEGFP-C1-Mastl，并于 -20℃ 冰箱保存。

五、注意事项

1. 溴化乙锭是一种强致突变剂，实验中应戴手套操作。

2. 质粒提取过程中应尽量保持低温。

3. 使用离心机时要注意样品的平衡。

4. 使用紫外线时注意眼部防护。

5. 使用可能造成环境污染或对人体有害的物品时，要佩戴手套，并在实验结束后集中处理，不可随处丢弃。

6. 实验中所使用的塑料器具（如 PCR 扩增管、枪头等）必须经高压蒸汽灭菌后方可使用。

六、思考题

1. P1、P2、P3 的作用分别是什么？

2. 琼脂糖凝胶电泳实验中，上样缓冲液和溴化乙锭的作用分别是什么？

3. PCR 反应时降低退火温度对产物有什么影响？

4. 感受态细胞制备过程中应该注意什么？

5. 感受态细胞的制备可以应用到哪些研究领域？

6. 感受态细胞热击后需进行活化培养，此时培养基中为什么不加入抗生素？

实验二　pEGFP-C1-Mastl 重组质粒转染 HeLa 细胞

一、实验目的

1. 学习和掌握细胞冻存、复苏、传代培养等技术。

2. 熟悉外源基因在真核细胞中表达的原理。

3. 掌握倒置荧光显微镜的使用。

4. 学习及掌握免疫印迹的原理和操作技术。

二、实验原理

1. 细胞冻存、复苏、传代的原理

当细胞离开活体进入原代培养后，它的生物学特性会随着传代次数以及外界环境的变化而发生变化。因此，将生长状态良好的细胞及时冻存是十分必要的。细胞冻存和复苏以"慢

冻速融"为基本原则。冻存细胞应采用"缓慢降温"的方法，这样可以减少细胞冰晶的形成，避免由于快速降温而导致的细胞机械损伤、渗透压改变、蛋白质变性等降低细胞活力的因素。复苏细胞应采用"快速融化"的方法，这样可以保证细胞外结晶在很短的时间内即融化，避免由于缓慢融化使水分渗入细胞内形成胞内再结晶对细胞造成损伤。

目前细胞冻存多采用甘油或二甲基亚砜（DMSO）作为保护剂，这两种物质可提高细胞膜对水的通透性。当缓慢降温时，细胞内的水分渗出细胞外，减少细胞内冰晶的形成，从而保存细胞的活力。

2. 外源基因在真核细胞中表达的原理

pEGFP-C1 载体可转染真核细胞，使目的基因在增殖的细胞中稳定表达，且对目的蛋白的生物学功能和宿主细胞的生长无影响。该载体全长 4.7kb，具有多克隆位点，便于目的基因的插入，其中的报告基因绿色荧光蛋白有利于示踪和检测所克隆的目的基因。本研究将 Mastl 基因插入 pEGFP-C1 载体，经 PCR 和测序鉴定，克隆的 Mastl 质粒序列正确，真核表达载体 pEGFP-C1-Mastl 克隆成功。通过脂质体 2000 介导真核表达载体 pEGFP-C1-Mastl 转染 HeLa 细胞，获得了高表达 Mastl 的 HeLa 细胞株，该细胞株形态与野生型 HeLa 细胞无差异，倒置荧光显微镜下观察以及免疫印迹结果显示，EGFP-Mastl 融合蛋白在细胞中稳定表达。

3. 免疫印迹的原理

免疫印迹采用的是聚丙烯酰胺凝胶电泳，被检测物是目标蛋白，"探针"是与目标蛋白特异性结合的一抗，"显色"用标记的二抗。SDS-PAGE 可对蛋白质样品进行分离，转移到固相载体（硝酸纤维素薄膜）上。固相载体可以吸附蛋白质，并保持其生物学活性不变。转移后的固相载体用 BSA 或脱脂奶粉溶液封闭疏水结合位点。用目标蛋白的抗体（一抗）处理硝酸纤维素薄膜，使其与目标蛋白特异结合成抗原抗体复合物。去除未结合的一抗后，再用显色标记的二抗孵育，二抗是指一抗的抗体，如一抗是从兔中获得的，则二抗就是抗兔 IgG 的抗体。去除未结合的二抗后，显影，目标蛋白-一抗-二抗复合物所指示的条带即为目标蛋白。

三、实验器材及试剂

（1）器材 离心机、高压灭菌锅、无菌超净工作台、Eppendorf 微量移液器、恒温水浴锅、冰箱、倒置荧光显微镜、垂直板电泳槽、电泳仪、化学发光凝胶成像系统等。

（2）试剂 显影液、定影液、抗体及其他试剂（具体试剂名称及配制方法如表 11-3 所示）。

表 11-3 试剂名称及配置方法

溶液名称	配制方法
DMEM 基础培养基	将 3.7g NaHCO₃ 粉末与一袋 DMEM 培养基粉末溶于 1L 去离子水中，调节 pH 至 7.4，并用 0.22μm 无菌滤膜于无菌环境中过滤并分装。4℃冰箱保存备用
100×双抗溶液	将 150mg 青霉素和 250mg 链霉素溶解于 10mL PBS 溶液中，配制成浓度为 10000U/mL 的双抗溶液。用 0.22μm 无菌滤膜于无菌环境中过滤并置于-20℃中保存备用
完全培养基	DMEM 基础培养基：胎牛血清=9：1，并按一定比例加入 100×双抗溶液，混合均匀，放入 4℃冰箱保存备用

溶液名称	配制方法
0.25g/100mL 胰酶消化液	将 0.25g 胰酶溶于 100mL 磷酸盐缓冲液，配制成浓度为 0.25g/100mL 的胰酶消化液，放入 4℃冰箱保存备用
细胞冻存液	DMEM 基础培养基：胎牛血清：二甲基亚砜=8：1：1
5%浓缩胶	30%聚丙烯酰胺（510μL），1mol/L Tris（pH6.8，375μL），10%过硫酸铵（30μL），10% SDS 溶液（30μL），超纯水（2.052mL），TEMED（3μL），混匀即可配置成 3mL 5%浓缩胶
2×上样缓冲液	0.5mol/L Tris HCl（pH6.8，2mL），甘油（2mL），20% SDS（2mL），0.1%溴酚蓝（0.5mL），β-2-巯基乙醇（1.0mL），超纯水（2mL），室温保存
10×SDS 溶液	将三（羟甲基）氨基甲烷（120.4 g）、SDS（40g）、甘氨酸（576g）用超纯水溶解至总体积为 4L，即可配置成 10×SDS 溶液
10×转膜液	将三（羟甲基）氨基甲烷（30.3g）、甘氨酸（144.1g）用超纯水溶解至总体积为 1L，即可配置成 10×转膜液
1×转膜液	将 10×转膜液（200mL）、甲醇（400mL）与超纯水（1400mL）混匀即可配置成 2L 的 1×转膜液
10×TBST	将 Tris（1mol/L，pH7.5，250mL）、NaCl（4mol/L，187mL）、吐温 20（2.5mL）和超纯水（60.5mL）混匀后即可配置成 500mL TBST 缓冲溶液（10×）
5g/100mL 脱脂牛奶	称取 5g 脱脂牛奶，溶解于 100mL TBST（1×）即可
5g/100mL 牛血清白蛋白	称取 5g 牛血清白蛋白，溶解于 100mL TBST（1×）即可

四、实验步骤

1. 细胞复苏

（1）将长期保存于液氮中的 HeLa 细胞迅速置于 37℃温水中融化。

（2）吸取细胞置离心管中，并补充 PBS 至 10 倍的体积。

（3）1500r/min 离心 3min，弃去上清液，并用新鲜的完全培养基将细胞吹散。

（4）转移细胞至培养皿中进行培养。

2. 细胞传代

（1）当细胞浓度达 80%～90%时，弃掉原有的培养基。

（2）用 PBS 轻轻清洗细胞两次。

（3）加入适量的 0.25g/100mL 胰酶，并置于细胞培养箱中消化。

（4）待细胞变圆，加入适量血清以终止胰酶的作用。

（5）加入 PBS，并将单细胞悬液转移至离心管中。

（6）1500r/min 离心 3min，弃去上清液，并用新鲜的完全培养基将细胞吹散。

（7）根据实验需求，将细胞按照不同比例转移至新的培养皿中，并置于 37℃、5% CO_2、饱和湿度的细胞培养箱中进行培养。

3. 细胞冻存

（1）取生长至对数期的细胞，弃掉原有的培养基。

（2）用 PBS 轻轻清洗细胞两次。

（3）加入适量的浓度为 0.25g/100mL 的胰酶，并置于培养箱中消化。

（4）待细胞变圆，加入适量血清以终止胰酶的作用。

（5）加入 PBS，并将单细胞悬液转移至离心管中。

（6）1500r/min 离心 3min，弃去上清液，并用事先预冷的细胞冻存液将细胞吹散。

（7）将细胞悬浮液转移至细胞冻存管中，贴上标签，写明细胞种类、冻存日期。

（8）将冻存管放入冻存盒后，转至−80℃冰箱中短期保存。如需长期保存，需将细胞转移至液氮中。

4. pEGFP-C1-Mastl 重组质粒转染 HeLa 细胞

（1）将生长状态良好的 HeLa 细胞（$2×10^6$个）接种于直径为 6cm 的细胞培养皿中，培养过夜。待细胞浓度为 70%～90%时更换新鲜培养基，并进行转染实验。

（2）将 10μL 的 Lipofectamine®2000 与 250μL 的 Opti-MEM 低血清培养基混匀，室温静置 5min。

（3）将 4μg 的 DNA 与 250μL 的 Opti-MEM 低血清培养基混匀，室温静置 5min。

（4）将上述（2）和（3）中的 DNA 悬液与 Lipofectamine®2000 悬液混合，室温静置 10min。

（5）将上述（4）中的混合液加入培养皿中转染 2～4 天。（备注：对照组除不需要加入 4μg 的 DNA 外，其余步骤与转染组细胞操作一致。）

（6）荧光倒置显微镜在 488 nm 紫外光波长激发下观察细胞内 GFP 荧光蛋白表达情况，拍照记录。

5. 重组质粒在转染细胞中的表达检测

pEGFP-C1-Mastl 转染细胞 48h 后，弃去培养基，用细胞刮刀刮取贴壁细胞（转染组和阴性对照组）并分别加入 PBS 缓冲溶液（500μL）收集细胞内容物。通过低温（−80℃）反复冻融（至少三次，每次冷冻 1h 以上）的方法使细胞内容物充分释放。

利用免疫印迹技术检测该质粒在 HeLa 细胞中的表达。具体操作如下：

（1）样品处理。吸取 5μL 细胞裂解物（实验组与对照组），加入等量的 SDS-PAGE 蛋白上样缓冲液（2×）。100℃加热 5min，使蛋白质充分变性。

（2）上样。待样品冷却到室温后，把蛋白质样品直接上样到 SDS-PAGE 胶加样孔内即可。

（3）电泳。电压 160V，设定时间为 90～120min。设置定时可以避免经常发生的电泳过头。通常电泳时溴酚蓝到达胶的底端处附近即可停止电泳，或者可以根据预染蛋白质分子量标准的电泳情况，预计目的蛋白已经被适当分离后即可停止电泳。

（4）转膜。转膜电流为 400 mA，转膜时间为 60min。也可以在 15～20mA 转膜过夜。在转膜过程中，为了防止严重的发热现象，可以在转膜槽中放置冷冻冰袋。

（5）封闭。转膜完毕后，立即把蛋白膜放置到预先准备好的 TBST（1×）中，漂洗 1～2min，以洗去膜上的转膜液。然后，将膜转移至 5g/100mL 脱脂牛奶中孵育 30min。转膜完毕后所有的步骤，一定要注意膜的保湿，避免膜的干燥，否则极易产生较高的背景。

（6）一抗孵育。参考一抗的说明书，按照适当比例（1∶5000）用 5% BSA 稀释一抗。室温（2h）或 4℃（过夜）在侧摆摇床上缓慢摇动孵育。回收一抗。

（7）洗膜。加入 TBST（1×），在侧摆摇床上缓慢摇动洗涤 5～10min。吸尽洗涤液后，再加入洗涤液，洗涤 5～10min。共洗涤 3 次。如果结果背景较高可以适当延长洗涤时间并增加洗涤次数。

（8）二抗孵育。参考二抗的说明书，按照适当比例（1∶10000）用 5g/100mL 脱脂牛奶稀释二抗。室温（1h）或 4℃（过夜）在侧摆摇床上缓慢摇动孵育。

（9）洗膜。加入 TBST（1×），在侧摆摇床上缓慢摇动洗涤 5～10min。吸尽洗涤液后，再加入洗涤液，洗涤 5～10min。共洗涤 3 次。如果结果背景较高可以适当延长洗涤时间并增加洗涤次数。

（10）化学发光，显影，定影。

五、注意事项

1. 细胞冻存和复苏时需要遵循"慢冻速溶"的原则。
2. 细胞培养要求无菌操作。
3. 在使用荧光显微镜时，两次开启光源间隔要在 20min 以上，否则会缩短汞灯的使用寿命。
4. 在操作免疫印迹实验时应全程佩戴手套。

六、思考题

1. 细胞冻存和复苏的原理是什么？
2. 免疫印迹转膜结束后为什么需要用脱脂牛奶或者 BSA 封闭 PVDF 膜？

实验三　MTT 法检测 Mastl 对细胞增殖的影响

一、实验目的

1. 掌握 MTT 检测细胞增殖的原理及方法。
2. 学会绘制细胞生长曲线，并计算 IC_{50} 值。
3. 了解 Mastl 基因的来源及对细胞增殖的影响。

二、实验原理

MTT 是一种商品名为噻唑蓝的黄色染料。MTT 比色法，是一种检测细胞存活和生长的方法。其检测原理为：活细胞线粒体中的琥珀酸脱氢酶能使外源性 MTT 还原为水不溶性的蓝紫色结晶甲臜并沉积在细胞中，而死细胞无此功能。甲臜经二甲基亚砜（DMSO）溶解后，用酶联免疫检测仪在 490nm 波长处测定其吸光度值。在一定细胞数范围内，根据测得的吸光度值（A 值）来判断活细胞数量，A 值越大，细胞活性越强。

Mastl 蛋白作为一种细胞周期调控激酶，在有丝分裂调控中的作用已被广泛研究。Mastl

最初发现于果蝇体内,它是维持染色体凝聚和细胞周期进程所必需的细胞周期调控蛋白。研究发现,Mastl 的过表达/敲降在复制压力下会促进/抑制肿瘤细胞增殖,但是在正常情况下 Mastl 对肿瘤细胞的增殖无影响,表明 Mastl 的活性是在复制压力下特异性激活的。因此,本实验将通过 MTT 法比较 HeLa 和 HeLa-Mastl 细胞在羟基脲作用下,细胞增殖率的差异。

三、实验器材及试剂

(1)器材　离心机、高压灭菌锅、无菌超净工作台、微量移液器、倒置显微镜、酶联免疫检测仪等。

(2)试剂　DMSO、MTT 溶液(5mg/mL、避光、−20℃保存)、羟基脲以及其他细胞培养类试剂等。

四、实验步骤

1. 细胞复苏

(1)将长期保存于液氮中的 HeLa 细胞迅速置于 37℃温水中融化。

(2)吸取细胞置离心管中,并补充 PBS 至 10 倍的体积。

(3)1500r/min 离心 3min,弃去上清液,并用新鲜的完全培养基将细胞吹散。

(4)转移细胞至培养皿中进行培养。

2. 细胞传代

(1)当细胞浓度达 80%~90%时,弃掉原有的培养基。

(2)用 PBS 轻轻清洗细胞两次。

(3)加入适量的 0.25g/100mL 胰酶,并置于细胞培养箱中消化。

(4)待细胞变圆,加入适量血清以终止胰酶的作用。

(5)加入 PBS,并将单细胞悬液转移至离心管中。

(6)1500r/min 离心 3min,弃去上清液,并用新鲜的完全培养基将细胞吹散。

(7)根据实验需求,将细胞按照不同比例转移至新的培养皿中,并置于 37℃、5% CO_2、饱和湿度的细胞培养箱中进行培养。

3. pEGFP-C1-Mastl 重组质粒转染 HeLa 细胞

消化培养皿中的细胞,获得细胞悬液,用完全培养基 DMEM 稀释成 $5×10^4$ 个/mL 的细胞悬液,把稀释好的细胞加到 96 孔板中,每孔 100μL。具体步骤详见 pEGFP-C1-Mastl 重组质粒转染 HeLa 细胞章节,对照组除不需加入外源 DNA 外,其余步骤均与转染组细胞操作一致。

4. MTT 实验

(1)加药　待 pEGFP-Cl-Mastl 重组质粒成功转染 HeLa 细胞后,吸走上清液。如图 11-3 所示,每孔加入 100μL 含羟基脲的完全培养基(羟基脲的终浓度分别为 25μmol/L、50μmol/L、75μmol/L)。

(2)检测　每孔加 10μL MTT,避光孵育 4h 后终止培养,小心吸去孔板内的上清液,每孔加 150μL 的 DMSO 后,用酶联免疫监测仪在 490nm 波长下检测吸光度值。

(3)细胞存活率(%)的计算

$$细胞存活率（\%）=A_{药物组}/A_{阴性组}\times100\%$$

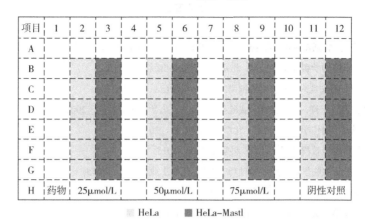

图 11-3 96 孔板加药示意图

五、注意事项

1. 选择适当的细胞接种浓度，避免细胞数目过多或者过少而导致实验出现较大误差。
2. MTT 需冷冻保存，避免反复冻融，避光保存，以免分解。

六、思考题

1. MTT 检测细胞增殖的原理是什么？
2. MTT 实验中加入 DMSO 的作用是什么？

参考文献

[1] 刘凌云，郑光美. 普通动物学实验指导. 3 版. 北京: 高等教育出版社, 1998.

[2] 王伟，李春奇. 植物学实验实习指导. 北京: 化学工业出版社, 2015.

[3] 项辉，龙天澄，周文良. 生理学实验指南. 北京: 科学出版社, 2008.

[4] 郝建军，康宗利，于洋. 植物生理学实验技术. 北京: 化学工业出版社, 2007.

[5] 唐文武，吴秀兰. 遗传学实验. 北京: 化学工业出版社, 2018.

[6] 刘箭. 生物化学实验教程. 3 版. 北京: 科学出版社, 2015.

[7] 叶棋浓. 现代分子生物学技术及实验技巧. 北京: 化学工业出版社, 2015.

[8] 章静波，黄东阳，方瑾. 细胞生物学实验技术. 2 版. 北京: 化学工业出版社, 2011.

[9] 袁丽红. 微生物学实验. 北京: 化学工业出版社, 2018.

[10] 楚德昌，路雯. 人体解剖生理学实验. 2 版. 北京: 化学工业出版社, 2021.

[11] 谭志文. 生物化学综合实验. 北京: 化学工业出版社, 2020.

[12] 陈钧辉，张冬梅. 普通生物化学实验. 5 版. 北京: 高等教育出版社, 2015.

[13] H. 比斯瓦根. 酶学实验手册. 2 版. 刘晓晴，译. 北京: 化学工业出版社, 2018.